"做中学 学中做"系列教材

Excel 2010
案例教程

◎ 方 伟 刘 芬 丁永富 主 编

◎ 徐 兵 于志博 曾卫华 副主编

U0217722

电子工业出版社

Publishing House of Electronics Industry

北京·BEIJING

内 容 简 介

本书是 Excel 2010 的基础实用教程，通过 10 个模块、59 个具体的实用项目，对 Excel 的基本操作、工作表的基本编辑、格式化工作表、美化工作表、公式的应用、函数的应用、管理数据、图表的应用、数据透视表的应用、数据的分析、工作表的打印、工作簿的高级应用等内容进行了较全面的介绍，使读者可以轻松愉快地掌握 Excel 2010 的操作与技能。

本书以大量的图示、清晰的操作步骤，剖析了使用 Excel 的过程，既可以作为高职院校、中职学校计算机相关专业的基础课程教材，也可以作为计算机及信息高新技术考试、计算机等级考试、计算机应用能力考试等认证培训班的教材，还可作为初学者的办公软件自学教程。

图书在版编目（CIP）数据

Excel 2010 案例教程 / 方伟，刘芬，丁永富主编. —北京：电子工业出版社，2015.1

ISBN 978-7-121-24977-8

Ⅰ . ①E… Ⅱ . ①方… ②刘… ③丁… Ⅲ . ①表处理软件—中等专业学校—教材 Ⅳ . ①TP391.13

中国版本图书馆 CIP 数据核字（2014）第 276232 号

策划编辑：杨 波
责任编辑：杨 波
印　　刷：三河市双峰印刷装订有限公司
装　　订：三河市双峰印刷装订有限公司
出版发行：电子工业出版社
　　　　　北京市海淀区万寿路 173 信箱　邮编　100036
开　　本：787×1 092　1/16　印张：13.75　字数：352 千字
版　　次：2015 年 1 月第 1 版
印　　次：2024 年 7 月第16次印刷
定　　价：34.00 元

凡所购买电子工业出版社图书有缺损问题，请向购买书店调换。若书店售缺，请与本社发行部联系，联系及邮购电话：（010）88254888，88258888。

质量投诉请发邮件至 zlts@phei.com.cn，盗版侵权举报请发邮件至 dbqq@phei.com.cn。

本书咨询联系方式：（010）88254617，luomn@phei.com.cn。

前　言

陶行知先生曾提出"教学做合一"的理论，该理论十分重视"做"在教学中的作用，认为"要想教得好，学得好，就须做得好"。这就是被广泛应用在教育领域的"做中学，学中做"理论，实践能力不是通过书本知识的传递来获得发展的，而是通过学生自主地运用多样的活动方式和方法，尝试性地解决问题来获得发展的。从这个意义上看，综合实践活动的实施过程，就是学生围绕实际行动的活动任务进行方法实践的过程，是发展学生的实践能力和基本"职业能力"的内在驱动。

探索、完善和推行"做中学，学中做"的课堂教学模式，是各级各类职业院校发挥职业教育课堂教学作用的关键，既强调学生在实践中的感悟，也强调学生能将自己所学的知识应用到实践之中，让课堂教学更加贴近实际、贴近学生、贴近生活、贴近职业。

本书从自学与教学的实用性、易用性出发，通过具体的行业应用案例，在介绍 Excel 2010 的同时，重点说明 Excel 与实际应用的内在联系；重点遵循 Excel 使用人员日常事务处理规则和工作流程，帮助读者更加有序地处理日常工作，达到高效率、高质量和低成本的目的。这样，以典型的行业应用案例为出发点，贯彻知识要点，由简到难，易学易用，让读者在做中学，在学中做，学做结合，知行合一。

❖　编写体例特点

【你知道吗？】（引入学习内容）—【项目任务】（具体的项目任务）—【项目拓展】—【动手做】（学中做，做中学）—【知识拓展】（类似项目任务，举一反三）—【课后练习与指导】（代表性、操作性、实用性）。

在讲解过程中，如果遇到一些使用工具的技巧和诀窍，以"教你一招"、"提示"的形式加深读者印象，这样既增长了知识，同时也增强了学习的趣味性。

❖　本书内容

本书是 Excel 2010 的基础实用教程，通过 10 个模块、59 个具体的实用项目，对 Excel 的基本操作、工作表的基本编辑、格式化工作表、美化工作表、公式的应用、函数的应用、管理数据、图表的应用、数据透视表的应用、数据的分析、工作表的打印、工作簿的高级应用等内容进行了较全面的介绍，使读者可以轻松愉快地掌握 Excel 2010 的操作与技能。

本书以大量的图示、清晰的操作步骤，剖析了使用 Excel 的过程，既可以作为高职院校、中职学校计算机相关专业的基础课程教材，也可作为计算机及信息高新技术考试、计算机等级考试、计算机应用能力考试等认证培训班的教材，还可以作为初学者的办公软件自学教程。

❖　本书主编

本书由湖南机电职业技术学院方伟、惠州商贸旅游高级职业技术学校刘芬、广东省汕头市澄海职业技术学校丁永富主编，重庆三峡学院徐兵、洛阳市第一职业中等专业学校于志博、湖南省衡东县职业中专学校曾卫华副主编，邵海燕、师鸣若、黄世芝、朱海波、蔡锐杰、张博、李娟、孔敏霞、郭成、宋裔桂、王荣欣、郑刚、王大印、李晓龙、李洪江、底利娟、林佳恩、朱文娟、刘明保、陈天翔等参与编写。一些职业学校的老师参与试教和修改工作，在此表示衷心的感谢。由于编者水平有限，难免有错误和不妥之处，恳请广大读者批评指正。

✧ 课时分配

本书各模块教学内容和课时分配建议如下：

模 块	课 程 内 容	知 识 讲 解	学生动手实践	合 计
01	Excel 2010 的基本操作——制作公司员工人事信息表	2	2	4
02	格式化工作表——制作课程表	2	2	4
03	工作表与工作簿的管理——制作招聘信息表	3	3	6
04	美化工作表——制作运动会竞赛日程表	2	2	4
05	公式的应用——制作工资表	2	2	4
06	函数的应用——制作考试成绩分析表	3	3	6
07	数据的管理与分析——制作图书销售情况统计表	3	3	6
08	图表的应用——制作员工销售业绩表	3	3	6
09	工作表的打印——打印日历	2	2	4
10	Excel 2010 综合应用——制作考试成绩管理系统	2	2	4
总计		24	24	48

注：本课程按照 48 课时设计，授课与上机按照 1∶1 分配，课后练习可另外安排课时。课时分配仅供参考，教学中请根据各自学校的具体情况进行调整。

✧ 教学资源

- 做中学 学中做-Excel 2010案例教程-案例与素材
- 做中学 学中做-Excel 2010案例教程-教师备课教案模板
- 做中学 学中做-Excel 2010案例教程-授课PPT讲义
- 做中学 学中做-Excel 2010软件使用技巧
- 全国计算机等级考试考试大纲（2013年版）-二级MS Office高级应用考试大纲
- 全国计算机等级考试考试大纲（2013年版）-一级计算机基础及MS Office应用考试大纲
- 全国专业技术人员计算机应用能力（职称）考试-答题技巧
- 做中学 学中做-Excel 2010案例教程-教学指南
- 做中学 学中做-Excel 2010案例教程-习题答案
- 采购员岗位职表
- 仓库管理员岗位职表
- 导购岗位职表
- 客服岗位职表
- 前台岗位职表与技能要求
- 全国计算机等级考试-介绍
- 全国计算机等级考试一级笔试样卷-计算机基础及MS Office应用
- 全国计算机信息高新技术考试-办公软件应用技能培训和鉴定标准
- 全国计算机信息高新技术考试-初级操作员技能培训和鉴定标准
- 全国计算机信息高新技术考试-介绍
- 全国专业技术人员计算机应用能力（职称）考试-介绍
- 文员岗位职表
- 物业管理人员岗位职表

为了提高学习效率和教学效果，方便教师教学，编者为本书配备了教学指南、相关行业的岗位职责要求、软件使用技巧、教师备课教案模板、授课 PPT 讲义、相关认证的考试资料等丰富的教学辅助资源。请有此需要的读者与本书编者（QQ：2059536670）联系，获取相关共享的教学资源；或者登录华信教育资源网（http://www.hxedu.com.cn）免费注册后进行下载，有问题时请在网站留言板留言或与电子工业出版社联系（E-mail:hxedu@phei.com.cn）。

编 者
2014 年 12 月

目　录

你知道吗?

Excel 2010 是一个优秀的电子表格软件,主要用于电子表格的各种应用,可以方便地对数据进行组织和分析,并把表格数据用各种统计图形象地表示出来。Excel 2010 是以工作表的方式进行数据运算和分析的,因此数据是工作表中重要的组成部分,是显示、操作以及计算的对象。只有在工作表中输入一定的数据,然后才能根据要求完成相应的数据运算和数据分析工作。

应用场景

人们平常所见到的值班表、订货单、办公楼日常维护计划等表格,如图 1-1 所示,这些都可以利用 Excel 2010 软件来制作。

某公司人力资源部为掌握员工的基本信息,利用 Excel 2010 制作了一个员工人事信息表,如图 1-2 所示。请读者根据本模块所介绍的知识和技能,完成这一工作任务。

2014年五一假期值班表

日期	值班人员	联系电话
2014年5月1日	王建国	13526210888
2014年5月2日	张建伟	13526210778
2014年5月3日	王冬冬	13526210998

注:假期期间一定要保持手机畅通,发现情况及时向上级汇报。

图 1-1　值班表

公司员工人事信息表

序号	姓名	性别	民族	籍贯	学历	毕业院校	职务	入职时间	身份证号码	联系电话
001	茹 芳	女	汉族	湖北黄冈	本科	安徽大学	职员	2010年9月28日		
002	蒲海娟	女	汉族	河北邯郸	本科	四川大学	职员	2011年7月29日		
003	宋沛徽	男	汉族	安徽亳州	本科	苏州大学	财务经理	2011年7月29日		
004	赵利军	男	回族	河南新乡	本科	山东大学	职员	2010年9月28日		
005	杨 斐	女	汉族	湖北武汉	本科	安徽大学	后勤部主任	2010年9月28日		
006	王继芹	女	汉族	河南郑州	本科	南京大学	人事经理	2011年7月29日		
007	杨远锋	男	汉族	河南洛阳	本科	南开大学	车间主任	2012年3月4日		
008	王旭东	男	汉族	河北廊坊	大专	安徽大学	车间主任	2012年3月4日		
009	王兴华	男	蒙族	辽宁盘锦	本科	安徽大学	职员	2012年3月4日		
010	冯 丽	女	汉族	广东佛山	大专	安徽大学	职员	2011年7月29日		

图 1-2　公司员工人事信息表

相关文件模板

利用 Excel 2010 软件还可以完成订货单、管理制度一览表、值班表、杂志订阅登记表、学生参加课外活动情况统计表、日常维护计划等工作任务。为方便读者,本书在配套的资料包中提供了部分常用的文件模板,具体文件路径如图 1-3 所示。

图 1-3　应用文件模板

背景知识

员工人事信息表是对公司员工的基本情况进行了解后所制作的表格，一般包括员工的姓名、性别、入职时间、所属部门、职务、身份证号码和联系方式等内容，制作时应对照相关资料进行填写。

设计思路

在制作人事信息表的过程中，首先要创建工作簿并在工作表中输入数据，最后保存工作簿。制作员工人事信息表的基本步骤可分解为：

Step **01** 创建工作簿

Step **02** 输入数据

Step **03** 保存并关闭工作簿

项目任务 1-1 创建工作簿

单击开始按钮，打开开始菜单，在开始菜单中执行 Microsoft Office→Microsoft Office Excel 2010 命令，可启动 Excel 2010。启动 Excel 2010 以后，系统将自动打开一个默认名为"工作簿1"的新工作簿，除了 Excel 自动创建的工作簿以外，还可以在任何时候新建工作簿。若创建了多个工作簿，新建的工作簿依次被暂时命名为"工作簿2，工作簿3，工作簿4，…"。

启动 Excel 2010 后的工作界面，如图 1-4 所示。工作界面主要由快速访问工具栏、标题栏、动态命令选项卡、功能区、编辑栏、工作表和状态栏等组成。

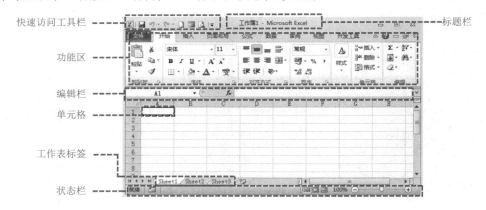

图 1-4　Excel 2010 工作界面

1．标题栏

标题栏位于屏幕的顶端，它显示了当前编辑的文档名称、文件格式兼容模式和 Microsoft Excel 的字样。其右侧的最小化按钮、还原按钮和关闭按钮，则用于窗口的最小化、还原和关闭操作。

2．快速访问工具栏

用户可以在快速访问工具栏上放置一些最常用的命令，例如，新建文件、保存、撤销、打印等命令。快速访问工具栏非常类似 Excel 之前版本中的工具栏，该工具栏中的命令按钮不会动态变换。用户可以非常灵活地增加、删除快速访问工具栏中的命令按钮。要向快速访问工具栏中增加或者删除命令，用户可以单击快速访问工具栏右侧的下三角箭头，打开自定义快速访问工具栏列表，如图 1-5 所示。然后在下拉列表中选择命令，或者取消选中的命令。

图 1-5　自定义快速访问工具栏列表

在自定义快速访问工具栏列表中选择在功能区下方显示命令，这时快速访问工具栏就会出现在功能区的下方。在下拉菜单中选择其他命令，打开 Excel 选项对话框，在 Excel 选项对话框的快速访问工具栏选项设置页面中，选择相应的命令，单击添加按钮即可向快速访问工具栏中添加命令按钮，如图 1-6 所示。

图 1-6　Excel 选项对话框

提示

　　将鼠标指针移动到快速访问工具栏的工具按钮上，稍等片刻，按钮旁边就会出现一个说明框，说明框中会显示按钮的名称。

3．功能区

　　微软公司对 Excel 2010 用户界面所作的最大创新就是改变了下拉式菜单命令，取而代之的是全新的功能区命令工具栏。在功能区中，将 Excel 2010 的菜单命令重新组织在文件、开始、插入、页面布局、公式、数据、审阅、视图等选项卡中。而且在每一个选项卡中，所有的命令都是以面向操作对象的思想进行设计的，并把命令分组进行组织。例如，在开始选项卡中，包括了基本设置相关的命令，分为剪贴板选项组、字体选项组、对齐方式选项组、数字选项组、样式选项组、单元格选项组、编辑选项组等，如图 1-7 所示。这样非常符合用户的操作习惯，便于记忆，从而提高操作效率。

图 1-7　开始选项卡

4．动态命令选项卡

在 Excel 2010 中，会根据用户当前操作的对象自动地显示一个动态命令选项卡，该选项卡中的所有命令都和当前用户操作的对象相关。例如，若用户当前选择了表格中的一个图表时，在功能区中，Excel 会自动产生一个粉色高亮显示的图表工具动态命令选项卡组，在该动态选项卡组的下面又包含设计、布局、格式这三个选项卡。用户可以利用动态选项卡对图表进行处理，如图 1-8 所示。

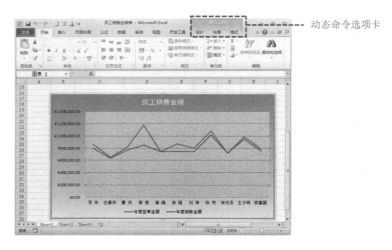

图 1-8　动态命令选项卡

5．状态栏

状态栏位于窗口的底部，用来显示当前有关的状态信息。例如，准备输入单元格内容时，在状态栏中会显示"就绪"的字样。

在工作表中，如果选中了一个包含数据单元格区域，在状态栏中有时会显示求和：、平均值：、计数：等信息，这是 Excel 自动计算功能。当检查数据汇总时，可以不必输入公式或函数，只要选择这些单元格，就会在状态栏中显示结果。

当要计算的是选择数据的最大值或最小值等结果时，只要在状态栏上右击，在快捷菜单选中需要的选项即可，如图 1-9 所示。

6．编辑栏

编辑栏用来显示活动单元格中的数据或使用的公式，在编辑栏中可以对单元格中的数据进行编辑。编辑栏的左侧是名称框，用来定义单元格或单元格区域的名字，还可以根据名字查找单元格或单元格区域。如果单元格定义了名称则在名称框中显示当前单元格的名字，如果没有定义名字，在名称框中显示活动单元格的地址名称。

图 1-9　更改自动计算方式菜单

在单元格中输入内容时，除了在单元格中显示内容外，还在编辑栏右侧的编辑区中显示。有时单元格的宽度不能显示单元格的全部内容，则通常要在编辑栏的编辑区中编辑内容。把鼠标指针移动到编辑区中时，在需要编辑的地方单击鼠标选择此处作为插入点，可以插入新的内容或者删除插入点左、右的字符。

在插入函数或输入数据时，在编辑栏中会有三个按钮：

● 取消按钮 ✖ ：单击该按钮取消输入的内容。

● 输入按钮 ✓ ：单击该按钮确认输入的内容。

● 插入函数按钮 *f*ₓ ：单击该按钮执行插入函数的操作。

7. 单元格

工作簿由若干个工作表组成，工作表又由单元格组成，单元格是 Excel 工作簿组成的最小单位，工作表中的白色长方格就是单元格，是存储数据的基本单位，在单元格中可以填写数据。

在工作表中单击某个单元格，此单元格的边框加粗显示，被称为活动单元格，并且活动单元格的行号和列号突出显示。向活动单元格内输入的数据可以是字符串、数字、公式、图形等。单元格可以通过位置来标识，每一个单元格均有对应的行号和列标，例如，第 C 列第 7 行的单元格表示为 C7。

8. 工作表

工作表位于工作簿窗口的中央区域，由行号、列标和网络线构成。工作表也称为电子表格，是 Excel 完成一项工作的基本单位，是由 65536 行和 256 列构成的一个表格，其中行是自上而下按 1～65536 进行编号，而列号则由左到右采用字母 A，B，C，…进行编号。

使用工作表可以对数据进行组织和分析，可以同时在多张工作表上输入并编辑数据，并且可以对来自不同工作表的数据进行汇总计算。

工作表的名称显示在工作簿窗口底部的工作表标签上。要从一个工作表切换到另一个工作表进行编辑，可以单击工作表标签进行工作表的切换，活动工作表的名称以单下画线显示并呈凹入状态显示。默认的情况下，工作簿由 Sheet1、Sheet2、Sheet3 这三个工作表组成。工作簿最多可以包括 255 张工作表和图表，一个工作簿默认的工作表的多少可以根据用户的需要决定。若要创建新的工作表，单击插入工作表按钮即可，如图 1-10 所示。

图 1-10　新建工作簿中的工作表

项目任务 1-2 ▶ 在工作表中输入数据

在表格中输入数据是编辑表格的基础，Excel 2010 提供了多种数据类型，不同的数据类型在表格中的显示方式是不同的。

⁂ 动手做 1　定位鼠标

在工作表中输入数据时，用户应首先定位输入数据的位置，然后才能输入数据内容。

用户可以利用鼠标定位输入数据位置，用户只需将鼠标移到 Excel 2010 的工作表区域，当鼠标变成白色的十字形状 ✚ 时，单击所需的单元格，则此单元格将成为当前活动单元格，用户可以在当前单元格中输入数据。

另外，用户也可以利用光标键定位单元格，用户可按键盘上的"↑"、"↓"、"←"、"→"这四个方向键来进行操作。在按"↑"键时，可使当前的活动单元格的光标位置向上移动一个单元格；按"↓"键时，可使当前的活动单元格的光标位置向下移动一个单元格；按"←"键时，可使当前的活动单元格的光标位置向左移动一个单元格；按"→"键时，可使当前的活动单元格的光标位置向右移动一个单元格。

⁂ 动手做 2　输入字符型数据

在 Excel 2010 中，字符型数据包括汉字、英文字母、数字、空格及其他合法的在键盘上能直接输入的符号，字符型数据通常不参与计算。在默认情况下，所有在单元格中的字符型数据均设置为左对齐。

如果要输入中文文本，首先将要输入内容的单元格选中，然后选择一种读者熟悉的中文输入法直接输入即可。如果用户输入的文字过多，超过单元格的宽度，会产生两种结果：

● 如果右边相邻的单元格中没有数据，则超出的文字会显示在右边相邻的单元格中。

● 如果右边相邻的单元格中含有数据，那么超出单元格的部分不会显示。没有显示的部分在加大列宽或以自动换行的方式格式化该单元格后，可以看到该单元格中的全部内容。

例如，在新创建的空白工作簿的"Sheet1"工作表的"A3"单元格中输入标题"公司员工人事信息表"，具体操作步骤如下：

Step 01 用鼠标单击"A3"单元格将其选中。

Step 02 选择一种中文输入法，然后在单元格中直接输入"公司员工人事信息表"，如图 1-11 所示。

Step 03 输入完毕，按回车键确认，同时当前单元格自动下移。

Step 04 按照相同的方法在员工档案表中输入其他的文本型数据，在输入时，如果数据的宽度超出了单元格的宽度，可以将鼠标移动到该列的右边框线上，当鼠标变成 ╫ 形状时向右拖动鼠标增大列宽。

图 1-11　在单元格中输入文本型数据

输入文本型数据后的最终效果，如图 1-12 所示。

图 1-12　输入文本后的效果

提示

　　在输入数据时，输入完毕后可按回车键确认，同时当前单元格自动下移。如果按 Tab 键，则当前单元格自动右移。也可以单击编辑栏上的 ✔ 按钮确认输入，此时当前单元格不变。如果单击编辑栏上的 ✘ 按钮则取消本次输入。

❖ 动手做 3　输入数字

Excel 2010 中的数字可以是 0，1，…，以及正号、负号、小数点、分数号"/"、百分号"%"、货币符号"￥"等。在默认状态下，系统把单元格中的所有数字设置为右对齐。

如果要在单元格中输入正数可以直接在单元格中输入，例如，要输入茹芳的联系电话"13526210788"，首先选中"K6"单元格，然后直接输入数字"13526210788"，输入的效果如图 1-13 所示。

如果要在单元格中输入负数，在数字前加一个负号，或者将数字括在括号内，例如，输入"-50"和"（50）"都可以在单元格中得到-50。

输入分数比较麻烦一些，如果要在单元格中输入 1/5，首先选取单元格，然后输入一个数字 0，再输入一个空格，最后输入"1/5"，这样表明输入了分数 1/5。如果不先输入 0 而直接输入 1/5，系统将默认这是日期型数据。

图 1-13　输入数字型数据

⁂ 动手做 4　输入日期和时间

在单元格中输入一个日期后，Excel 2010 会把它转换成一个数，这个数代表了从 1900 年 1 月 1 日起到该天的总天数。尽管不会看到这个数（Excel 2010 还是把用户的输入显示为正常日期），但它在日期计算中还是很有用的。在输入时间或日期时必须按照规定的输入方式，在输入日期或时间后，如果 Excel 2010 识别出输入的是日期或时间，它将以右对齐的方式显示在单元格中。如果没有识别出，则把它看成文本，并左对齐显示。

输入日期，应使用"YY／MM／DD"格式，即先输入年份，再输入月份，最后输入日期。如 2013/7/5。如果在输入时省略了年份，则以当前年份作为默认值。

例如，在员工档案表的"I6"单元格中输入日期 2010 年 9 月 28 日。首先选中"I6"单元格，然后输入 2010-9-28，则在"I6"单元格中显示出 2010/9/28，如图 1-14 所示。

图 1-14　输入日期

单击开始选项卡数字组中数字格式右侧的箭头，打开数字格式下拉列表，在列表中选择长日期，则输入的日期格式发生了变化，如图 1-15 所示。

图 1-15　改变日期格式的效果

如果要在单元格中输入时间，需要使用冒号将小时、分、秒隔开。如"15：51：51"。如果在输入时间后不输入"AM"或"PM，Excel 2010 会认为使用的是 24 小时制。即在输入下午的 3：51 分时应输入"3：51 PM"或"15：51：00"。必须记住在时间和"AM 或 PM"标注之间应输入一个空格。

教你一招

如果要在单元格中插入当前日期，可以按 Ctrl+；组合键。如果在单元格中插入当前时间，可以按 Ctrl+Shift+；组合键。

动手做 5　输入特殊的文本

在输入例如员工编号、邮编、电话号码、身份证号码、学号等这些纯数字文本时默认情况下 Excel 会把这些数字认定为数字格式；例如要输入 001，则输入后 Excel 会显示为 1；例如在 J6 单元格中输入身份证号码 440923198504014038，则输入的效果显示如图 1-16 所示，很显然这不是我们需要的效果。

图 1-16　输入身份证号码的效果

在这种情况下，可以把这些数字以文本的形式输入，首先选中 J6 单元格，单击开始选项卡数字组中数字格式右侧的箭头，打开数字格式下拉列表，在列表中选择文本，此时再输入身份证号码 440923198504014038，则显示的效果如图 1-17 所示。

图 1-17　身份证号码以文本的形式输入

教你一招

如果用户想让输入的纯数字转换为文本，也可以在输入时先输入"′"，然后再输入数字，这样 Excel 2010 就会把它看作文本型数据，将它沿单元格左边对齐。

动手做 6　自动填充数据

在 Excel 中输入数据时，有时需要输入一些相同或有规律的数据，如公司名称或序号等，这时就可以使用 Excel 中提供的快速填充功能来提高工作效率。

例如，用快速填充功能快速输入员工的序号，具体操作步骤如下：

Step 01 选中 A6 单元格，先输入 "'"，输入 001，则此时 001 以文本的形式显示。

Step 02 选定 A6 单元格，将鼠标移至单元格的右下角，此时鼠标指针为 ➕ 形状。

Step 03 按住鼠标左键不放，拖动填充柄到目的区域，则拖过的单元格区域的外围边框显示为虚线，并显示出填充的数据，如图 1-18 所示

图 1-18　拖动填充柄填充数据

Step 04 松开鼠标，则被拖过的单元格区域内均填充了一个序列数据，如图 1-19 所示。

Step 05 选定 F6 单元格，将鼠标移至单元格的右下角，此时鼠标指针为 ➕ 形状。

Step 06 按住鼠标左键不放，拖动填充柄到目的区域，松开鼠标，则被拖过的单元格区域内均填充了相同的文本，如图 1-20 所示。

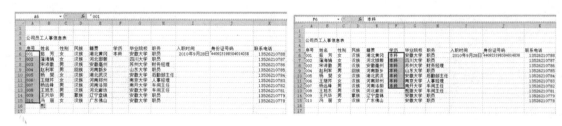

图 1-19　填充的序列数据　　　　　　　　　　图 1-20　填充文本数据

项目任务 1-3　保存与关闭工作簿

在工作簿中输入的数据、编辑的表格均存储在计算机的内存中，当数据输入后必须保存到磁盘上，以便在以后载入修改、打印等。

⋙ 动手做 1　保存工作簿

员工档案表完成后，需要保存该工作簿，具体步骤如下：

Step 01 单击快速访问栏上的保存按钮，或者按 Ctrl+S 组合键，或者在文件选项卡中选择保存选项，打开另存为对话框，如图 1-21 所示。

Step 02 选择合适的文件保存位置，这里选择 "案例与素材\模块01\源文件"。

Step 03 在文件名文本框中输入所要保存文件的文件名。这里输入公司员工人事信息表。

Step 04 设置完毕后，单击保存按钮，即可将文件保存到所选的目录下。

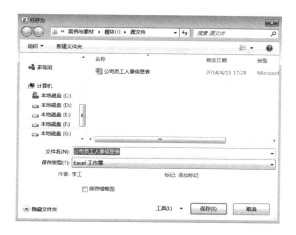

图 1-21　另存为对话框

提示

　　如果要以其他的文件格式保存新建的文件，在保存类型下拉列表中选择要保存的文档格式。为了避免 2010 版本创建的工作簿用 Excel 97-2003 版本打不开，用户可以在"保存类型"下拉列表中选择 Excel 97-2003 工作簿。

动手做 2　关闭工作簿

　　在使用多个工作簿进行工作时，可以将使用完毕的工作簿关闭，这样不但可以节约内存空间，还可以避免因打开的文件太多引起混乱。单击标题栏上的关闭按钮，或者在文件选项卡下选择关闭选项即可将工作簿关闭。如果没有对修改后的工作簿进行保存就执行了关闭命令，系统将打开如图 1-22 所示的对话框。对话框中提示用户是否对修改后的文件进行保存，单击保存按钮，保存文件的修改并关闭工作簿；单击不保存按钮则关闭文件而不保存工作簿的修改。当员工档案表

图 1-22　提示信息对话框

制作完成后，不再需要修改，保存后即可单击标题栏上的关闭按钮，关闭工作簿即可。

项目拓展——制作档案卷内目录

　　办公室的职员在整理档案时需要在每一卷档案中制作一份目录，这样可以方便在档案内寻找文件。如图 1-23 所示就是利用 Excel 2010 制作的一份档案卷内目录。

设计思路

　　在制作档案卷内目录表的过程中，首先应打开卷内目录表格，然后利用编辑数据的功能对卷内目录中的数据进行编辑，制作档案卷内目录表的基本步骤可分解为：

Step 01　打开工作簿

Step 02　修改数据

11

Step **03** 插入行（列）

Step **04** 删除行（列）

Step **05** 移动或复制数据

卷内目录					
序号	案件来源	责任者	案件主要内容	受理日期	页号	备注
1	市长热线	现场一大队	颖河小区6号楼有一个锅炉房噪声扰民	2013年7月25日	1-6	
2	市长热线	现场一大队	沙河南岸白云浴池锅炉噪声扰民	2013年8月26日	7-8	
3	市长热线	现场一大队	沙河南岸白云浴池锅炉烟尘污染	2013年8月26日	9	
4	省环保厅	现场一大队	长青街南段一建筑工地夜间施工噪声扰民	2013年9月15日	9-17	
5	市长热线	县直大队	高庄鞋底厂废气污染	2013年10月16日	18-22	
6	市长热线	现场一大队	天然宾馆锅炉、水司浴池锅炉与市委汽车修理厂噪声、气味严重扰民	2013年10月28日	23-28	
7	市长热线	现场一大队	川汇区小桥办事处东边一家涂料厂气味、噪声污染	2013年10月31日	29-33	
8	市长热线	现场二大队	高庄鞋底厂废气污染	2013年11月3日	34-38	
9	市长热线	现场二大队	高庄鞋底厂废气污染环境的调查报告	2013年11月6日	39	
10	市长热线	现场二大队	宇市长批转群众反映小化工污染	2013年11月16日	40-44	

图 1-23　档案卷内目录

∴ 动手做 1　打开工作簿

打开工作簿最常规的方法就是在资源管理器或计算机中找到要打开的工作簿所在的位置，双击该工作簿即可打开。不过这对于正在编辑的用户来说比较麻烦，用户可以直接在工作簿中打开已有的工作簿。在 Excel 2010 中如果要打开一个已经存在的工作簿可以利用打开对话框将其打开，Excel 2010 可以打开不同位置的文档，如本地硬盘、移动硬盘或与本机相连的网络驱动器上的文档。

例如，我们要编辑的档案卷内目录存放在"案例与素材\模块 01\素材"文件夹中，文件名称为"档案卷内目录（初始）"，现在我们打开它并对其进行编辑，具体步骤如下：

Step **01** 单击文件选项卡，然后单击打开选项，或者在快速访问工具栏上单击打开按钮 📁 都可以打开打开对话框，如图 1-24 所示。

Step **02** 在打开对话框中选择文件所在的文件夹"案例与素材\模块 01\素材"，在文件名列表中选择所需的文件"档案卷内目录（初始）"。

Step **03** 单击打开按钮，或者在文件列表中双击要打开的文件，即可将"档案卷内目录（初始）"工作簿打开，如图 1-25 所示。

卷内目录					
序号	责任者	案件主要内容	备注	页号	受理日期
1	现场一大队	颖河小区6号楼有一个锅炉房噪声扰民		1-6	2013年7月25日
2	现场一大队	天龙浴池锅炉噪声扰民		7-8	2013年8月26日
3	现场一大队	天龙浴池锅炉烟尘污染		9	2013年8月26日
4	现场一大队	长青街南段一建筑工地夜间施工噪声扰民		9-17	2013年9月15日
5	县直大队	高庄鞋底厂废气污染		18-22	2013年10月16日
6	现场一大队	天然宾馆锅炉、水司浴池锅炉与市委汽车修理厂噪声、气味严重扰民		23-28	2013年10月28日
7	现场一大队	川汇区小桥办事处东边一家涂料厂气味、噪声污染		29-33	2013年10月31日
8	现场二大队	高庄鞋底厂废气污染		34-38	2013年11月3日
9	现场二大队	高庄鞋底厂废气污染环境的调查报告		39	2013年11月6日
10	现场二大队	宇市长批转群众反映小化工污染		40-44	2013年11月16日

图 1-24　打开对话框　　　　　　　图 1-25　档案卷内目录

⁂ 动手做 2　修改数据

单元格中的内容输入有误或不完整时就需要对单元格内容进行修改，当单元格中的一些数据内容不再需要时，可以将其删除。

如果单元格中的数据出现错误，可以输入新数据覆盖旧数据，单击要被替代的单元格，直接输入新的数据即可。若并不想用新数据代替旧数据，而只是修改旧数据的内容，则可以使用编辑栏或双击单元格，然后进行修改。

例如，在卷内目录表中，因文字错误需将"天龙浴池"改为"沙河南岸白云浴池"，具体步骤如下：

Step 01 单击要修改内容的单元格，这里选中"C4"，此时在编辑栏中显示该单元格中的内容"天龙浴池锅炉噪声扰民"，如图 1-26 所示。

Step 02 单击编辑栏，此时在编辑栏中出现闪烁的光标，将鼠标定位在"天龙"的前面，按 Delete 键删除"天龙"，输入文本"沙河南岸白云"。

Step 03 输入完毕，单击编辑栏中的 ✓ 按钮确认输入。修改后的效果如图 1-27 所示。

图 1-26　修改前单元格中的数据 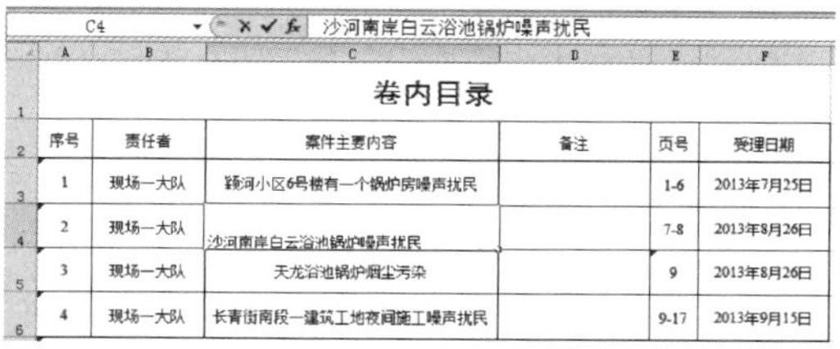　　　　图 1-27　修改数据的效果

Step 04 双击"C5"单元格，此时在单元格中出现闪烁的光标，将鼠标定位在"天龙"的后面，按 Back space 键删除"天龙"，然后输入文本"沙河南岸白云"。

Step 05 输入完毕，单击编辑栏中的 ✓ 按钮确认输入。

⁂ 动手做 3　插入行（列）

Excel 2010 允许用户在已经建立的工作表中插入行、列或单元格，这样可以在表格的适当位置输入新的内容。

在编辑工作表时可以在数据区用插入行或列进行数据的插入，例如，在对档案卷内目录表格进行编辑时突然发现在"责任者"的前面少输入了一个"案件来源"，此时可以在工作表中插入一列然后填入新的数据，具体操作步骤如下：

Step 01 选中"责任者"一列中任意的一个单元格。

Step 02 在开始选项卡下的单元格组中单击插入按钮右侧的下三角箭头，打开插入列表，如图 1-28 所示。

图 1-28　插入列表

13

Step **03** 在插入列表中选择插入工作表列命令，此时将在选中区域位置插入与原数目相同的空白列，被选定的列自动向右移，如图 1-29 所示。

Step **04** 在新插入的列中输入"案件来源"，效果如图 1-30 所示。

		卷内目录			
序号	责任者	案件主要内容	备注	页号	受理日期
1	现场一大队	赣河小区6号楼有一个锅炉房噪声扰民		1-6	2013年7月25日
2	现场一大队	沙河南岸白云浴池锅炉噪声扰民		7-8	2013年8月26日
3	现场一大队	沙河南岸白云浴池锅炉烟尘污染		9	2013年8月26日
4	现场一大队	长青街南段一建筑工地夜间施工噪声扰民		9-17	2013年9月15日
5	县直大队	高庄鞋底厂废气污染		18-22	2013年10月16日
6	现场一大队	天然商建锅炉、水同浴池锅炉向市委汽车经理厂噪声、气味严重扰民		23-28	2013年10月28日
7	现场一大队	川汇区小桥办事处东边一家涂料厂气味、噪声污染		29-33	2013年10月31日
8	现场二大队	高庄鞋底厂废气污染		34-38	2013年11月3日

图 1-29　插入列后的效果

			卷内目录			
序号	案件来源	责任者	案件主要内容	备注	页号	受理日期
1	市长热线	现场一大队	赣河小区6号楼有一个锅炉房噪声扰民		1-6	2013年7月25日
2	市长热线	现场一大队	沙河南岸白云浴池锅炉噪声扰民		7-8	2013年8月26日
3	市长热线	现场一大队	沙河南岸白云浴池锅炉烟尘污染		9	2013年8月26日
4	临汾便厅	现场一大队	长青街南段一建筑工地夜间施工噪声扰民		9-17	2013年9月15日
5	市长热线	县直大队	高庄鞋底厂废气污染		18-22	2013年10月16日
6	市长热线	现场一大队	天然商建锅炉、水同浴池锅炉向市委汽车经理厂噪声、气味严重扰民		23-28	2013年10月28日
7	市长热线	现场一大队	川汇区小桥办事处东边一家涂料厂气味、噪声污染		29-33	2013年10月31日
8	市长热线	现场二大队	高庄鞋底厂废气污染		34-38	2013年11月3日

图 1-30　在新列中输入数据的效果

提示

在新插入的列的旁边显示出一个刷子按钮 ▨ ，单击该按钮打开一个列表，如图 1-31 所示。在下拉列表中用户选择与左边格式相同、与右边格式相同或清除格式选项。

		卷内目录			
序号	责任者	案件主要内容	备注	页号	受理日期
1	现场一大队	赣河小区6号楼有一个锅炉房噪声扰民		1-6	2013年7月25日
2	现场一大队	沙河南岸白云浴池锅炉噪声扰民		7-8	2013年8月26日
3	▨ 一大队	沙河南岸白云浴池锅炉烟尘污染		9	2013年8月26日
4	○ 与左边格式相同(L)	建筑工地夜间施工噪声扰民		9-17	2013年9月15日
5	○ 与右边格式相同(R) ○ 清除格式(C)	主鞋底厂废气污染		18-22	2013年10月16日

图 1-31　在新插入的列中选择列的格式

教你一招

在工作表中插入行的方法和插入列的方法类似，在插入列表中选择插入工作表行命令，则插入行，新插入的行将出现在选定行的上方。

⚘ 动手做 4　删除行（列）

当工作表中某些数据及其位置不再需要时，可以将它们删除。这种删除方式将选中区域的内容和位置一并删除，而使用 Delete 键只能删除选中区域中的内容，清除单元格的内容后空白的单元格仍然存在于工作表中。

在对档案卷内目录表格进行编辑时发现最后一行的案卷放到了其他卷宗中，此时用户可以将最后一行目录删除，具体操作步骤如下：

Step **01** 选中最后一行中任意的一个单元格。

Step **02** 在开始选项卡下的单元格组中单击删除按钮右侧的下三角箭头，打开删除列表，如图 1-32 所示。

Step **03** 在删除列表中选择删除工作表行命令，此时最后一行被删除，如图 1-33 所示。

图 1-32　删除列表

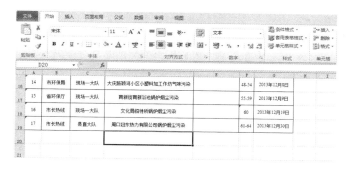

图 1-33　删除行的效果

教你一招

在工作表中删除列的方法和行类似，删除列表中选择删除工作表列命令，则删除当前列。

动手做 5　移动或复制数据

单元格中的数据可以通过移动或复制操作，将数据移动或复制到同一个工作表中的不同位置或其他工作表中。如果移动或复制的原单元格或单元格区域中含有公式，移动或复制到新的位置时，公式会因单元格区域的变化产生新的计算结果。

移动或者复制的源单元格和目标单元格相距较近时，可以使用操作方法简单快捷的鼠标拖动实现移动和复制数据的操作。

如果移动或者复制的源单元格和目标单元格相距较远，可以利用开始选项卡中剪贴板组中的复制、剪切和粘贴按钮来复制或移动单元格中的数据。

例如，在卷内目录表中，将"备注"一列移到最后面，将"受理日期"一列移到"备注"一列的位置，具体操作步骤如下：

Step 01　单击 E2 单元格，然后按住鼠标左键不放向下拖动鼠标选定"备注"一列数据区域，如图 1-34所示。

Step 02　单击开始选项卡下剪贴板组中的剪切按钮，此时在选中的单元格区域周围出现闪烁的边框。

Step 03　选中 H2 单元格，单击开始选项卡下剪贴板组中的粘贴按钮，则"备注"一列的数据被移到了新的位置，如图 1-35 所示。

Step 04　用鼠标拖动选定"受理日期"一列数据区域，单击开始选项卡下剪贴板组中的复制按钮，此时在选中的单元格区域周围出现闪烁的边框。

卷内目录

序号	案件来源	责任者	案件主要内容	备注	页号	受理日期
1	市长热线	现场一大队	颍河小区6号楼有一个锅炉房噪声扰民		1-6	2013年7月25日
2	市长热线	现场一大队	沙河南岸白云浴池锅炉噪声扰民		7-8	2013年8月26日
3	市长热线	现场一大队	沙河南岸白云浴池锅炉烟尘污染		9	2013年8月26日
4	省环保厅	现场一大队	长青街南段一建筑工地夜间施工噪声扰民		9-17	2013年9月15日
5	市长热线	县直大队	高庄鞋底厂废气污染		18-22	2013年10月16日
6	市长热线	现场一大队	天然宾馆锅炉、水司浴池锅炉与市委汽车修理厂噪声、气味严重扰民		23-28	2013年10月28日
7	市长热线	现场一大队	川汇区小桥办事处东边一家涂料厂气味、噪声污染		29-33	2013年10月31日
8	市长热线	现场二大队	高庄鞋底厂废气污染		34-38	2013年11月3日
9	市长热线	现场二大队	高庄鞋底厂废气污染环境的调查报告		39	2013年11月6日
10	市长热线	现场二大队	李市长批转群众反映小化工污染		40-44	2013年11月16日

图 1-34　拖动选定连续的单元格区域

卷内目录

序号	案件来源	责任者	案件主要内容		页号	受理日期	备注
1	市长热线	现场一大队	颍河小区6号楼有一个锅炉房噪声扰民		1-6	2013年7月25日	
2	市长热线	现场一大队	沙河南岸白云浴池锅炉噪声扰民		7-8	2013年8月26日	
3	市长热线	现场一大队	沙河南岸白云浴池锅炉烟尘污染		9	2013年8月26日	
4	省环保厅	现场一大队	长青街南段一建筑工地夜间施工噪声扰民		9-17	2013年9月15日	
5	市长热线	县直大队	高庄鞋底厂废气污染		18-22	2013年10月16日	
6	市长热线	现场一大队	天然宾馆锅炉、水司浴池锅炉与市委汽车修理厂噪声、气味严重扰民		23-28	2013年10月28日	
7	市长热线	现场一大队	川汇区小桥办事处东边一家涂料厂气味、噪声污染		29-33	2013年10月31日	
8	市长热线	现场二大队	高庄鞋底厂废气污染		34-38	2013年11月3日	
9	市长热线	现场二大队	高庄鞋底厂废气污染环境的调查报告		39	2013年11月6日	
10	市长热线	现场二大队	李市长批转群众反映小化工污染		40-44	2013年11月16日	

图 1-35　移动数据

Step 05　选中 E2 单元格，单击开始选项卡下剪贴板组中的粘贴按钮，则“受理日期”区域的数据被复制到了新的位置，如图 1-36 所示。

Step 06　选中移动后的“备注”一列数据区域，将鼠标移到选定区域的边框线上，当鼠标变为 ✥ 状时按住左键拖动鼠标到“页号”后面的“受理日期”数据区域，如图 1-37 所示。

卷内目录

序号	案件来源	责任者	案件主要内容	受理日期	页号	受理日期	备注
1	市长热线	现场一大队	颍河小区6号楼有一个锅炉房噪声扰民	2013年7月25日	1-6	2013年7月25日	
2	市长热线	现场一大队	沙河南岸白云浴池锅炉噪声扰民	2013年8月26日	7-8	2013年8月26日	
3	市长热线	现场一大队	沙河南岸白云浴池锅炉烟尘污染	2013年8月26日	9	2013年8月26日	
4	省环保厅	现场一大队	长青街南段一建筑工地夜间施工噪声扰民	2013年9月15日	9-17	2013年9月15日	
5	市长热线	县直大队	高庄鞋底厂废气污染	2013年10月16日	18-22	2013年10月16日	
6	市长热线	现场一大队	天然宾馆锅炉、水司浴池锅炉与市委汽车修理厂噪声、气味严重扰民	2013年10月28日	23-28	2013年10月28日	
7	市长热线	现场一大队	川汇区小桥办事处东边一家涂料厂气味、噪声污染	2013年10月31日	29-33	2013年10月31日	
8	市长热线	现场二大队	高庄鞋底厂废气污染	2013年11月3日	34-38	2013年11月3日	
9	市长热线	现场二大队	高庄鞋底厂废气污染环境的调查报告	2013年11月6日	39	2013年11月6日	
10	市长热线	现场二大队	李市长批转群众反映小化工污染	2013年11月16日	40-44	2013年11月16日	

图 1-36　复制数据

A	B	C	D	E	F	G	H
8	市长热线	现场二大队	高庄鞋底厂废气污染	2013年11月3日	34-38	2013年11月3日	
9	市长热线	现场二大队	高庄鞋底厂废气污染环境的调查报告	2013年11月6日	39	2013年11月6日	
10	市长热线	现场二大队	李市长批转群众反映小化工污染	2013年11月16日	40-44	2013年11月16日	
11	市长热线	现场一大队	北海造纸厂废水、锅炉烟尘污染	2013年12月5日	45	2013年12月5日	
12	市环保局	现场一大队	大庆路颍河小区小塑料加工作坊气味污染	2013年12月8日	46	2013年12月8日	
13	市环保局	现场一大队	育新街育新浴池锅炉烟尘污染	2013年12月9日	47	2013年12月9日	
14	市环保局	现场一大队	大庆路颍河小区小塑料加工作坊气味污染	2013年12月8日	48-54	2013年12月8日	
15	省环保厅	现场一大队	育新街育新浴池锅炉烟尘污染	2013年12月9日	55-59	2013年12月9日	
16	市长热线	现场一大队	文化局招待所锅炉烟尘污染	2013年12月19日	60	2013年12月19日	
17	市长热线	县直大队	周口冠东热力有限公司锅炉烟尘污染	2013年12月30日	61-64	2013年12月30日	

G2:G19

图 1-37　利用鼠标拖动数据

Step 07　当到达目的位置后松开鼠标此时会打开警告对话框，如图 1-38 所示。

Step 08　单击确定按钮，则目标单元格区域中的数据将被替换，单击取消按钮，则取消移动操作。完成数据移动的最终效果，如图 1-39 所示。

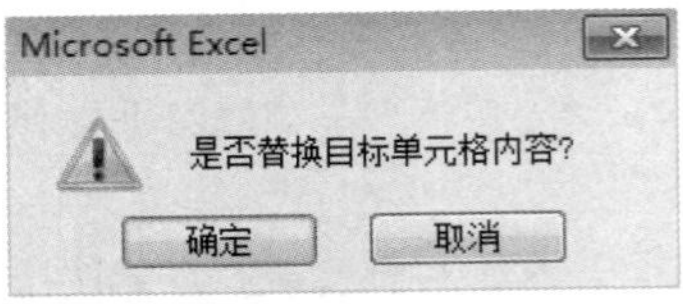

图 1-38　警告对话框

卷内目录

序号	案件来源	责任者	案件主要内容	受理日期	页号	备注
1	市长热线	现场一大队	颍河小区6号楼有一个锅炉房噪声扰民	2013年7月25日	1-6	
2	市长热线	现场一大队	沙河南岸白云浴池锅炉噪声扰民	2013年8月26日	7-8	
3	市长热线	现场一大队	沙河南岸白云浴池锅炉烟尘污染	2013年8月26日	9	
4	省环保厅	现场一大队	长青街南段一建筑工地夜间施工噪声扰民	2013年9月15日	9-17	
5	市长热线	县直大队	高庄鞋底厂废气污染	2013年10月16日	18-22	
6	市长热线	现场一大队	天然宾馆锅炉、水司浴池锅炉与市委汽车修理厂噪声、气味严重扰民	2013年10月28日	23-28	
7	市长热线	现场一大队	川汇区小桥办事处东边一家涂料厂气味、噪声污染	2013年10月31日	29-33	
8	市长热线	现场二大队	高庄鞋底厂废气污染	2013年11月3日	34-38	
9	市长热线	现场二大队	高庄鞋底厂废气污染环境的调查报告	2013年11月6日	39	
10	市长热线	现场二大队	李市长批转群众反映小化工污染	2013年11月16日	40-44	

图 1-39　完成数据移动的最终效果

教你一招

若要利用鼠标拖动实现复制操作。将鼠标移到选定区域的边框线上，当鼠标变为 状时按下 Ctrl 键，此时鼠标变为右上方带加号的箭头形状，按住鼠标左键拖将执行数据的复制操作。

在利用鼠标移动数据时，如果目标单元格区域不包含数据，则不会打开警告对话框，而是直接将数据移动到目标位置。

知识拓展

通过前面的任务主要学习了创建工作簿、输入数据、保存工作簿、修改数据、插入行（列）、删除行（列）、移动或复制数据等 Excel 2010 应用的基本操作，另外还有一些 Excel 2010 应用的基本操作在前面的任务中没有运用到，下面就介绍一下。

动手做 1　选择性粘贴

在进行单元格或单元格区域复制操作时，有时只需要复制其中的特定内容而不是所有内容时，可以使用"选择性粘贴"命令来完成，具体步骤如下：

Step 01 选中需要复制数据的单元格区域。

Step 02 单击开始选项卡下剪贴板组中的复制按钮，或者右击，在弹出的菜单中选择复制按钮，在选中的单元格区域周围出现闪烁的边框。

Step 03 选择要复制目标区域中的左上角的单元格，开始选项卡中的剪贴板组的粘贴按钮下侧的下三角按钮，打开下拉列表。

Step 04 在下拉列表中选择选择性粘贴选项，打开选择性粘贴对话框，如图 1-40 所示。

Step 05 在选择性粘贴对话框中根据需要选中粘贴方式。

Step 06 单击确定按钮。

从选择性粘贴对话框中用户可以看到，使用选择性粘贴进行复制可以实现加、减、乘、除运算，或者只复制公式、数值、格式等。

动手做 2　清除单元格内容

如果仅仅想将单元格中的数据清除掉，但还要保留单元格，可以先选中该单元格然后直接按 Delete 键删除单元格中的内容。此外还可以利用清除命令，对单元格中的不同内容进行清除。

选中要清除内容的单元格或单元格区域，单击开始选项卡中编辑组中的清除按钮，打开一个下拉列表，如图 1-41 所示。可以根据需要选择相应的选项来完成操作，下拉列表中各选项的功能说明如下：

- 全部清除：选择该命令将清除单元格中的所有内容，包括格式、内容、批注等。
- 清除格式：选择该命令只清除单元格的格式，单元格中其他的内容不被清除。
- 清除内容：选择该命令可以只清除单元格的内容，单元格中的格式、批注等不被清除。
- 清除批注：选择该命令只清除单元格中的批注。

动手做 3　插入符号

在输入数据内容时，有时还需要输入一些标点符号、特殊字符等。在输入常用的标点符号时，用户可以利用键盘上相应的标点符号键进行输入，但在输入一些特殊符号时如®、μ、Σ时，利用键盘上的常用符号键就不可能进行输入了。此时用户可以利用 Excel 2010 提供的插入功能来插入一些系统自带的符号，具体操作步骤如下：

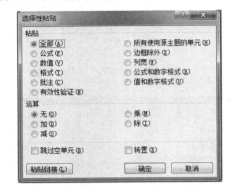

图 1-40　选择性粘贴对话框

图 1-41　清除下拉列表

Step 01 选中要插入符号的单元格，单击插入选项卡中符号组中的符号按钮，打开符号对话框。

Step 02 单击符号选项卡，在对话框中选择字体下拉列表框中的一种字体类型，根据需要还可以在子集下拉列表框中选择一种子集类型，如图 1-42 所示。

Step 03 在符号列表中选中要插入的符号单击插入按钮，或直接双击要插入的符号。

Step 04 如果需要一些特殊的符号，可单击特殊字符选项卡，如图 1-43 所示。在对话框中选择所需的特殊字符，单击插入按钮。

图 1-42　符号对话框

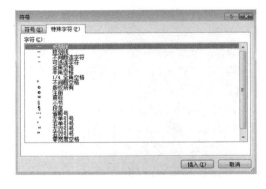

图 1-43　特殊字符选项卡

⁂ 动手做 4　插入单元格

在工作表中不但可以插入行或列，还可以插入单元格，利用插入单元格的方法同样可以在适当位置填入新的内容。在工作表中插入单元格的具体操作步骤如下：

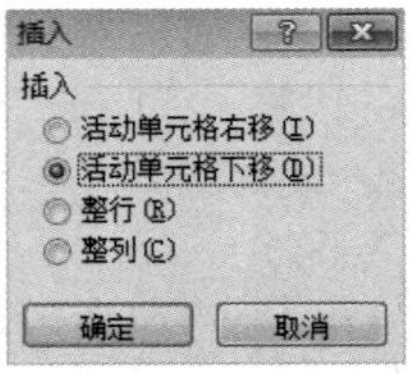

Step 01 选中要插入单元格位置的单元格。

Step 02 在开始选项卡下的单元格组中单击插入按钮右侧的下三角箭头，打开插入列表。

Step 03 在插入列表中选择插入单元格命令，打开插入对话框，如图 1-44 所示。

Step 04 插入对话框中各选项的意义如下。

● 活动单元格右移：在活动单元格位置插入单元格，活动单元格向右移动。

● 活动单元格下移：在活动单元格位置插入单元格，活动单元格向下移动。

图 1-44　插入对话框

- 整行：在活动单元格的位置插入与所选单元格区域行数相同的行，原区域所在行自动下移。
- 整列：在活动单元格的位置插入与所选单元格区域列数相同的列，原区域所在列自动右移。

动手做 5　删除单元格

用户还可以利用删除单元格或单元格区域的方法来实现数据的修改，具体操作方法如下：

Step 01　选中要删除的单元格。

Step 02　在开始选项卡下的单元格组中单击删除按钮右侧的下三角箭头，打开删除列表。

Step 03　在删除列表中选择删除单元格命令，打开删除对话框，如图 1-45 所示。

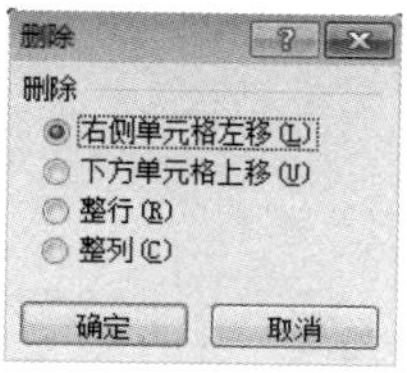

Step 04　删除对话框中各选项的意义如下。

- 右侧单元格左移：活动单元格右侧的单元格向左移动填充被删除的单元格。
- 下方单元格上移：活动单元格下侧的单元格向上移动填充被删除的单元格。

图 1-45　删除对话框

- 整行：活动单元格所在的行被删除，如果选中的是单元格区域，那么单元格区域所在的行将全部被删除。
- 整列：活动单元格所在的列被删除，如果选中的是单元格区域，那么单元格区域所在的列将全部被删除。

动手做 6　打开最近使用过的文档

Excel 2010 具有自动记忆功能，可以记忆最近几次打开的文件，打开最近打开文件的具体步骤如下：

Step 01　单击文件选项卡，单击最近所用文件命令，则在文件选项卡中的最近使用过的文件列表中列出了最近打开的文件，如图 1-46 所示。

图 1-46　最近打开的文件

Step 02 找到要打开的文件，单击该文件即可将其打开。

⁂ 动手做 7 根据模板创建工作簿

如果需要创建一个专业型的工作表，如各种报表、收据等，而用户对这些专业工作表的格式并不熟悉，则可以利用 Excel 2010 提供的模板功能来建立一个比较专业化的工作表。利用模板创建工作簿的具体操作步骤如下：

Step 01 在 Excel 2010 文档中单击文件选项卡打开文件命令，然后单击新建选项，如图 1-47 所示。

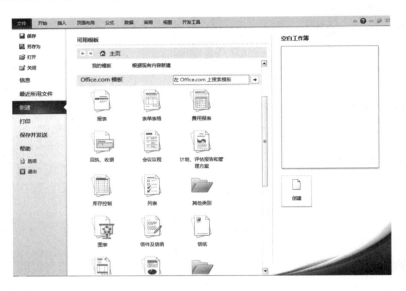

图 1-47 新建选项

Step 02 在 Office.com 下单击所需要的模板类别，在类别列表中选择模板。这里单击所需模板类别费用报表，如图 1-48 所示。在模板列表中选择差旅费报销单 4，在右侧会显示出该模板的缩略图，单击下载，则开始从网上下载模板。

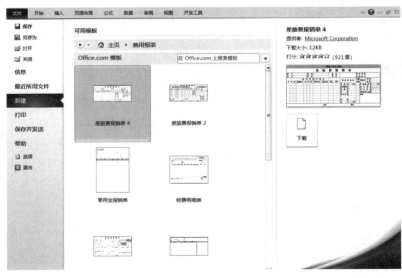

图 1-48 找到的模板

Step **03** 模板下载完毕后，自动打开一个工作簿，如图 1-49 所示。

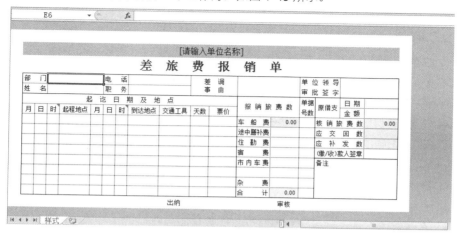

图 1-49　从网上下载的差旅费报销单

　　用户还可以在 Office.com 右侧的搜索框中输入模板名称进行搜索，例如，输入"简历"，单击开始搜索按钮，即可得到搜索结果。

　　要想从 Microsoft Office Online 上下载模板，要确保计算机与互联网相连接。

课后练习与指导

一、选择题

1. 在单元格中输入数据后，如果按回车键确认，则当前单元格（　　　）。

   A. 自动下移

   B. 不变

   C. 自动右移

   D. 自动左移

2. 如果要在单元格中插入当前日期，可以按（　　　）组合键。

   A. Ctrl+;

   B. Ctrl+Shift+;

   C. Shift+;

   D. Ctrl+Alt+;

3. 关于数据的输入下列说法正确的是（　　　）。

   A. 如果要在单元格中输入负数，应将数字括在括号内并在括号前加一个负号

   B. 直接输入 1/5，系统将默认这是日期型数据

   C. 在单元格中不能输入分数只能输入小数

   D. 用户可以将纯数字当作文本数据输入

4. 关于复制数据下列说法正确的是（　　　）。

   A. 在复制数据时用户可以只复制数值而不复制公式

   B. 用户可以利用鼠标拖动来复制数据

  C．在复制数据时不能进行运算

  D．在复制数据时无法复制批注

5．关于删除数据下列说法正确的是（ ）。

  A．在删除数据时数据所在的单元格也将被删除

  B．删除单元格后，右边的单元格将填充到当前位置

  C．用户可以只删除单元格中的格式，而保留数据

  D．选中单元格后直接按 Delete 键可以删除单元格中的内容，但格式将被保留

6．下列说法正确的是（ ）。

  A．在快速访问栏上只能添加常用的命令

  B．在状态栏上可以显示选中数据区域的一些自动计算结果

  C．在编辑栏上只有在输入数据时才会显示输入和取消按钮

  D．在使用填充柄自动填充数据时只能填充相同的数据

二、填空题

1．第 C 列第 5 行的单元格表示为_____。

2．工作表是由_____行和_____列构成的一个表格，行是自上而下按_____进行编号，而列号则由左到右采用_____进行编号。

3．在默认情况下，字符型数据设置为_____对齐，日期型数据设置为_____对齐，数字设置为_____对齐。

4．输入日期，应先输入_____，再输入_____，最后输入_____。

5．在单元格中插入当前时间，可以按_____组合键。

6．按_____组合键，可执行保存的操作。

7．当插入函数或输入数据时，在编辑栏中会显示_____、_____和_____三个按钮。

8．在功能区中，将 Excel 2010 中的菜单命令重新组织在_____、_____、_____、_____、_____、_____、_____、_____等选项卡中。

9．在_____选项卡下的_____组中单击"插入"按钮右侧的下三角箭头，打开"插入"列表，在列表中用户可以选择插入行、列或单元格的操作。

10．单击_____选项卡中的_____组中的"清除"按钮，打开一个下拉列表，在列表中用户可以选择清除单元格的格式、批注、内容等操作。

三、简答题

1．在单元格中输入数据后，如果数据的长度超过单元格的宽度，将会出现哪些情况？

2．修改单元格中的数据有哪些方法？

3．用户可以对单元格中的哪些内容进行清除？

4．在工作表中移动数据有哪些方法？

5．如果要将一组数字当作纯文本输入，有几种方法？

6．在什么情况下可以使用工作表的自动填充功能来快速输入数据？

7．如果想在工作表中一次插入多行，应如何操作？

8．如何打开最近操作过的工作簿？

四、实践题

制作一个如图 1-50 所示的收费登记表。

	A	B	C	D	E	F	G	H
1				收费登记表				
2	序号	缴费日期	受理编号	票据号码	缴费单位名称	缴费金额（元）	收费单位	收费项目
3	001	2014年3月24日	14-2014-2847	0120401	沙宣理发店	200	监测站	监测费
4	002	2014年3月24日	14-2014-2848	0120402	新丝路理发店	200	监测站	监测费
5	003	2014年3月24日	14-2014-2849	0120403	炫动美理发店	200	监测站	监测费
6	004	2014年3月24日	14-2014-2850	0120405	蒂梵尼形象设计	200	监测站	监测费
7	005	2014年3月24日	14-2014-2852	0120407	云龙形象设计	200	监测站	监测费
8	006	2014年3月24日	14-2014-2853	0120408	动感秀	300	监测站	监测费
9	007	2014年3月24日	14-2014-2855	0120410	水晶恋	200	监测站	监测费
10	008	2014年3月24日	14-2014-2943	0120457	名邦发艺	200	监测站	监测费
11	009	2014年3月24日	14-2014-2944	0120412	城郊中学	500	监测站	监测费
12	010	2014年3月24日	14-2014-2945	0120502	师伟美发	500	监测站	监测费
13	011	2014年3月24日	14-2014-2948	0120504	想方设法	300	监测站	监测费

图 1-50 收费登记表

1. 按照效果图输入相关数据。

2. 序号和票据号码两列数字为文本型数据，缴纳日期中的日期为长日期格式。

3. 利用快速填充功能填充序号一列数据，利用快速填充功能填充收费单位一列数据，利用快速填充功能填充收费项目一列数据。

4. 利用复制数据的方法，复制缴纳日期一列数据。

效果位置：案例与素材\模块 01\源文件\收费登记表

Excel 2010 提供了丰富的格式化命令，可以设置单元格格式，格式化工作表中的字体格式，改变工作表中的行高和列宽，为表格设置边框，为单元格设置底纹颜色等。

常见的报价单、文件发放记录等表格，如图 2-1 所示，这些都可以利用 Excel 2010 软件来制作。

课程表是帮助学生了解课程安排的一种简单表格。课程表分为两种：一是学生使用的，二是教师使用的。学生使用的课程表与任课教师使用的课程表在设计结构上都是一个简单的二维表格，基本上没有什么区别，只是填写的内容有所不同。学生的课程表是让学生了解本学期中的每一星期内周而复始的课程安排内容。任课教师的课程表是用来提醒教师在什么时间到哪个班级上什么课程（有可能进度不同，或两个年级，两个学科等）。

如图 2-2 所示，就是利用 Excel 2010 的表格功能制作的课程表。请读者根据本模块所介绍的知识和技能，完成这一工作任务。

硒鼓报价单

联想粉盒 型 号	产品型号	适用机型	寿命	代理价格
LT0112A	2312粉盒	LJ2312/2412/8212/6012/6112/6212	3000	125
LT0225	2500粉盒	2500/2600/M6200/M7200	3000	125
LD0225	2500硒鼓	2500/2600/M6200/M7200 LJ2312/2412/8212/6012/6112/6212	15000	210
LT0310	0310粉盒	LJM3100/M3200/M7000/M7110	2200	65
LD0310	3100硒鼓		8000	310
LJ6P/6P+	LJ6P粉盒	LJ6106/6206/6550	2200	55
LJ2110	LJ2110粉盒	LJ2110P/2210P/6010	2200	55
LT1418	1800粉盒	LJ1800	3000	140
LD1418	1800硒鼓		20000	190
LT0928	2800粉盒	LJ2800/2800W/7210	3000	150
LD0928	2800硒鼓		15000	250
LT0617	1700粉盒	LJ1700	3000	130
LD0617	1700硒鼓		20000	170
LT1830	3000粉盒	LJ3000/3000W/3050D/M6220/M7220D	3500	150
LD1830	3000硒鼓		15000	150

图 2-1　报价单

华夏小学五年级一班课程表

星期 节次	星期一	星期二	星期三	星期四	星期五
上午	语文	数学	语文	语文	语文
	数学	语文	数学	数学	数学
	英语	品德	英语	英语	英语
	语文	体育	语文	数学	数学
下午	品德	语文	数学	英语	语文
	音乐	英语	品德	体育	美术
	语文	美术	英语	体育	语文

图 2-2　课程表

相关文件模板

利用 Excel 2010 软件还可以完成会议日程安排表、考试日程安排表、考研报名表、年度考勤记录表、文件发放记录表、个人健康记录表、工资变动表、财务报销单、差旅费报销单、半成品报废单等工作任务。为方便读者，本书在配套的资料包中提供了部分常用的文件模板，具体文件路径如图 2-3 所示。

图 2-3 应用文件模板

背景知识

课程表通常是由学校教学处根据教育部、地方教育部门规定的课时，按照主科（语数外）、副科（理化生、政史地）或小学科（音体美劳）从第一节课时间顺序排课。当学科任教老师之间上课时间发生冲突时，再考虑各学科教师的时间互补性，尽量做到将每天最好的时间安排主科，实在安排不开时，再将副科提到第一、二节课。为了不影响学生的认知、记忆规律，还要注意同一学科的课时不能连排。

设计思路

在制作课程表的过程中，首先要对单元格格式进行设置，然后调整行高和列宽，最后添加边框和底纹，制作课程表的基本步骤可分解为：

Step 01 选定单元格区域
Step 02 设置单元格格式
Step 03 调整行高和列宽
Step 04 添加边框和底纹

项目任务 2-1 选定单元格区域

在进行数据的编辑之前，首先应对所编辑的对象进行选定。如果用户所操作的对象是单个单元格时，只需选定某一个单元格即可。如果用户所操作的对象是一些单元格的集合时，就需要选定数据内容所在的单元格区域，然后才能进行编辑操作。

动手做 1 选定连续的单元格区域

在选择连续的单元格区域时，用户可以利用拖动鼠标的方法将其选定。

选定连续的单元格区域的具体操作步骤如下：

Step 01 用鼠标单击要选定区域左上角的单元格。

Step 02 按住鼠标左键并拖动鼠标到要选定区域的右下角。

Step 03 松开鼠标左键，选择的区域将反白显示。其中，只有第一个单元格正常显示，表明它为当前活动的单元格，其他均被设置为黑色，如图 2-4 所示。

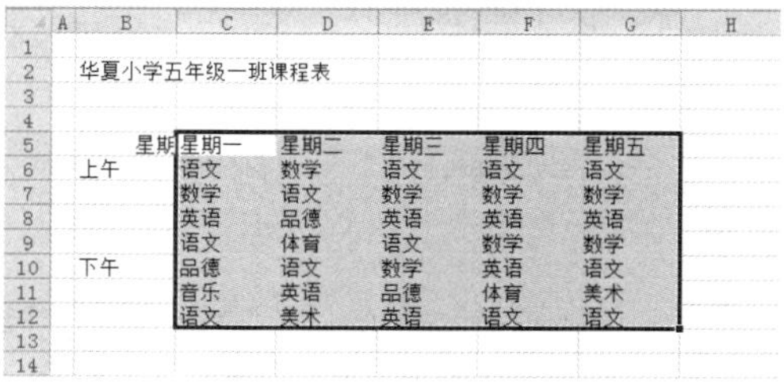

Step 04 若要取消选择，用鼠标单击工作表中任意一个单元格，或者按任意一个方向键。

图 2-4 选定连续的单元格区域

Excel 2010案例教程

 教你一招

　　用户也可以利用键盘来选定单元格，首先选中要选定区域左上角的单元格，然后按下 Shift 键，最后再按键盘上的方向键来选定范围。

动手做 2　选定不连续的单元格区域

选定不连续的单元格区域的具体操作步骤如下：

Step 01　利用鼠标拖动选定第一个单元格区域。

Step 02　按住 Ctrl 键不放，再利用鼠标拖动选定另一个单元格区域，选定不连续的单元格区域的效果，如图 2-5 所示。

Step 03　若要取消选择，用鼠标单击工作表中任意一个单元格，或者按任意一个方向键。

动手做 3　选定整行或整列

在对工作表进行格式化时，经常需要选定某一行或某一列，有时还需要选择多行或多列或不连续的行或列。在工作表中选定一列具体操作步骤如下：

Step 01　将鼠标指针移动到所要选择列的列标上，此时鼠标指针变为 ↓ 形状。

Step 02　单击鼠标左键，则此列被选中，如图 2-6 所示。

图 2-5　选定不连续的单元格区域的效果　　　图 2-6　选中整列中的所有单元格

　　如果要同时选定多列时，只需将鼠标指针移动到列的列标处，按住左键并拖动，拖动到所要选择的最后一列时松开鼠标左键即可；选择不连续的多列时，可选定一部分列后，同时按下 Ctrl 键选择另外的列即可。选择行的方法与选择列的方法相同，只需将鼠标指针移动到该行的行号上，当鼠标指针变成 → 形状时单击左键即可将该行选中。

动手做 4　选定工作表中的所有单元格

在对工作表中的单元格数据进行编辑时，有时需要对整个工作表中的数据进行编辑，这时就需要选定整个工作表中的所有单元格。在选定时用户也可以按照选定行和列的操作方法一个个进行选定，但这样太繁琐了。用户可以单击行号与列标交汇处左上角的按钮 即可将工作表中的所有单元格选中，如图 2-7 所示。

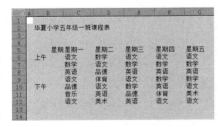

图 2-7　选定工作表中的所有单元格

项目任务 2-2　设置单元格格式

在工作表的单元格中存放的数据类型有多种，用户在设置工作表格式时可以根据单元格中存放数据类型的不同将它们设置为不同的格式。

动手做 1 合并单元格

在进行对单元格中存放的数据类型进行格式化前，需要对一些单元格进行合并，以实现美观大方的表格样式。对课程表内容进行单元格合并的具体步骤如下：

Step 01 打开存放在"案例与素材\模块 02\素材"文件夹中名称为"课程表（初始）"文件，选中需要合并的单元格，这里选中"B2：G3"。

Step 02 单击开始选项卡中的对齐方式组中的合并后居中按钮，课程表的标题居中显示。

Step 03 选中"B6：B9"单元格区域，单击开始选项卡中的对齐方式组中的合并后居中按钮。

Step 04 选中"B10：B12"单元格区域，单击开始选项卡中的对齐方式组中的合并后居中按钮。合并单元格后的效果，如图 2-8 所示。

动手做 2 设置字符格式

在默认情况下，工作表中的中文为宋体、11 磅。为使工作表中的某些数据能够突出显示，也为了使版面整洁美观，通常需要将不同的单元格设置成不同的效果。设置课程表字符格式的具体操作步骤如下：

Step 01 选中要设置字符格式的单元格区域，这里选中合并的标题单元格。

Step 02 在开始选项卡中的字体组中字体的下拉列表中选择黑体。

Step 03 在开始选项卡中的字体组中字号的下拉列表中选择 18。

Step 04 选中"B5：G12"单元格区域。

Step 05 在开始选项卡中的字体组中字体的下拉列表中选择黑体，在字体组中字号的下拉列表中选择 12。

设置字符格式的最终效果，如图 2-9 所示。

图 2-8 合并单元格后的效果

图 2-9 设置字符格式的最终效果

教你一招

如果用户设置的字体格式复杂也可以利用对话框来设置字符格式，选中要设置数字格式的单元格区域，单击开始选项卡下字体组右下角的对话框启动器按钮，打开设置单元格格式对话框，选择字体选项卡，如图 2-10 所示。在对话框中用户可以对字符格式进行详细的设置。

动手做 3 设置对齐格式

所谓对齐就是指单元格中的数据在显示时相对单元格上、下、左、右的位置。在默认情况下，文本靠左对齐，数字靠右对齐，逻辑值和错误值居中对齐。有时，为了使工作表更加美观，可以使数据按照需要的方式进行对齐。

如果要设置简单的对齐方式，可以利用开始选项卡中的对齐方式组中的对齐方式按钮。文本对齐的按钮有 6 个：

- 左对齐按钮 ≣：使数据左对齐。
- 居中按钮 ≣：使数据在单元格内居中。
- 右对齐按钮 ≣：使数据右对齐。
- 顶端对齐按钮 ≣：使单元格中的数据沿单元格顶端对齐。
- 垂直居中按钮 ≣：使单元格中的数据上下居中。
- 底端对齐按钮 ≣：使单元格中的数据沿单元格底端对齐。

这里对课程表"C5：G12"单元格区域设置水平居中的对齐方式，具体操作步骤如下：

Step 01 选中"C5：G12"单元格区域。

Step 02 单击开始选项卡中的对齐方式组中的居中按钮，设置数据居中对齐格式的效果如图 2-11 所示。

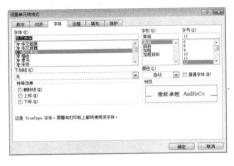
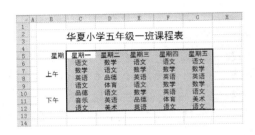

图 2-10　利用对话框设置字符格式　　　　图 2-11　设置数据居中对齐格式的效果

❖ 动手做 4　设置自动换行

在单元格中输入文本数据后，如果文本较长而且右边相邻的单元格中含有数据，那么超出单元格的部分不会显示，此时用户可以利用自动换行的方式将单元格中的数据分行显示。

设置自动换行的具体操作步骤如下：

Step 01 选中 B5 单元格，此时用户在编辑栏中发现 B5 单元格的文本为"星期　　节次"，而在 B5 单元格中只显示"星期"，如图 2-12 所示。

Step 02 单击开始选项卡中的对齐方式组右下角的对话框启动器按钮，打开设置单元格格式对话框，对话框自动切换到对齐选项卡，如图 2-13 所示。

图 2-12　单元格中的数据不能完全显示　　　　图 2-13　设置单元格格式对话框

Step 03 在文本控制区域选择自动换行选项。

Step 04 单击确定按钮，则设置自动换行的效果如图 2-14 所示。

教你一招

如果用户要快速设置自动换行，可以选中单元格，然后在开始选项卡的对齐方式组中单击自动换行按钮。

⁙ 动手做 5 设置单元格数据的方向

用户还可以对单元格中数据的方向进行设置，设置单元格数据的方向的具体操作步骤如下：

Step 01 选中合并的"上午"单元格。

Step 02 在开始选项卡中的对齐方式组中单击方向按钮，打开方向列表如图 2-15 所示。

Step 03 在列表中选择竖排文字选项，则"上午"文字被竖排，如图 2-15 所示。

Step 04 按照相同的方法设置"下午"文字竖排。

图 2-14 设置自动换行的效果

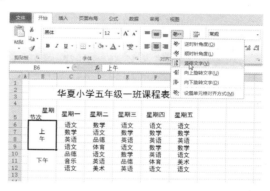

图 2-15 设置文字方向

教你一招

如果要设置单元格的对齐格式比较复杂，用户可以利用单元格格式对话框的对齐选项卡中一次性进行设置。

项目任务 2-3 调整行高和列宽

向单元格中输入数据时，经常会出现如单元格中的文字只显示了其中的一部分或者显示的是一串"#"符号，但是在编辑栏中却能看见对应单元格中的全部数据。造成这种结果的原因是单元格的高度或宽度不够，此时可以对工作表中的单元格的高度或宽度进行调整，使单元格中的数据全部显示出来。

⁙ 动手做 1 调整行高

在默认情况下，工作表中任意一行所有单元格的高度总是相同的，所以调整某一个单元格的高度，实际上是调整了该单元格所在行的高度，并且行高会自动随单元格中的字体变化而变化。可以利用拖动鼠标快速调整行高，也可以利用菜单命令精确调整行高。

例如，为课程表调整行高，具体操作步骤如下：

Step 01 将鼠标移动到第 5 行的下边框线上。

Step 02 当鼠标变为 ✛ 形状时按下并向下拖动鼠标，此时出现一条黑色的虚线随鼠标的拖动而移动，表示调整后行的高度，同时系统还会显示行高值，如图 2-16 所示。

Step 03 当拖动到合适位置时松开鼠标即可。

Step 04 用鼠标单击第 6 行的行号，选中第 6 行，然后按住鼠标左键向下拖动选中第 6 至第 12 行。

Step 05 在开始选项卡中的单元格组中，单击格式按钮（如图 2-17 所示），在下拉列表中的单元格大小区域选择行高命令，打开行高对话框，如图 2-18 所示。

Step 06 在行高文本框中输入 24，单击确定按钮。设置行高后的效果，如图 2-19 所示。

图 2-16　利用鼠标调整行高

图 2-17　选择行高命令

图 2-18　行高对话框

图 2-19　设置行高后的效果

教你一招

如果用户不是精确地调整多行的行高，用户也可以利用鼠标拖动来调整。首先选中多行，然后将鼠标移动到最下面一行的下边框线上，当鼠标变为 ✛ 形状时上下拖动鼠标即可调整选中行的行高。

⁛ 动手做 2　调整列宽

在工作表中列和行有所不同，工作表默认单元格的宽度为固定值，并不会根据数字的长短而自动调整列宽。当在单元格中输入数字型数据超出单元格的宽度时，则会显示一串"#"符号；如果输入的是字符型数据，单元格右侧相邻的单元格为空时则会利用其空间显示，否则只在单元格中显示当前单元格所能显示的字符。在这种情况下，为了能完全显示单元格中的数据可以调整列宽。

例如，为课程表调整列宽，具体操作步骤如下：

Step01 将鼠标移动至 B 列右侧的边框线处，当鼠标变成 ✛
形状时按下并拖动鼠标。

Step02 此时出现一条黑色的虚线跟随拖动的鼠标移动，表示
调整后行的边界，同时系统还会显示出调整后的列宽值，这里
设置为 9 即可，如图 2-20 所示。

Step03 用鼠标单击 C 列的列号，选中 C 列，按住鼠标左键
向右拖动选中 C 列至 G 列。

Step04 在开始选项卡中的单元格组中，单击格式按钮，在下
拉列表中的单元格大小区域选择列宽命令，打开列宽对话框，
如图 2-21 所示。

图 2-20 拖动调整列宽

Step05 在列宽文本框中输入10，单击确定按钮。设置列宽后的效果，如图 2-22 所示。

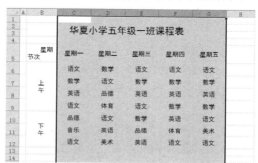

图 2-21 列宽对话框

图 2-22 设置列宽后的效果

教你一招

如果用户不是精确地调整多列的列宽，用户也可以利用鼠标拖动来调整。首先选中多列，然后
将鼠标移动到最右边一列的边框线上，当鼠标变为 ✛ 形状时左右拖动鼠标即可调整选中列的列宽。

项目任务 2-4 ▸ 添加边框和底纹

在设置单元格格式时，为了使工作表中的数据层次更加清晰明了，区域界限分明，可以为
单元格或单元格区域添加边框和底纹。

⁘ 动手做 1 添加边框

在设置单元格格式时，为了使工作表中的数据层次更加清晰明了，区域界限分明，可以利
用工具按钮或者对话框为单元格或单元格区域添加边框。

在默认情况下，单元格的边框线为浅灰色，在实际打印时是显示不出来的，因此可以为表
格添加边框来加强表格的视觉效果。为课程表添加边框的具体操作步骤如下：

Step01 选中"B5：G12"单元格区域。

Step02 在开始选项卡中的字体组中单击边框右侧的下三角箭头，打开边框列表，在列表中用户可
以选择一种边框样式，如图 2-23 所示。

Step03 由于这里没有需要的边框样式，单击其他边框选项，打开设置单元格格式对话框，并自动

图标 Excel 2010案例教程

切换到边框选项卡，如图 2-24 所示。

图 2-23　边框列表

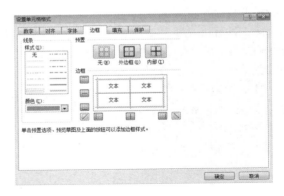

图 2-24　设置单元格区域的边框

Step 04 在线条样式列表中选择双线，在颜色下拉列表中选择绿色，在预置区域单击外边框按钮。

Step 05 在线条样式列表中选择中等粗细的实线，在颜色下拉列表中选择绿色，在预置区域单击内部按钮。

Step 06 单击确定按钮，设置边框的效果，如图 2-25 所示。

Step 07 选中 B5 单元格，在边框列表中单击其他边框选项，打开设置单元格格式对话框，并自动切换到边框选项卡。

Step 08 在线条样式列表中选择细实线，在颜色下拉列表中选择绿色，在边框区域单击左上右下斜线按钮，如图 2-26 所示。

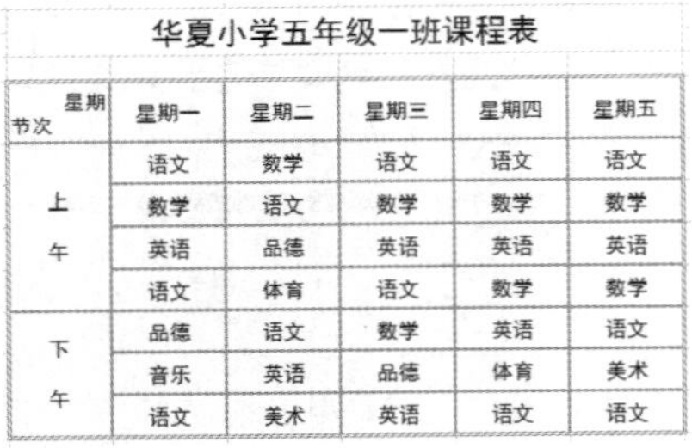

图 2-25　设置边框的效果

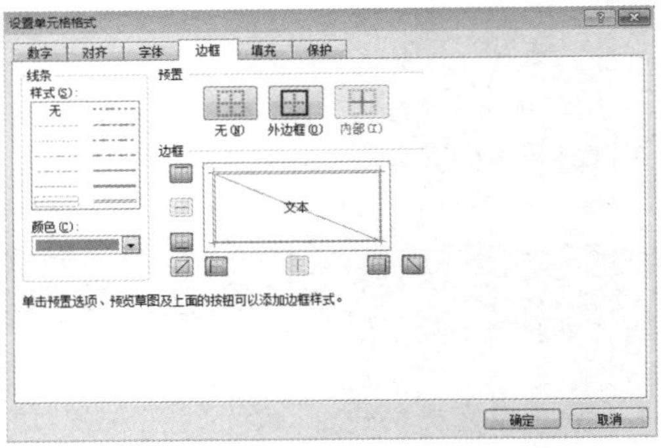

图 2-26　设置斜线

Step 09 单击确定按钮，设置斜线的效果，如图 2-27 所示。

动手做 2　添加底纹

用户还可以为单元格添加底色或者添加图案。为课程表添加底纹的具体操作步骤如下：

Step 01 选中"B5：G5"单元格区域。

Step 02 单击开始选项卡中的字体组中的填充颜色按钮，在打开的颜色列表中选择"红色，强调文字颜色 2，淡色 60%"作为单元格区域的底色，效果如图 2-28 所示。

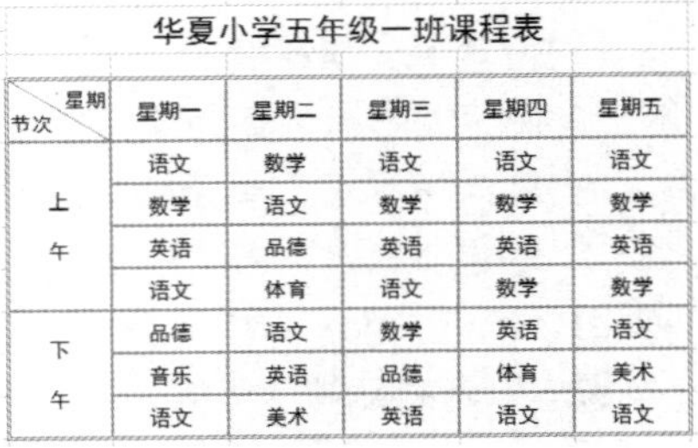

图 2-27　设置斜线的效果

图 2-28　利用填充按钮为单元格设置底纹

Step03　选中"C6：C12"、"E6：E12"和"G6：G12"单元格区域，在填充颜色列表中选择"橙色，强调文字颜色 6，淡色 60%"作为单元格区域的底色。

Step04　选中"D6：D12"和"F6：F12"单元格区域，在填充颜色列表中选择"水绿色，强调文字颜色 5，淡色 40%"作为单元格区域的底色。

Step05　选中"B6：B12"单元格区域。

Step06　单击开始选项卡中的对齐方式组右下角的对话框启动器，打开设置单元格格式对话框，单击填充选项卡。

Step07　在图案样式列表中选择细对角线条纹选项，在图案颜色列表中选择"水绿色，强调文字颜色 5，深色 25%"，如图 2-29 所示。

Step08　单击确定按钮，设置图案底纹的效果如图 2-30 所示。

图 2-29　设置图案底纹

华夏小学五年级一班课程表					
星期 节次	星期一	星期二	星期三	星期四	星期五
上 午	语文	数学	语文	语文	语文
	数学	语文	数学	数学	数学
	英语	品德	英语	英语	英语
	语文	体育	语文	数学	数学
下 午	品德	语文	数学	英语	语文
	音乐	英语	品德	体育	美术
	语文	美术	英语	语文	语文

图 2-30　为课程表设置边框和底纹的效果

项目拓展——制作家庭理财记账表

所谓家庭理财从概念上讲，就是学会有效、合理地处理和运用钱财，让自己的花费发挥最大的效用，以达到最大限度地满足日常生活需要的目的，如图 2-31 所示，就是利用 Excel 2010 制作的家庭理财记账表。

个人理财规划明细账（2014年1月份）

日期	伏食支出	日用杂货支出	服饰支出	交通出行支出	医疗保健支出	水、气、电、通信支出	文化教养支出	其他支出	消费总额	储蓄及收入
1月1日	¥42.5	¥12.0	¥305.0	¥55.0	¥0.0	¥0.0	¥100.0	¥200.0	¥714.5	¥0.0
1月2日	¥22.5	¥0.0	¥0.0	¥5.0	¥0.0	¥0.0	¥0.0	¥0.0	¥27.5	¥0.0
1月3日	¥35.0	¥0.0	¥0.0	¥2.0	¥80.0	¥0.0	¥0.0	¥0.0	¥117.0	¥0.0
1月4日	¥36.0	¥0.0	¥0.0	¥2.0	¥78.0	¥0.0	¥0.0	¥0.0	¥116.0	¥0.0
1月5日	¥28.0	¥108.0	¥406.0	¥2.0	¥0.0	¥0.0	¥0.0	¥0.0	¥544.0	¥6,000.0
1月6日	¥27.5	¥0.0	¥0.0	¥2.0	¥0.0	¥0.0	¥0.0	¥0.0	¥29.5	¥4,200.0
1月7日	¥26.5	¥0.0	¥0.0	¥2.0	¥0.0	¥0.0	¥0.0	¥200.0	¥228.5	¥0.0
1月8日	¥33.0	¥0.0	¥0.0	¥10.0	¥0.0	¥0.0	¥0.0	¥400.0	¥443.0	¥0.0
1月9日	¥32.5	¥0.0	¥0.0	¥4.0	¥0.0	¥0.0	¥0.0	¥0.0	¥36.5	¥0.0
1月10日	¥38.0	¥0.0	¥0.0	¥4.0	¥0.0	¥0.0	¥0.0	¥0.0	¥42.0	¥0.0
1月11日	¥36.0	¥0.0	¥0.0	¥4.0	¥0.0	¥0.0	¥56.0	¥0.0	¥96.0	¥0.0
1月12日	¥34.0	¥2.5	¥0.0	¥4.0	¥0.0	¥0.0	¥64.0	¥0.0	¥104.5	¥0.0
1月13日	¥29.5	¥8.0	¥0.0	¥4.0	¥0.0	¥0.0	¥46.0	¥0.0	¥87.5	¥0.0
1月14日	¥31.0	¥10.0	¥0.0	¥4.0	¥0.0	¥0.0	¥0.0	¥0.0	¥45.0	¥0.0
1月15日	¥30.0	¥0.0	¥0.0	¥6.0	¥0.0	¥0.0	¥0.0	¥0.0	¥36.0	¥0.0
1月16日	¥108.0	¥20.0	¥0.0	¥10.0	¥0.0	¥0.0	¥0.0	¥0.0	¥138.0	¥0.0
1月17日	¥15.0	¥0.0	¥0.0	¥8.0	¥0.0	¥0.0	¥0.0	¥0.0	¥23.0	¥2,000.0
1月18日	¥18.5	¥0.0	¥0.0	¥2.0	¥0.0	¥0.0	¥0.0	¥0.0	¥20.5	¥0.0
1月19日	¥206.0	¥18.0	¥0.0	¥6.0	¥0.0	¥0.0	¥0.0	¥0.0	¥230.0	¥0.0
1月20日	¥28.5	¥0.0	¥0.0	¥2.0	¥103.0	¥0.0	¥0.0	¥0.0	¥133.5	¥0.0
1月21日	¥12.0	¥0.0	¥25.0	¥2.0	¥98.0	¥0.0	¥0.0	¥1,000.0	¥1,137.0	¥0.0
1月22日	¥34.0	¥0.0	¥0.0	¥2.0	¥0.0	¥0.0	¥0.0	¥0.0	¥36.0	¥0.0
1月23日	¥35.0	¥0.0	¥0.0	¥6.0	¥0.0	¥0.0	¥0.0	¥0.0	¥41.0	¥0.0
1月24日	¥30.0	¥5.0	¥0.0	¥8.0	¥0.0	¥108.0	¥33.0	¥88.0	¥272.0	¥0.0
1月25日	¥31.5	¥2.0	¥0.0	¥24.0	¥0.0	¥66.0	¥89.0	¥50.0	¥262.5	¥0.0
1月26日	¥30.5	¥0.0	¥0.0	¥8.0	¥0.0	¥30.0	¥76.0	¥0.0	¥144.5	¥2,000.0

图 2-31　家庭理财记账表

设计思路

在制作家庭理财记账表的过程中，主要是应用了设置数字格式、自动套用格式和设置条件格式的操作，制作家庭理财记账表的基本步骤可分解为：

Step 01 设置数字格式

Step 02 自动套用格式

Step 03 为单元格应用样式

Step 04 设置条件格式

在制作家庭理财记账表之前首先打开存放在"案例与素材\模块 02\素材"文件夹中名称为"家庭理财记账表（初始）"文件，如图 2-32 所示。

	A	B	C	D	E	F	G	H	I	J	K
1					个人理财规划明细账（2014年1月）						
2											
3	日期	伏食支出	日用杂货支出	服饰支出	交通出行支出	医疗保健支出	水、气、电、通信支出	文化教养支出	其他支出	消费总额	储蓄及收入
4	1月1日	42.5	12	305	55	0	0	100	200	714.5	0
5	1月2日	22.5	0	0	5	0	0	0	0	27.5	0
6	1月3日	35	0	0	2	80	0	0	0	117	0
7	1月4日	36	0	0	2	78	0	0	0	116	0
8	1月5日	28	108	406	2	0	0	0	0	544	6000
9	1月6日	27.5	0	0	2	0	0	0	0	29.5	4200
10	1月7日	26.5	0	0	2	0	0	0	200	228.5	0
11	1月8日	33	0	0	10	0	0	0	400	443	0
12	1月9日	32.5	0	0	4	0	0	0	0	36.5	0
13	1月10日	38	0	0	4	0	0	0	0	42	0
14	1月11日	36	0	0	4	0	0	56	0	96	0
15	1月12日	34	2.5	0	4	0	0	64	0	104.5	0
16	1月13日	29.5	8	0	4	0	0	46	0	87.5	0
17	1月14日	31	10	0	4	0	0	0	0	45	0
18	1月15日	30	0	0	6	0	0	0	0	36	0
19	1月16日	108	20	0	10	0	0	0	0	138	0
20	1月17日	15	0	0	8	0	0	0	0	23	2000
21	1月18日	18.5	0	0	2	0	0	0	0	20.5	0
22	1月19日	206	18	0	6	0	0	0	0	230	0
23	1月20日	28.5	0	0	2	103	0	0	0	133.5	0
24	1月21日	12	0	25	2	98	0	0	1000	1137	0
25	1月22日	34	0	0	2	0	0	0	0	36	0

图 2-32　家庭理财记账表素材

动手做 1　设置数字格式

在默认情况下，单元格中的数字格式是常规格式，不包含任何特定的数字格式，即以整数、小数、科学计数的方式显示。Excel 2010 还提供了多种数字显示格式如百分比、货币、日期，等等。可以根据数字的不同类型设置它们在单元格中的显示格式。

如果格式化的工作比较简单，可以通过开始选项卡中的数字组中的按钮来完成。数字组中常用的数字格式化的工具按钮有 5 个：

- 货币样式按钮 ：在数据前使用货币符号。
- 百分比样式按钮 % ：对数据使用百分比。
- 千位分隔样式按钮 , ：使显示的数据在千位上有一个逗号。
- 增加小数位按钮 ：每单击一次，数据增加一个小数位。
- 减少小数位按钮 ：每单击一次，数据减少一个小数位。

另外，用户也可以在开始选项卡中的数字组中的数字格式组合框完成，单击数字格式组合框，打开数字格式列表，在列表中用户可以选择相应的数字格式，如图 2-33 所示。

图 2-33　数字格式列表

如果格式化的工作比较复杂，可以通过使用设置单元格格式对话框的数字选项卡来完成。

例如，设置家庭理财记账表中数字的格式为货币样式，具体操作步骤如下：

Step 01　选中要设置数字格式的单元格区域，这里选择"B4：K35"单元格区域。

Step 02　单击开始选项卡中的数字组右下角的对话框启动器按钮，打开设置单元格格式对话框，如图 2-34 所示。

图 2-34　设置单元格数字格式

Step **03** 在数字选项卡中，在分类列表框中选择货币选项。在示例区域的小数位数后的文本框中选择或输入 1，在货币符号下拉列表中选择人民币货币符号，在负数列表框中选择一种样式。

Step **04** 单击确定按钮，设置单元格数字格式后的效果，如图 2-35 所示。

| 个人理财规划明细账（2014年1月） | | | | | | | | | | |
日期	伙食支出	日用杂货支出	服饰支出	交通出行支出	医疗保健支出	水、气、电、通信支出	文化教养支出	其他支出	消费总额	储蓄及收入
1月1日	¥42.5	¥12.0	¥305.0	¥55.0	¥0.0	¥0.0	¥100.0	¥200.0	¥714.5	¥0.0
1月2日	¥22.5	¥0.0	¥0.0	¥5.0	¥0.0	¥0.0	¥0.0	¥0.0	¥27.5	¥0.0
1月3日	¥35.0	¥0.0	¥0.0	¥2.0	¥80.0	¥0.0	¥0.0	¥0.0	¥117.0	¥0.0
1月4日	¥36.0	¥0.0	¥0.0	¥2.0	¥78.0	¥0.0	¥0.0	¥0.0	¥116.0	¥0.0
1月5日	¥28.0	¥108.0	¥406.0	¥2.0	¥0.0	¥0.0	¥0.0	¥0.0	¥544.0	¥6,000.0
1月6日	¥27.5	¥0.0	¥0.0	¥2.0	¥0.0	¥0.0	¥0.0	¥0.0	¥29.5	¥4,200.0
1月7日	¥26.5	¥0.0	¥0.0	¥2.0	¥0.0	¥0.0	¥0.0	¥200.0	¥228.5	¥0.0
1月8日	¥33.0	¥0.0	¥0.0	¥10.0	¥0.0	¥0.0	¥0.0	¥400.0	¥443.0	¥0.0
1月9日	¥32.5	¥0.0	¥0.0	¥4.0	¥0.0	¥0.0	¥0.0	¥0.0	¥36.5	¥0.0
1月10日	¥38.0	¥0.0	¥0.0	¥4.0	¥0.0	¥0.0	¥0.0	¥0.0	¥42.0	¥0.0
1月11日	¥36.0	¥0.0	¥0.0	¥4.0	¥0.0	¥0.0	¥56.0	¥0.0	¥96.0	¥0.0
1月12日	¥34.0	¥2.5	¥0.0	¥4.0	¥0.0	¥0.0	¥64.0	¥0.0	¥104.5	¥0.0
1月13日	¥29.5	¥0.0	¥0.0	¥4.0	¥0.0	¥0.0	¥46.0	¥0.0	¥87.5	¥0.0
1月14日	¥31.0	¥10.0	¥0.0	¥4.0	¥0.0	¥0.0	¥0.0	¥0.0	¥45.0	¥0.0
1月15日	¥30.0	¥0.0	¥0.0	¥6.0	¥0.0	¥0.0	¥0.0	¥0.0	¥36.0	¥0.0
1月16日	¥108.0	¥20.0	¥0.0	¥10.0	¥0.0	¥0.0	¥0.0	¥0.0	¥138.0	¥0.0
1月17日	¥15.0	¥0.0	¥0.0	¥8.0	¥0.0	¥0.0	¥0.0	¥0.0	¥23.0	¥2,000.0
1月18日	¥18.5	¥0.0	¥0.0	¥2.0	¥0.0	¥0.0	¥0.0	¥0.0	¥20.5	¥0.0
1月19日	¥206.0	¥18.0	¥0.0	¥6.0	¥0.0	¥0.0	¥0.0	¥0.0	¥230.0	¥0.0
1月20日	¥28.5	¥0.0	¥0.0	¥2.0	¥103.0	¥0.0	¥0.0	¥0.0	¥133.5	¥0.0
1月21日	¥12.0	¥0.0	¥25.0	¥2.0	¥98.0	¥0.0	¥0.0	¥1,000.0	¥1,137.0	¥0.0
1月22日	¥34.0	¥0.0	¥0.0	¥2.0	¥0.0	¥0.0	¥0.0	¥0.0	¥36.0	¥0.0
1月23日	¥35.0	¥0.0	¥0.0	¥6.0	¥0.0	¥0.0	¥0.0	¥0.0	¥41.0	¥0.0
1月24日	¥30.0	¥5.0	¥0.0	¥8.0	¥0.0	¥108.0	¥33.0	¥88.0	¥272.0	¥0.0
1月25日	¥31.5	¥2.0	¥0.0	¥24.0	¥0.0	¥66.0	¥89.0	¥50.0	¥262.5	¥0.0
1月26日	¥30.5	¥0.0	¥0.0	¥8.0	¥0.0	¥30.0	¥76.0	¥0.0	¥144.5	¥2,000.0

图 2-35　设置货币样式的效果

❖ 动手做 2　自动套用格式

Excel 2010 内部提供的工作表格式都是在财务和办公领域流行的格式，使用自动套用格式功能既可以节省大量时间，又可以使表格美观大方，并具有专业水准。

为家庭理财记账表自动套用格式的具体操作步骤如下：

Step **01** 选中需要使用自动套用格式的单元格区域，这里选中"A3：K35"区域。

Step **02** 单击开始选项卡中的样式组中的套用表格格式按钮，打开套用表格格式列表，如图 2-36 所示。

Step **03** 在下拉列表中选择合适的样式，这里选择表样式中等深浅 13，单击表样式中等深浅 13 选项，打开套用表格式对话框。

Step **04** 选中表包含标题复选框，如图 2-37 所示。

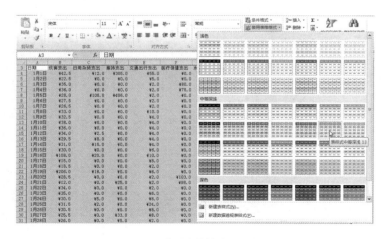

图 2-36　套用表格格式下拉菜单

图 2-37　套用表格式对话框

Step **05** 单击确定按钮，设置套用表格式后的效果，如图 2-38 所示。

个人理财规划明细账（2014年1月）									
日期	饮食支出	日用杂货支出	服饰支出	交通出行支出	医疗保健支出	水、气、电、通信支出	文化教养支出	其他支出	消费总额
1月1日	¥42.5	¥12.0	¥305.0	¥55.0	¥0.0	¥0.0	¥100.0	¥200.0	¥714.5
1月2日	¥22.5	¥0.0	¥0.0	¥5.0	¥0.0	¥0.0	¥0.0	¥0.0	¥27.5
1月3日	¥35.0	¥0.0	¥0.0	¥2.0	¥80.0	¥0.0	¥0.0	¥0.0	¥117.0
1月4日	¥36.0	¥0.0	¥0.0	¥2.0	¥78.0	¥0.0	¥0.0	¥0.0	¥116.0
1月5日	¥28.0	¥108.0	¥406.0	¥2.0	¥0.0	¥0.0	¥0.0	¥0.0	¥544.0
1月6日	¥27.5	¥0.0	¥0.0	¥2.0	¥0.0	¥0.0	¥0.0	¥0.0	¥29.5
1月7日	¥26.5	¥0.0	¥0.0	¥2.0	¥0.0	¥0.0	¥0.0	¥200.0	¥228.5
1月8日	¥33.0	¥0.0	¥0.0	¥10.0	¥0.0	¥0.0	¥0.0	¥0.0	¥43.0
1月9日	¥32.5	¥0.0	¥0.0	¥4.0	¥0.0	¥0.0	¥0.0	¥400.0	¥436.5
1月10日	¥38.0	¥0.0	¥0.0	¥4.0	¥0.0	¥0.0	¥0.0	¥0.0	¥42.0
1月11日	¥36.0	¥0.0	¥0.0	¥4.0	¥0.0	¥0.0	¥0.0	¥56.0	¥96.0
1月12日	¥34.0	¥2.5	¥0.0	¥4.0	¥0.0	¥0.0	¥64.0	¥0.0	¥104.5
1月13日	¥29.5	¥8.0	¥0.0	¥4.0	¥0.0	¥0.0	¥46.0	¥0.0	¥87.5
1月14日	¥31.0	¥10.0	¥0.0	¥4.0	¥0.0	¥0.0	¥0.0	¥0.0	¥45.0
1月15日	¥30.0	¥0.0	¥0.0	¥0.0	¥0.0	¥0.0	¥0.0	¥0.0	¥30.0
1月16日	¥108.0	¥20.0	¥0.0	¥10.0	¥0.0	¥0.0	¥0.0	¥0.0	¥138.0
1月17日	¥15.0	¥0.0	¥0.0	¥8.0	¥0.0	¥0.0	¥0.0	¥0.0	¥23.0
1月18日	¥18.5	¥0.0	¥0.0	¥2.0	¥0.0	¥0.0	¥0.0	¥0.0	¥20.5
1月19日	¥206.0	¥18.0	¥0.0	¥6.0	¥0.0	¥0.0	¥0.0	¥0.0	¥230.0
1月20日	¥28.5	¥0.0	¥0.0	¥2.0	¥103.0	¥0.0	¥0.0	¥0.0	¥133.5
1月21日	¥12.0	¥0.0	¥25.0	¥2.0	¥98.0	¥0.0	¥0.0	¥1,000.0	¥1,137.0
1月22日	¥34.0	¥0.0	¥0.0	¥2.0	¥0.0	¥0.0	¥0.0	¥0.0	¥36.0
1月23日	¥35.0	¥0.0	¥0.0	¥6.0	¥0.0	¥0.0	¥0.0	¥0.0	¥41.0
1月24日	¥30.0	¥5.0	¥0.0	¥8.0	¥0.0	¥108.0	¥33.0	¥88.0	¥272.0
1月25日	¥31.5	¥2.0	¥0.0	¥24.0	¥0.0	¥66.0	¥89.0	¥50.0	¥262.5

图 2-38　设置套用表格式后的效果

Step **06** 将鼠标定位在自动套用格式区域的任意单元格中，单击设计选项卡，在工具组中单击转换为区域选项，如图 2-39 所示。

Step **07** 单击转换为区域选项后打开一个询问对话框，如图 2-40 所示。

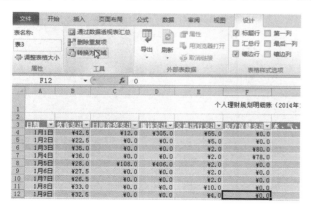

图 2-39　转换为区域

图 2-40　询问对话框

Step **08** 单击是按钮，则效果变为如图 2-41 所示，此时格式动态选项卡将消失。

动手做 3　为单元格应用样式

Excel 2010 还提供了样式功能，用户可以为单元格或单元格区域应用 Excel 2010 内置的样式。为单元格应用样式的具体操作步骤如下：

Step **01** 选中单元格或单元格区域，这里选中标题单元格。

Step **02** 在开始选项卡的样式组中单击单元格样式按钮，打开单元格样式列表，如图 2-42 所示。

Step **03** 在列表中选择标题 1 样式，则应用了单元格样式的效果如图 2-43 所示。

个人理财规划明细账（2014年1月）

日期	伙食支出	日用杂项支出	服饰支出	交通出行支出	医疗保健支出	水、气、电、通信支出	文化教养支出	其他支出
1月1日	¥42.5	¥12.0	¥305.0	¥55.0	¥0.0	¥0.0	¥100.0	¥200.0
1月2日	¥22.5	¥0.0	¥0.0	¥5.0	¥0.0	¥0.0	¥0.0	¥0.0
1月3日	¥35.0	¥0.0	¥0.0	¥2.0	¥80.0	¥0.0	¥0.0	¥0.0
1月4日	¥36.0	¥0.0	¥0.0	¥2.0	¥78.0	¥0.0	¥0.0	¥0.0
1月5日	¥28.0	¥108.0	¥406.0	¥2.0	¥0.0	¥0.0	¥0.0	¥0.0
1月6日	¥27.5	¥0.0	¥0.0	¥2.0	¥0.0	¥0.0	¥0.0	¥200.0
1月7日	¥26.5	¥0.0	¥0.0	¥2.0	¥0.0	¥0.0	¥0.0	¥400.0
1月8日	¥33.0	¥0.0	¥0.0	¥10.0	¥0.0	¥0.0	¥0.0	¥0.0
1月9日	¥32.5	¥0.0	¥0.0	¥4.0	¥0.0	¥0.0	¥0.0	¥0.0
1月10日	¥38.0	¥0.0	¥0.0	¥4.0	¥0.0	¥0.0	¥0.0	¥0.0
1月11日	¥36.0	¥0.0	¥0.0	¥4.0	¥0.0	¥0.0	¥56.0	¥0.0
1月12日	¥34.0	¥2.5	¥0.0	¥4.0	¥0.0	¥0.0	¥46.0	¥0.0
1月13日	¥29.5	¥8.0	¥0.0	¥4.0	¥0.0	¥0.0	¥0.0	¥0.0
1月14日	¥31.0	¥10.0	¥0.0	¥4.0	¥0.0	¥0.0	¥0.0	¥0.0
1月15日	¥30.0	¥0.0	¥0.0	¥6.0	¥0.0	¥0.0	¥0.0	¥0.0
1月16日	¥108.0	¥20.0	¥0.0	¥10.0	¥0.0	¥0.0	¥0.0	¥0.0
1月17日	¥15.0	¥0.0	¥0.0	¥8.0	¥0.0	¥0.0	¥0.0	¥0.0
1月18日	¥18.5	¥0.0	¥0.0	¥6.0	¥0.0	¥0.0	¥0.0	¥0.0
1月19日	¥206.0	¥18.0	¥0.0	¥6.0	¥0.0	¥0.0	¥0.0	¥0.0
1月20日	¥28.5	¥0.0	¥0.0	¥2.0	¥103.0	¥0.0	¥0.0	¥1,000.0
1月21日	¥12.0	¥0.0	¥25.0	¥2.0	¥98.0	¥0.0	¥0.0	¥0.0
1月22日	¥34.0	¥0.0	¥0.0	¥2.0	¥0.0	¥0.0	¥0.0	¥0.0
1月23日	¥35.0	¥0.0	¥0.0	¥6.0	¥0.0	¥108.0	¥33.0	¥88.0
1月24日	¥30.0	¥5.0	¥0.0	¥8.0	¥0.0	¥66.0	¥89.0	¥50.0
1月25日	¥31.5	¥2.0	¥0.0	¥24.0	¥0.0	¥0.0	¥0.0	¥0.0

图 2-41　转换为区域的效果

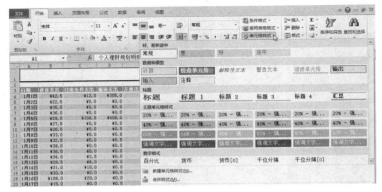

图 2-42　单元格样式列表

个人理财规划明细账（2014年1月）

日期	伙食支出	日用杂项支出	服饰支出	交通出行支出	医疗保健支出	水、气、电、通信支出	文化教养支出	其他支出	消费总额	储蓄及收入
1月1日	¥42.5	¥12.0	¥305.0	¥55.0	¥0.0	¥0.0	¥100.0	¥200.0	¥714.5	¥0.0
1月2日	¥22.5	¥0.0	¥0.0	¥5.0	¥0.0	¥0.0	¥0.0	¥0.0	¥27.5	¥0.0
1月3日	¥35.0	¥0.0	¥0.0	¥2.0	¥80.0	¥0.0	¥0.0	¥0.0	¥117.0	¥0.0
1月4日	¥36.0	¥0.0	¥0.0	¥2.0	¥78.0	¥0.0	¥0.0	¥0.0	¥116.0	¥0.0
1月5日	¥28.0	¥108.0	¥406.0	¥2.0	¥0.0	¥0.0	¥0.0	¥0.0	¥544.0	¥6,000.0
1月6日	¥27.5	¥0.0	¥0.0	¥2.0	¥0.0	¥0.0	¥0.0	¥0.0	¥29.5	¥4,200.0
1月7日	¥26.5	¥0.0	¥0.0	¥2.0	¥0.0	¥0.0	¥0.0	¥200.0	¥228.5	¥0.0
1月8日	¥33.0	¥0.0	¥0.0	¥10.0	¥0.0	¥0.0	¥0.0	¥400.0	¥443.0	¥0.0
1月9日	¥32.5	¥0.0	¥0.0	¥4.0	¥0.0	¥0.0	¥0.0	¥0.0	¥36.5	¥0.0
1月10日	¥38.0	¥0.0	¥0.0	¥4.0	¥0.0	¥0.0	¥0.0	¥0.0	¥42.0	¥0.0
1月11日	¥36.0	¥0.0	¥0.0	¥4.0	¥0.0	¥0.0	¥56.0	¥0.0	¥96.0	¥0.0
1月12日	¥34.0	¥2.5	¥0.0	¥4.0	¥0.0	¥0.0	¥64.0	¥0.0	¥104.5	¥0.0
1月13日	¥29.5	¥8.0	¥0.0	¥4.0	¥0.0	¥0.0	¥46.0	¥0.0	¥87.5	¥0.0

图 2-43　应用单元格样式的效果

提示

如果在单元格样式列表中单击新建单元格样式选项，则可以创建新的样式。

⬙ 动手做 4　设置条件格式

在工作表的应用过程中，可能需要将某些满足条件的单元格以指定的样式进行显示。Excel 2010 提供了条件格式的功能，可以设置单元格的条件并设置这些单元格的格式。系统会在选定的区域中搜索符合条件的单元格，并将设定的格式应用到符合条件的单元格中。

这里设置家庭理财记账表中各项支出中大于 500 元的单元格使用"橙色填充"效果，支出介于 100 到 500 元的支出使用"浅红色填充深红色文本"效果，具体操作步骤如下：

Step 01 选定要设置条件格式的单元格区域"B4：I34"。

Step 02 单击开始选项卡的样式组中的条件格式按钮，打开条件格式列表，如图 2-44 所示。

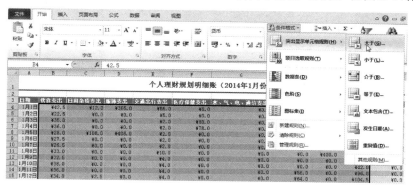

图 2-44　条件格式下拉菜单

Step 03 在突出显示单元格规则列表中选择介于，打开介于对话框，如图 2-45 所示。

Step 04 在前面数值文本框中输入¥100.0，在后面的数值文本框中输入¥500.0，单击设置为的组合框后的下三角箭头，打开设置为下拉列表，在下拉列表中选择浅红填充色深红色文本。

Step 05 单击确定按钮。

Step 06 打开条件格式列表，在突出显示单元格规则列表中选择大于，打开大于对话框，如图 2-46 所示。

图 2-45　介于对话框

图 2-46　大于对话框

Step 07 在数值文本框中输入¥500.0，单击设置为的组合框后的下三角箭头，打开设置为下拉列表，在下拉列表中选择自定义格式选项，打开设置单元格格式对话框，如图 2-47 所示。

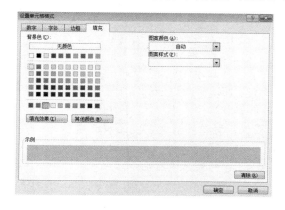

图 2-47　设置填充样式

Step 08 选择填充选项卡，设置填充颜色为橙色。

Step 06 依次单击确定按钮，设置后的效果如图 2-48 所示。

个人理财规划明细账（2014年1月）										
日期	伙食支出	日用杂货支出	服饰支出	交通出行支出	医疗保健支出	水、气、电、通信支出	文化教养支出	其他支出	消费总额	储蓄及收入
1月1日	¥42.5	¥12.0	¥305.0	¥55.0	¥0.0	¥0.0	¥100.0	¥200.0	¥714.5	¥0.0
1月2日	¥22.5	¥0.0	¥0.0	¥5.0	¥0.0	¥0.0	¥0.0	¥0.0	¥27.5	¥0.0
1月3日	¥35.0	¥0.0	¥0.0	¥2.0	¥80.0	¥0.0	¥0.0	¥0.0	¥117.0	¥0.0
1月4日	¥36.0	¥0.0	¥0.0	¥2.0	¥78.0	¥0.0	¥0.0	¥0.0	¥544.0	¥6,000.0
1月5日	¥28.0	¥108.0	¥406.0	¥2.0	¥0.0	¥0.0	¥0.0	¥0.0	¥29.5	¥4,200.0
1月6日	¥27.5	¥0.0	¥0.0	¥2.0	¥0.0	¥0.0	¥0.0	¥0.0	¥228.5	¥0.0
1月7日	¥26.5	¥0.0	¥0.0	¥2.0	¥0.0	¥0.0	¥0.0	¥200.0	¥443.0	¥0.0
1月8日	¥33.0	¥0.0	¥0.0	¥10.0	¥0.0	¥0.0	¥0.0	¥400.0	¥36.5	¥0.0
1月9日	¥32.5	¥0.0	¥0.0	¥4.0	¥0.0	¥0.0	¥0.0	¥0.0	¥42.0	¥0.0
1月10日	¥38.0	¥0.0	¥0.0	¥4.0	¥0.0	¥0.0	¥0.0	¥0.0	¥96.0	¥0.0
1月11日	¥36.0	¥0.0	¥0.0	¥4.0	¥0.0	¥0.0	¥0.0	¥56.0	¥104.5	¥0.0
1月12日	¥34.0	¥2.5	¥0.0	¥4.0	¥0.0	¥0.0	¥0.0	¥64.0	¥117.0	¥0.0
1月13日	¥29.5	¥8.0	¥0.0	¥4.0	¥0.0	¥0.0	¥0.0	¥46.0	¥87.5	¥0.0
1月14日	¥31.0	¥10.0	¥0.0	¥4.0	¥0.0	¥0.0	¥0.0	¥0.0	¥45.0	¥0.0
1月15日	¥30.0	¥0.0	¥0.0	¥6.0	¥0.0	¥0.0	¥0.0	¥0.0	¥36.0	¥0.0
1月16日	¥108.0	¥20.0	¥0.0	¥10.0	¥0.0	¥0.0	¥0.0	¥0.0	¥23.0	¥2,000.0
1月17日	¥15.0	¥0.0	¥0.0	¥8.0	¥0.0	¥0.0	¥0.0	¥0.0	¥20.5	¥0.0
1月18日	¥18.5	¥0.0	¥0.0	¥2.0	¥0.0	¥0.0	¥0.0	¥0.0	¥0.0	¥0.0
1月19日	¥206.0	¥18.0	¥0.0	¥6.0	¥0.0	¥0.0	¥0.0	¥0.0	¥230.0	¥0.0
1月20日	¥28.5	¥0.0	¥0.0	¥2.0	¥103.0	¥0.0	¥0.0	¥0.0	¥133.5	¥0.0
1月21日	¥12.0	¥0.0	¥25.0	¥2.0	¥98.0	¥0.0	¥0.0	¥1,000.0	¥1,137.0	¥0.0

图 2-48　设置条件格式后的效果

知识拓展

通过前面的任务主要学习了插入行（列）、单元格的格式化、调整行高与列宽、添加边框和底纹、在工作表中添加批注、自动套用格式、设置条件格式等操作，另外还有一些关于修饰 Excel 2010 的操作在前面的任务中没有运用到，下面就介绍一下。

动手做 1　删除套用格式

如果套用的表格格式不再需要，也可以将其删除。选择自动套用格式的单元格区域。在设计选项卡的表样式选项组中，单击表样式右边的箭头，在下拉列表中选择清除命令即可。

不过如果用户已将套用的格式转换为普通区域后，则无法使用清除命令。

动手做 2　删除条件格式

如果单元格中的条件格式不再需要，可将其删除，删除条件格式的方法与建立条件格式的过程正好相反，具体操作步骤如下：

Step 01 单击开始选项卡样式选项组中的条件格式按钮，打开一个下拉菜单。

Step 02 选择清除规则，在打开的子菜单中选择清除所选单元格的规则则清除选定单元格区域的规则，如果选择清除整个工作表的规则则清除整个工作表的规则。

动手做 3　撤销操作

Excel 会随时观察用户的工作，并能记住操作细节，撤销操作的名称会随着用户的具体工作内容而变化。

如果只撤销最后一步操作，可单击快速访问工具栏中的撤销按钮 　 或按 Ctrl＋Z 组合键。

如果想一次撤销多步操作，可连续单击撤销按钮多次，或者单击撤销按钮后的下三角箭头，在下拉列表框中选择要撤销的步骤即可，如图 2-49 所示。

某些操作无法撤销，如在文件选项卡中单击命令或保存文件。如果用户无法撤销某操作，撤销命令将更改为无法撤销。

动手做 4　恢复操作

执行完一次"撤销操作"命令后，如果用户又想恢复"撤销"操作之前的内容，可单击恢复按钮 ⟳，或按 **Ctrl+Y** 组合键。同样，要想恢复多步操作，可重复单击恢复按钮，或者单击恢复按钮后的下三角箭头，打开如图 **2-50** 所示的下拉列表，在下拉列表中选择相应的恢复操作。不过只有在进行了"撤销"操作后，"恢复"命令才生效。

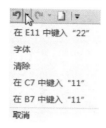

图 2-49　可以撤销的操作列表

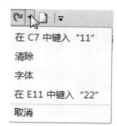

图 2-50　可以恢复的操作列表

动手做 5　格式刷的应用

Excel 2010 提供的格式刷功能可以复制单元格的格式，使用格式刷可以快速地设置单元格的格式。

利用格式刷快速复制单元格格式的具体操作步骤如下：

Step 01 选中设置了格式的单元格或单元格区域。

Step 02 单击开始选项卡剪贴板组中的格式刷按钮 🖌，此时鼠标光标变成 ▲形状。

Step 03 用鼠标选中目标单元格或单元格区域即可将格式应用到目标单元格。

用户如果双击格式刷按钮，则可以多次使用格式刷。不再使用格式刷时，再次单击格式刷按钮即可。

📎 课后练习与指导

一、选择题

1. 下面不属于"单元格格式"对话框中的选项卡是（　　）。

　　A．数字选项卡，对齐选项卡

　　B．图表选项卡，常规选项卡

　　C．填充选项卡，保护选项卡

　　D．字体选项卡，边框选项卡

2. 关于工作表的行高和列宽下列说法错误的是（　　）。

　　A．行高不会自动随单元格中的字体变化而变化

　　B．列宽会根据输入数字型数据的长短而自动调整

　　C．在单元格中输入文本型数据超出单元格的宽度时，则会显示一串"＃"符号

　　D．利用鼠标拖动调整行高时不能确定行的具体高度

3. 下面关于边框和底纹的说法，正确的是（　　）。

　　A．利用边框按钮设置边框也可以选择边框的线型

B．利用单元格格式对话框设置边框无法设置斜线

C．利用单元格格式对话框可以为单元格设置图案底纹

D．无法为单元格的某一个边单独设置边框

4．下面关于设置单元格格式的说法，正确的是（　　　）。

A．单击对齐选项卡中的合并居中按钮，可以将选定的单元格区域合并而且数据居中

B．单击开始选项卡中的自动换行按钮，单元格中的数据将分行显示

C．单元格中的文字方向只有横排和竖排两种

D．单元格的对齐方式有水平对齐和垂直对齐两种方式

二、填空题

1．"开始"选项卡下"数字"组中常用的设置数字格式的工具按钮有＿＿＿＿＿＿＿、＿＿＿＿＿＿＿、＿＿＿＿＿＿＿、＿＿＿＿＿＿＿和＿＿＿＿＿五个。

2．"开始"选项卡下"对齐"组中常用的设置对齐的按钮有＿＿＿＿＿＿＿、＿＿＿＿＿＿＿、＿＿＿＿＿＿＿、＿＿＿＿＿＿＿、＿＿＿＿＿＿＿和＿＿＿＿＿＿＿六个。

3．工作表的行高会自动随用户改变单元格中的字体而＿＿＿＿＿＿＿，工作表默认的列宽为固定值，并不会根据数据的增长而＿＿＿＿＿＿＿。

4．单击"开始"选项卡的＿＿＿＿＿＿＿组中的＿＿＿＿＿＿＿按钮可以将选中的单元格合并为一个单元格。

5．在"开始"选项卡的＿＿＿＿＿＿＿组中单击＿＿＿＿＿＿＿按钮，在下拉列表中用户可以设置行高和列宽。

6．在"开始"选项卡的＿＿＿＿＿＿＿组中单击＿＿＿＿＿＿＿按钮，在下拉列表中用户可以为选中的单元格区域自动套用格式。

7．在"开始"选项卡的＿＿＿＿＿＿＿组中单击＿＿＿＿＿＿＿按钮，在下拉列表中用户可以设置条件格式。

8．在"开始"选项卡的＿＿＿＿＿＿＿组中单击＿＿＿＿＿＿＿按钮，在下拉列表中用户可以为单元格设置底纹。

三、简答题

1．如何选定不连续的单元格区域？

2．调整行高或列宽有哪些方法？

3．如何为单元格区域设置条件格式？

4．如何应用格式刷快速复制单元格的格式？

5．如何对数据区域自动套用格式？

6．为单元格或单元格区域添加底纹有哪些方法？

7．为单元格或单元格区域添加边框有哪些方法？

四、实践题

制作一个如图 2-51 所示的列车时刻表。

杭州站旅客列车时刻表								
车 次	区 间	车种	发站开	杭 州 站				
				到	停	开	站台
2002	福州一南京西	普快(空调)	11:04	3:25	8	3:33	2
1380	南宁一无锡	普快(空调)	19:43	3:50	8	3:58	2
K75	吉林一宁波	快速(空调)	17:20	4:25	10	4:35	5
K288	南昌一上海	快速(空调)	18:12	4:58	8	5:06	2
1033	沈阳北一金华西	普快(空调)	21:50	6:34	9	6:43	4
N522	杭州一梅陇	快速(空调)	7:17			7:17	2
N569	杭州一宁波	快速(空调)	7:30			7:30	7
1598	衡阳一上海西	普快(空调)	14:30	11:06	8	11:14	2
K72	重庆一上海	快速(空调)	20:08	11:22	5	11:27	3

图 2-51　列车时刻表

1．合并 B1：I1、B2：B3、C2：C3、D2：D3、E2：E3、F2：I2 单元格区域。

2．设置数据区域的对齐方式为水平居中对齐，垂直居中对齐。

3．设置数据区域的字体为黑体，字号为 12。

4．为工作表标题设置“标题 1”的单元格样式。

5．设置表格外边框为粗实线，颜色为蓝色强调文字颜色 1；内部横线为粗点画线，颜色为蓝色强调文字颜色 1，内部竖线为细实线，颜色为蓝色强调文字颜色 1。

6．按图所示设置工作表单元格底纹为橙色，细对角线条纹。

7．设置第一行的行高为 40，设置第四至第十二行的行高为 30。

8．利用鼠标拖动适当调整列宽。

素材位置：案例与素材\模块 02\素材\列车时刻表（初始）

效果位置：案例与素材\模块 02\源文件\列车时刻表

模块 03 工作表与工作簿的管理——制作招聘信息表

你知道吗？

Excel 工作簿是计算和存储数据的文件，工作表则是用户进行具体操作的空间。在一个工作簿中可以包含多个工作表，用户可以根据需要随时插入、删除、移动或复制工作表，还可以给工作表命名或隐藏工作表。

应用场景

常见的工资表、员工考勤表表格如图 3-1 所示，这些都可以利用 Excel 2010 软件来制作。

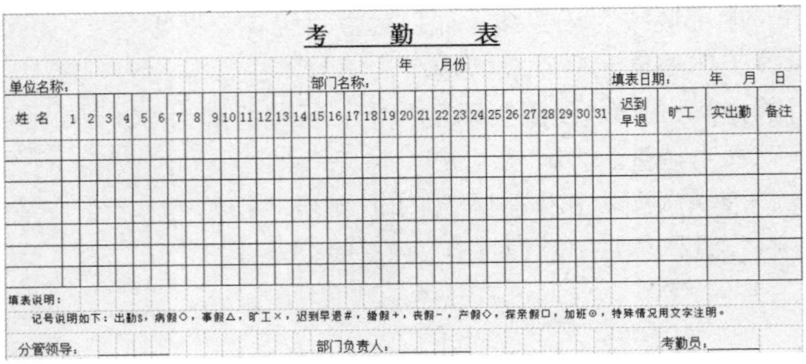

图 3-1　考勤表

各个单位和部门根据人才需求，通常要进行招聘工作，其中首要的工作是制作招聘信息表，在媒体上进行公布，招募优秀人才。求职者可根据信息表获取相关招聘信息，例如，招聘部门、岗位、岗位职责、岗位要求、工作地点、需求人数等。

如图 3-2 所示，就是利用 Excel 2010 的表格功能制作的某省省直事业单位公开招聘信息表。请读者根据本模块所介绍的知识和技能，完成这一工作任务。

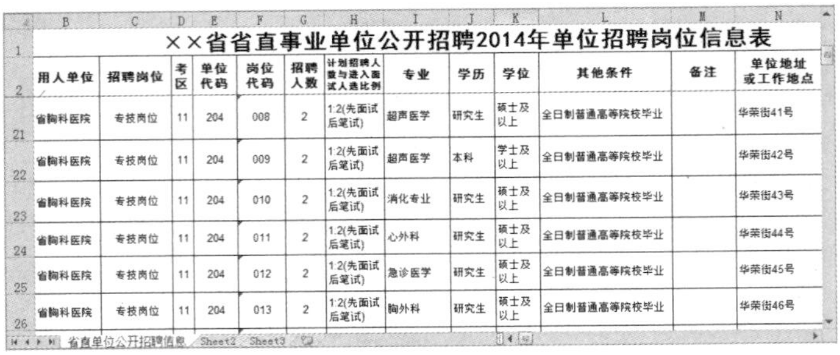

××省省直事业单位公开招聘2014年单位招聘岗位信息表

用人单位	招聘岗位	考区	单位代码	岗位代码	招聘人数	计划招聘人数与进入面试人选比例	专业	学历	学位	其他条件	备注	单位地址或工作地点
省胸科医院	专技岗位	11	204	008	2	1:2(先面试后笔试)	超声医学	研究生	硕士及以上	全日制普通高等院校毕业		华荣街41号
省胸科医院	专技岗位	11	204	009	2	1:2(先面试后笔试)	超声医学	本科	学士及以上	全日制普通高等院校毕业		华荣街42号
省胸科医院	专技岗位	11	204	010	2	1:2(先面试后笔试)	消化专业	研究生	硕士及以上	全日制普通高等院校毕业		华荣街43号
省胸科医院	专技岗位	11	204	011	2	1:2(先面试后笔试)	心外科	研究生	硕士及以上	全日制普通高等院校毕业		华荣街44号
省胸科医院	专技岗位	11	204	012	2	1:2(先面试后笔试)	急诊医学	研究生	硕士及以上	全日制普通高等院校毕业		华荣街45号
省胸科医院	专技岗位	11	204	013	2	1:2(先面试后笔试)	胸外科	研究生	硕士及以上	全日制普通高等院校毕业		华荣街46号

图 3-2　省直事业单位公开招聘信息表

相关文件模板

利用 Excel 2010 软件还可以完成考勤表、会员名单、候选人名单、工资表、通讯录、差旅费报表、产品保修记录表、日常收支记录、旅游照片记录表、供应商月报表等工作任务。

为方便读者，本书在配套的资料包中提供了部分常用的文件模板，具体文件路径如图 3-3 所示。

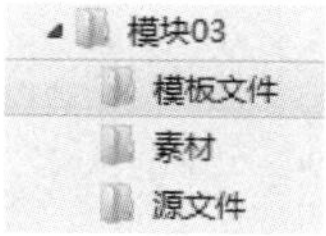

▲ 📁 模块03
　　📄 模板文件
　　📄 素材
　　📄 源文件

图 3-3　应用文件模板

背景知识

招聘信息表的应用范围很广，公司、企事业单位需要招贤纳士时一般需要向社会发布招聘信息。不同类型招聘信息表的内容不尽相同，招聘信息表中最基本的要素有招聘部门、岗位、岗位职责、岗位要求、工作地点、需求人数等。

设计思路

在制作招聘信息表的过程中，首先要插入工作表并对工作表重命名，然后在工作表中添加批注并冻结窗格，最后对工作表和工作簿进行保护，制作招聘信息表的基本步骤可分解为：

Step 01　管理工作表
Step 02　在工作表中添加批注
Step 03　冻结拆分窗格
Step 04　共享工作簿
Step 05　保护工作表与工作簿

项目任务 3-1　管理工作表

在 Excel 中，一个工作簿可以包含多张工作表。用户可以根据需要随时插入、删除、移动或复制工作表，还可以给工作表命名或隐藏工作表。

∴ 动手做 1　重命名工作表

创建新的工作簿后，系统会将工作表自动命名为"Sheet1、Sheet2、Sheet3……"。在实际应用中系统默认的这种命名方式既不便于使用也不便于管理和记忆。因此用户需给工作表重新命名一个既有特点又便于记忆的名称，从而可以对工作表进行有效的管理。

例如，用户可以为"某省直事业单位公开招聘信息表"所在的工作表"Sheet1"重命名，具体操作步骤如下：

Step 01　打开存放在"案例与素材\模块 03\素材"文件夹中名称为"省直事业单位公开招聘信息表（初始）"文件。单击"Sheet1"工作表标签使其成为当前工作表。

Step 02　在开始选项卡中单击单元格组中的格式选项，打开格式列表，如图 3-4 所示。

Step 03　在格式列表的组织工作表区域选中重命名工作表选项，则此时工作表标签呈反白显示。

Step 04　在反白显示的工作表标签上输入新的名称"省直事业单位公开招聘信息"然后按回车键，重命名后的工作表如图 3-5 所示。

图 3-4　格式列表

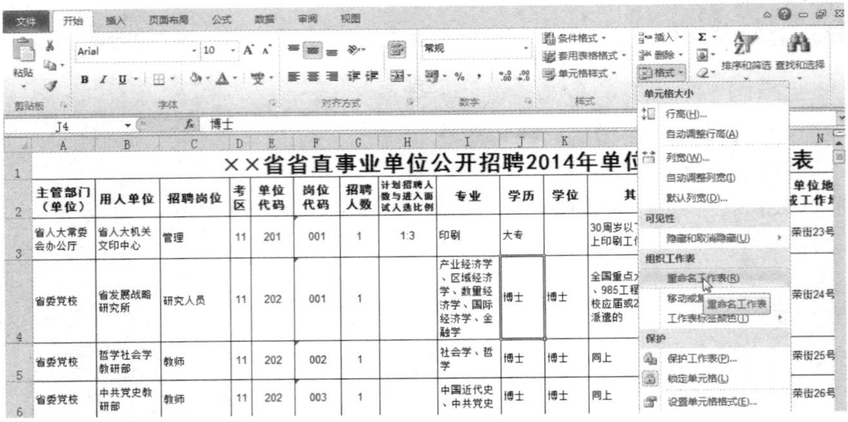

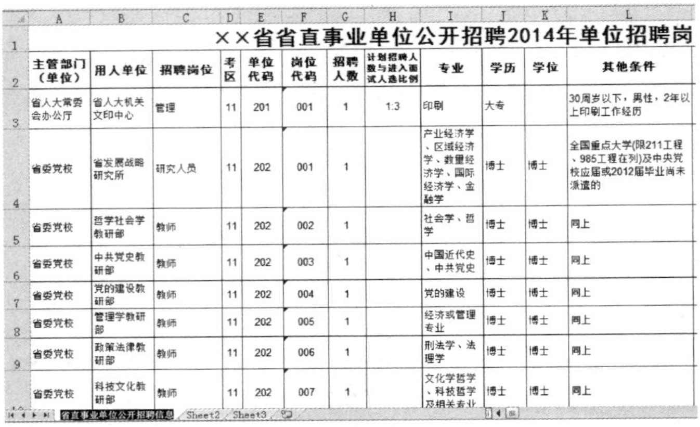

图 3-5　重命名后的工作表

教你一招

用户还可以用鼠标双击工作表标签，当工作表标签呈反白显示时输入新的名字即可。

⋮⋮ 动手做 2　插入工作表

启动 Excel 2010 应用程序后系统默认打开 3 张工作表，它们分别是"Sheet1、Sheet2、Sheet3"。如果用户还需要使用更多的工作表，可以插入新的工作表。例如，要在"省直事业单位公开招聘信息"工作表前面插入一个新的工作表，具体操作步骤如下：

Step 01　单击"省直事业单位公开招聘信息"工作表标签。

Step 02　在开始选项卡中单击单元格组中插入选项右侧的下三角箭头，打开插入列表。

Step 03　在插入列表中选中插入工作表选项，即可在"省直事业单位公开招聘信息"工作表前插入一个新的工作表，系统根据活动工作簿中工作表的数量自动为插入的新工作表命名为"Sheet4"，如图 3-6 所示。

图 3-6　插入工作表的效果

教你一招

用户还可以单击工作表标签右侧的新建工作表按钮 或按【Shift＋F11】组合键在所有工作表的最后插入一个新的工作表。

提示

在每一个工作簿中最多可以插入 255 个工作表，但在实际操作中插入的工作表数要受使用计算机内存的限制。

动手做 3　删除工作表

在工作簿中用户还可以删除无用的工作表，删除工作表的具体操作步骤如下：

Step 01　选中要删除的工作表，这里选中"Sheet4"工作表。

Step 02　在开始选项卡中单击单元格组中删除选项右侧的下三角箭头，打开删除列表。

Step 03　在删除列表中选中删除工作表选项。此时如果工作表中有数据内容，系统将打开如图 3-7 所示的提示对话框，询问是否要删除工作表。

图 3-7　系统提示对话框

Step 04　单击删除按钮即可将工作表删除，单击取消按钮返回到编辑状态。

项目任务 3-2 　在工作表中添加批注

为了让别的用户更加方便、快速地了解自己建立的工作表内容，可以使用 Excel 2010 提供的添加批注功能，对工作表中一些复杂公式或者特殊的单元格数据添加批注。当在某个单元格中添加了批注之后，会在该单元格的右下角出现一个小红三角，只要将鼠标指针移动到该单元格之中，就会显示出添加批注的内容。

动手做 1　为单元格添加批注

批注是附加在单元格中，与其他单元格内容分开的注释。批注是十分有用的提醒方式，例如，注释复杂的公式，或为其他用户提供反馈。在进行多用户协作时具有非常重要的作用。

例如，为省直事业单位公开招聘信息表"J4"单元格添加批注，具体操作步骤如下：

Step 01 选定"J4"单元格。

Step 02 在审阅选项卡的批注选项组中单击新建批注按钮，在该单元格的旁边出现一个批注框。

Step 03 在批注框中输入内容"如在相关领域取得过研究成果，学历可放宽至硕士"，如图3-8所示。

图 3-8　插入批注

⁂ 动手做 2　显示、隐藏、删除或编辑批注

插入批注后在有批注的单元格的右上角有一个红色小三角的标志，当鼠标移至该单元格时，批注自动显示。要显示或隐藏工作表中的所有批注，在开始选项卡的批注选项组中，单击显示所有批注按钮，即可显示所有批注，再次单击显示所有批注按钮，即可将所有批注隐藏。

对已经存在的批注，可以对其进行修改和编辑，具体操作步骤如下：

Step 01 单击要编辑批注的单元格。

Step 02 在开始选项卡的批注选项组中，单击编辑批注按钮。此时批注文本框处于可编辑状态，此时可对批注内容进行编辑，单击工作表中任意一个单元格结束编辑。

如果要删除某个单元格中的批注，单击包含批注的单元格，在开始选项卡的批注选项组中，单击删除按钮，则该单元格右上角的小红三角消失，表明此单元格批注已被删除。

项目任务 3-3　拆分与冻结窗格

如果表格太大，当对其编辑时，由于在屏幕上所能看到的内容有限而无法做到表格上下内容的对照，此时如果将表格进行"横向"或"纵向"分割，则可同时观察或编辑表格的不同部分。另外，在查看大型报表时，由于表格的行、列太多，有时会使资料内容与行列标题无法对照，如果使用"冻结窗格"命令，则可消除这种问题，从而大大地提高工作效率，节省大量时间。

⁂ 动手做 1　拆分窗格

在 Excel 2010 工作界面中，有两种形式的拆分框：水平拆分框和垂直拆分框，利用这两种拆分框，可将工作表分为上下或左右几个部分，便于表格内容对照。拆分窗格的具体操作步骤如下：

Step 01 如果要水平拆分窗格，首先要选中要拆分行的位置。

Step 02 在视图选项卡的窗口组中单击拆分按钮，则窗口以选中行的上方为分界线被拆分为两部分，如图3-9所示。

Step 03 如果要垂直拆分窗格，首先要选中要拆分列的位置。

Step 04 在视图选项卡的窗口组中单击拆分按钮，则窗口以选中列的左侧为分界线被拆分为两部分。

Step 05 如果选中的是单元格，在视图选项卡的窗口组中单击拆分按钮，系统将把选中单元格的左上角当作交点，将窗口分割成四个窗口。

图 3-9 水平拆分窗格的效果

Step 06 如果要取消拆分窗口，在视图选项卡的窗口组中单击高亮显示的拆分按钮，则取消拆分窗口。

动手做 2 通过冻结窗格锁定行、列标志

使用冻结窗格功能，可在滚动工作表时使冻结区域内数据保持不动，让数据始终保持可见，冻结窗格不影响打印效果。

例如，利用冻结窗格将"省直事业单位公开招聘信息"工作表的行标志锁定，具体操作步骤如下：

Step 01 选中行标志行的下一行（第三行）。

Step 02 在视图选项卡的窗口组中单击冻结窗格按钮，打开冻结窗格列表，如图 3-10 所示。

图 3-10 冻结窗格列表

Step 03 在冻结窗格列表中选择冻结拆分窗格选项，系统将以选中行的上边框线为分界线，将窗口分割成两个窗口，分割条为细实线，如图 3-11 所示。

Step 04 在冻结窗格后，移动工作表中的垂直滚动条，可以发现水平分割线的上端数据不动，下端数据可以自由移动。

图 3-11 冻结窗格的效果

教你一招

如果在冻结窗格列表中选择冻结首行选项，则将工作表首行冻结，如果选择冻结首列选项，则将工作表首列冻结。在冻结时如果选择的是列，则以选中列左侧为分界线冻结窗格。在冻结时如果选择的是单元格，则以选中单元格的左上角为交点对窗格进行垂直和水平冻结。

提示

如果要取消冻结窗格，在冻结窗格列表中选择取消冻结窗格选项即可。

项目任务 3-4 共享工作簿

使用 Excel 可以与他人共享文件，进行数据处理合作。如果用户希望几个用户能同时查看或修改在相同工作簿中的数据，应将工作簿设置为共享工作簿然后使它在网络中生效。在设置为共享工作簿后，每位保存工作簿的用户随时都可以看到其他用户所作的修改。

如果不再需要他人对共享工作簿进行修改，可以取消工作簿的共享状态，使它只有一个用户，这样用户就可以成为唯一的用户访问工作簿了。

动手做 1　共享工作簿

如果要使几个用户能够同时工作于相同的工作簿中，应该将工作簿保存为共享工作簿，然后使之在网络上有效。共享工作簿可以放到网络共享文件夹中，也可以放到自己计算机的共享文件夹中。

例如，如果要对省直事业单位公开招聘信息表工作簿设置共享，具体操作方法如下：

Step 01 在审阅选项卡的更改组中单击共享工作簿按钮，打开共享工作簿对话框，如图 3-12 所示。

Step 02 选中允许多用户同时编辑，同时允许工作簿合并复选框。

Step 03 单击确定按钮，打开保存文档提示对话框，如图 3-13 所示。

Step 04 单击确定按钮，工作簿被设置为共享工作簿。

图 3-12　共享工作簿对话框

图 3-13　警告对话框

提示

对工作簿进行共享后，在标题栏工作簿名称后面加上了"共享"字样，如图 3-14 所示。共享工作簿的每一位用户都能独立地设定共享选项，甚至可以单独决定是否共享工作簿，没有哪一位用户有更大的特权。

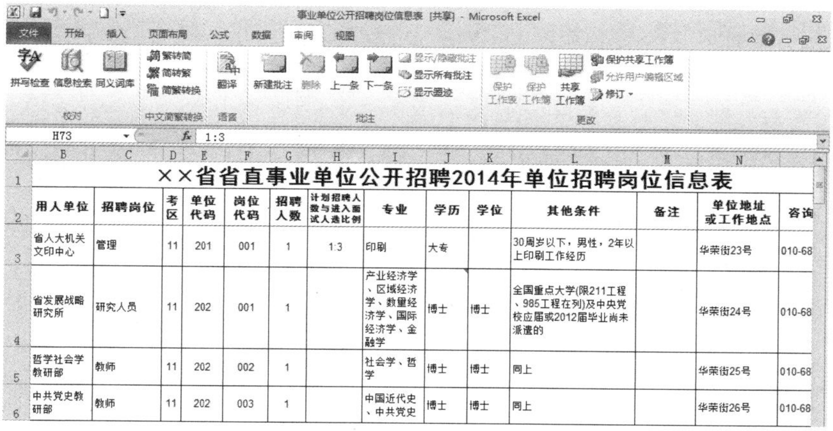

图 3-14 设置了共享的工作簿

另外还可以对共享工作簿的共享选项进行设置，在共享工作簿对话框中单击高级选项卡，如图 3-15 所示，在此选项卡中可以设置共享选项。其中包括：

- 选择保存修订记录选项，则将保留共享工作簿的冲突日志，以后就可以查看以前编辑时有关保留、替换或舍弃更改的信息，其中包括作者和所输入及被替换的数据。如果希望重新考虑对这些更改的取舍，还可以再次审阅它们。

- 更新选项指查看其他人的修改，在更新选项区中可以设置更新方式，如果选择保存文件时更新，那么只有当保存文档时才能看到别的用户的修改。如果选择自动更新，则可以每隔一段时间就看到别人的修改，在自动更新时可以选择是否自动保存，保存文件使其他人也同时能看到自己的修改。

图 3-15 设置共享高级选项

- 在用户间的修订冲突选项区中，如果选择询问保存哪些修订信息选项，可以在保存共享工作簿时审查每一种相互冲突的更改，并且确定保留哪种更改；如果选择选用正在保存的修订选项，可以在每次保存时用自己的更改替换任何相互冲突的更改。

≫ 动手做 2　突出显示修订

为了方便用户查看其他用户或本人对工作簿做的修订，可以设置突出显示修订的功能，设置突出显示修订的具体操作步骤如下：

Step 01　在审阅选项卡的更改组中单击修订按钮，打开修订列表。

Step 02　在修订列表中选择突出显示修订选项，打开突出显示修订对话框，如图 3-16 所示。

Step 03　选中编辑时跟踪修订信息，同时共享工作簿复选框。

Step 04　选中在屏幕上突出显示修订复选框。

Step 05　在突出显示的修订选项区域可以选择突出显示的时间或修订人以及位置。

Step 06　单击确定按钮,此时工作簿将变成共享工作簿,在标题栏工作簿名称后面加上了"共享"字样。

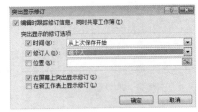

图 3-16　突出显示修订对话框

　　设置了突出显示修订功能后,如果用户对单元格内容进行了更改,则在修订单元格左上角将出现一个蓝色的三角。如果要查看相关的修改信息,可将光标停留在突出显示的单元格上,Excel 会用批注形式告知,如图 3-17 所示。

××省省直事业单位公开招聘2014年单位招聘岗位信息表													
用人单位	招聘岗位	考区	单位代码	岗位代码	招聘人数	计划招聘人数与进入面试人员比例	专业	学历	学位	其他条件	备注	单位地址或工作地点	咨询
省人大机关文印中心	管理	11	201	001	1	1:3	印刷	大专		32周岁以下,男性,2年以上印刷工作经历	李工 2014/4/18 20:05: 单元格 L3 从"30周岁以下,男性,2年以上印刷工作经历"更改为"32周岁	010-68
省发展战略研究所	研究人员	11	202	001	1		产业经济学、区域经济学、数量经济学、国际经济学、金融学	博士	博士	全国重点大学(限211工程、985工程在列)及中央党校应届和2012届毕业生尚未派遣的		华荣街24号	010-68
哲学社会学教研部	教师	11	202	002	1		社会学、哲...	博士	博士	网上		华荣街25号	010-68

图 3-17　显示修订信息

⁑ 动手做 3　接受或拒绝修订

　　将工作簿设置为共享后,用户可以对其进行修订,但是如果修订的用户很多,则会产生混淆。此时如果利用 Excel 2010 提供的查看与修订功能,对所有用户在同一个共享工作簿上发表的意见进行查看修订,根据需要来决定取舍,选择全部接受或全部拒绝。

　　接受或拒绝修订的具体操作步骤如下:

Step 01　在审阅选项卡的更改组中单击修订按钮,打开修订列表。

Step 02　在修订列表中选择接受/拒绝修订选项,打开接受或拒绝修订对话框,如图 3-18 所示。

Step 03　要查看某个时间以后修订的内容,可选中对话框中的时间复选框,并在右边的文本框中设定时间间隔来显示修订;如果要查看某个用户的修订内容,可选中修订人复选框,并在其右边的下拉列表框中选择要查看的共享用户;如果要显示某个单元格区域中的修订内容,可选中位置复选框,在其右边的文本框中输入单元格地址,或通过单击折叠按钮来指定单元格区域。

Step 04　单击确定按钮,打开修订信息框,如图 3-19 所示。

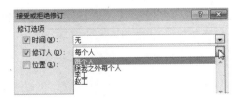

图 3-18　接受或拒绝修订对话框

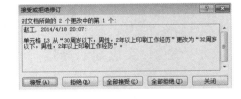

图 3-19　显示的修订信息框

Step 05　如果用户要接受修改,可单击接受按钮,如果要撤销修改,可单击拒绝按钮。

Step 06　单击接受按钮或拒绝按钮后,系统会自动显示下一个修订信息,用户也可单击全部接受按钮或全部拒绝按钮来接受或拒绝所有剩下的修订。

∷ 动手做 4　取消工作簿的共享

如果不再需要其他人对共享工作簿进行修改，可以取消工作簿的共享状态，使它只有一个用户，这样用户就可以作为唯一的用户访问工作簿了。

取消工作簿共享的具体操作步骤如下：

Step 01　在审阅选项卡的更改组中单击共享工作簿按钮，打开共享工作簿对话框。

Step 02　取消允许多用户同时编辑，同时允许工作簿合并复选框的选中状态。

Step 03　单击确定按钮。

项目任务 3-5　保护工作簿与工作表

当工作表建立后，为了防止数据被其他用户改动或复制，用户可以利用 Excel 2010 提供的保护功能，对创建的工作表或工作簿设立保护措施。

∷ 动手做 1　设置工作簿的打开权限

为了防止其他人打开一个含有重要数据的工作簿，用户可以为这个工作簿设置密码，防止他人访问文件。例如，为"省直事业单位公开招聘信息"工作簿设置打开权限的具体操作步骤如下：

Step 01　单击文件选项卡，在列表中单击信息选项，然后单击保护工作簿选项，打开保护工作簿列表，如图 3-20 所示。

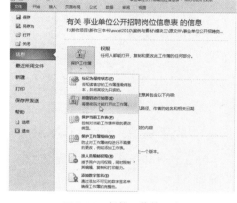

图 3-20　保护工作簿列表

Step 02　在保护工作簿列表中单击用密码进行加密选项，打开加密文档对话框，在密码文本框中输入密码，如图 3-21 所示。

Step 03　单击确定按钮，打开确认密码对话框，再次输入密码，单击确定按钮。

Step 04　单击保存按钮 ，将所作的设置保存。

进行了保存设置后，再次打开此文档时打开如图 3-22 所示的密码对话框。在对话框中输入正确的密码才能打开文件，否则将无法打开文档。

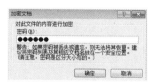

图 3-21　加密文档对话框

图 3-22　输入打开文件密码

教你一招　● ● ●

在设置打开密码后，文件选项卡中保护工作簿选项上的权限将会显示"必须提供密码才能打开工作簿"。如果要清除密码则在保护工作簿列表中单击用密码进行加密选项，然后在加密文档对话框中清除密码即可。

动手做 2　设置工作簿的修改权限

如果用户希望某一工作簿与他人共享，但是不希望他人对该工作簿做出的任何修改保存在原工作簿中，此时可以为工作簿设置修改权限。设置工作簿的修改权限的具体操作步骤如下：

Step 01　单击文件选项卡，在列表中单击另存为选项，打开另存为对话框。

Step 02　在左下角单击工具按钮，在工具列表中选择常规选项命令，打开常规选项对话框，如图 3-23 所示。

Step 03　在常规选项对话框中的修改权限密码文本框中输入密码。

Step 04　单击确定按钮后，根据提示重新输入一次密码。

Step 05　在另存为对话框中，设置保存文件的名称，并单击确定按钮。

当一个文档被设置了修改权限密码后，打开此文档时，会出现如图 3-24 所示的对话框，要求用户输入正确的密码，如果单击只读按钮，则以只读的方式打开文档，也就是说所有的修改都不能保存到原始文档中。

图 3-23　常规选项对话框　　　　　图 3-24　密码对话框

动手做 3　保护工作簿

对工作簿进行保护可以防止他人对工作簿的结构或窗口进行改动，保护工作簿的具体操作步骤如下：

Step 01　将鼠标定位在要保护的工作簿中的任意工作表中。

Step 02　在审阅选项卡的更改组中单击保护工作簿按钮，打开保护结构和窗口对话框，如图 3-25 所示。

Step 03　在保护工作簿区域设置具体的保护对象，如果选中结构复选框可以防止修改工作簿的结构，如可以防止删除、重新命名、复制、移动工作表等，此时格式列表中组织工作表区域的命令为不可用状态，如图 3-26 所示。

图 3-25　保护工作簿对话框　　　　　图 3-26　保护工作簿结构后的效果

Step 04　如果选中窗口复选框可以使工作簿的窗口保持当前的形式，窗口控制按钮变为隐藏。并且一些窗口功能如移动、缩放、恢复、最小化、新建、关闭、拆分和冻结窗格将不起作用。

Step 05 在密码文本框中输入密码后，单击确定按钮，打开确认密码对话框，在对话框中的重新输入密码文本框中再次输入密码，单击确定按钮，工作簿保护成功。

教你一招　● ● ●

如果要撤销工作簿的保护，在审阅选项卡的更改组中单击保护工作簿按钮，打开撤销保护工作簿对话框，在对话框中的密码文本框中输入密码，单击确定按钮，如图 3-27 所示。

❖ 动手做 4　保护工作表

对工作簿进行保护后，虽然不能对工作表进行删除、移动等操作，但是在查看工作表时表中的数据及工作表的结构还是可以被编辑修改的。为了防止他人修改工作表，用户可以对工作表进行保护，具体操作方法如下：

Step 01 选定要保护的工作表为当前工作表。

Step 02 在审阅选项卡的更改组中单击保护工作表按钮，打开保护工作表对话框，如图 3-28 所示。

图 3-27　撤销保护工作簿对话框　　　　图 3-28　保护工作表对话框

Step 03 选中保护工作表及锁定的单元格内容复选框。

Step 04 在允许此工作表的所有用户进行下拉列表框中选择用户在保护工作表后可以在工作表中进行的操作。

Step 05 如果在取消工作表保护时使用的密码文本框中输入了密码，单击确定按钮，打开确认密码对话框。

Step 06 在对话框中的重新输入密码文本框中再次输入密码，单击确定按钮，工作表保护成功。

工作表保护成功后，在允许此工作表的所有用户进行下拉列表框中未被选中的操作，则在工作表中不能进行操作。如未选中插入行和插入列，则在保护的工作表中不能进行插入行和插入列的操作。

教你一招　● ● ●

如果要撤销工作表的保护，在审阅选项卡的更改组中单击撤销保护工作表按钮，打开撤销工作表保护对话框，在对话框中的密码文本框中输入密码，单击确定按钮，如图 3-29 所示。

动手做 5　设置允许编辑区域

在保护工作表时可以将一部分共享数据设置为可编辑的区域，让他人进行编辑、修改。设置允许编辑区域的操作方法如下：

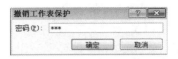

图 3-29　撤销工作表保护对话框

Step 01　在工作表中选中允许编辑的数据区域。

Step 02　在审阅选项卡的更改组中单击允许用户编辑区域按钮，打开允许用户编辑区域对话框，如图 3-30 所示。

Step 03　在对话框中单击新建按钮，打开新区域对话框，如图 3-31 所示。在标题文本框中输入允许编辑区域的标题；在引用单元格文本框中显示了选中的单元格区域，如果不正确，用户可以单击文本框右边的折叠按钮 ，重新进行单元格的引用。

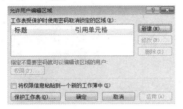

图 3-30　允许用户编辑区域对话框

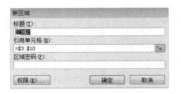

图 3-31　新区域对话框

Step 04　单击确定按钮回到允许用户编辑区域对话框，用户可以发现刚才设定的区域被添加到标题列表中，单击新建按钮用户可以继续设置用户允许编辑的区域。

Step 05　单击保护工作表按钮，打开保护工作表对话框，在对话框中设置工作表的保护选项，单击确定按钮设置成功。

在进行了上述设置后，用户可以在被设置了允许用户编辑的区域中进行编辑数据，但不能在其他的区域编辑数据。

项目拓展——公司招聘员工信息登记表

公司在招聘时有时需要应聘人员填写一份登记表，为了方便管理有时需要应聘人员以电子版的方式将登记表交给公司，公司保存为电子档案。如图 3-32 所示，就是利用 Excel 2010 制作的公司招聘员工信息登记表。

亿群公司人员招聘登记表

基本信息	填表日期：	2014 年 4 月 20日	毕业院校：	河南大学
	姓　名：	王萍萍	所学专业：	计算机多媒体技术
	性　别：	女	领取毕业证日期：	2012年7月
	出生年月：	1991年 11月23日	家庭地址：	河南洛阳
	婚　否：	未婚	现居住地：	河南洛阳
	体　重：	51 公斤	身　高：	167 厘米
	身份证号码：	412724199111230046	家庭成员：	父亲、母亲
	普通话声音：	标准	你的优点是：	开朗、口才好
	交通工具：	自行车	你的缺点是：	
	电脑水平：	能排版制表格，能进行图片处理，能制作多媒体		
	兴趣爱好：	运动、旅游、美食、娱乐		
	你会做哪些工作：（越详细越好）	可以制作多媒体课件，性格外向，口才好，可以做销售		
		第一家工作单位	第二家单位（时间最久）	第三家单位（离现在最近）
	1、原工作单位名称：	宏图科技有限公司		
	2、在职时间及岗位：	2012年至今，文员		

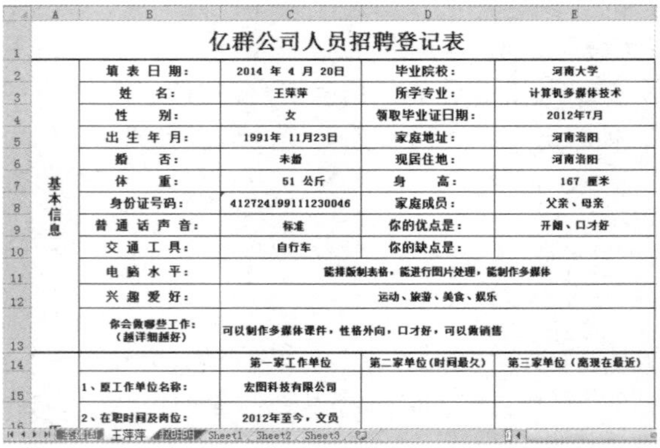

图 3-32　公司招聘员工信息登记表

设计思路

在制作公司招聘员工信息登记表的过程中，主要是应用了复制工作表、设置工作表标签颜色、隐藏工作表等操作，制作公司招聘员工信息登记表的基本步骤可分解为：

Step 01 复制工作表

Step 02 设置工作表标签颜色

Step 03 隐藏行或列

Step 04 隐藏工作表

∷ 动手做 1 复制工作表

应聘人员将电子版的公司招聘员工信息登记表交给公司的时候，一个人的登记表为一个工作簿，应聘人员众多，登记表工作簿也就很多，这样不方便登记表的管理。此时公司的管理人员可以将这些不在同一个工作簿中的登记表复制到一个工作簿中，方便登记表的管理。复制工作表的具体操作步骤如下：

Step 01 新建一个工作簿，命名为"公司招聘员工信息登记表"。

Step 02 打开存放在"案例与素材\模块 03\素材"文件夹中名称为"亿群招聘员工信息登记表（赵明明）"的工作簿，切换"亿群公司招聘员工信息登记表"为当前工作表。

Step 03 在开始选项卡中单击单元格组中的格式选项，打开格式列表。在格式列表的组织工作表区域选中重命名选项，将工作表重命名为"赵明明"，如图 3-33 所示。

Step 04 在开始选项卡中单击单元格组中的格式选项，打开格式列表。在格式列表的组织工作表区域选中移动或复制选项，打开移动或复制工作表对话框，如图 3-34 所示。

图 3-33 重命名员工信息登记表　　　　图 3-34 移动或复制工作表对话框

Step 05 在将选定工作表移至工作簿下拉列表框中选定"公司招聘员工信息登记表"。

Step 06 选定建立副本复选框。

Step 07 单击确定按钮即可将工作表从工作簿"亿群招聘员工信息登记表（赵明明）"复制到"公司招聘员工信息登记表"工作簿中。

Step 08 按照相同的方法复制其他员工的信息登记表到"公司招聘员工信息登记表"工作簿中，效果如图 3-35 所示。

图 3-35　复制工作表的效果

动手做 2　设置工作表标签颜色

工作表标签的默认颜色是黑色，如果在一个工作簿中有多个工作表，此时用户可以为工作表设置不同颜色突出显示。为工作表标签设置颜色的具体操作步骤如下：

Step 01 选中要改变颜色的工作表标签。

Step 02 切换到开始选项卡，在单元格组中单击格式按钮，在格式列表中选择工作表标签颜色选项，然后选择某种颜色，如图 3-36 所示。

图 3-36　设置工作表标签颜色

动手做 3　隐藏行或列

Excel 2010 提供了隐藏行或列的功能，如果用户不想让其他人看到工作表中某一行（列）的数据，可以将其隐藏。隐藏行（列）其实就是将行高（列宽）设置为 0。

在工作表中隐藏行（列）的具体操作步骤如下：

Step 01 选中要隐藏的行（列）或行（列）中的任意单元格，这里选中"李建国"工作表中的第 28、29 行。

Step 02 在开始选项卡的单元格组中单击格式按钮，打开格式列表。

Step 03 在格式列表的可见性区域选择隐藏和取消隐藏选项，打开隐藏和取消隐藏列表，如图 3-37 所示。

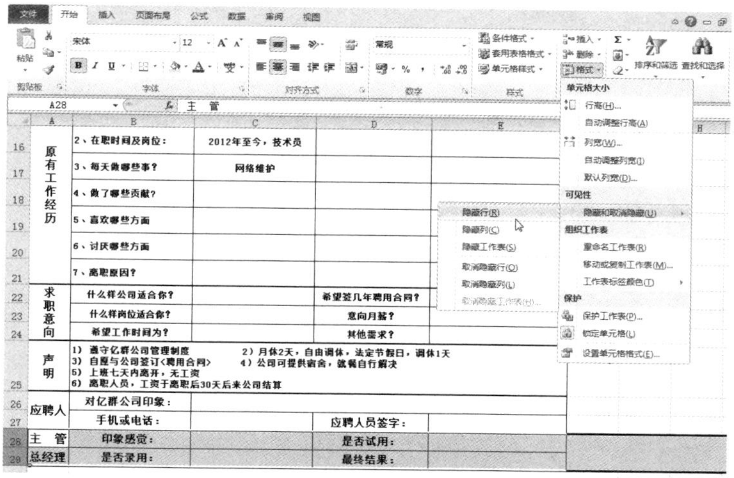

图 3-37 隐藏和取消隐藏列表

Step 04 在隐藏和取消隐藏列表中选择隐藏行选项，第 28、29 行被隐藏，如图 3-38 所示。

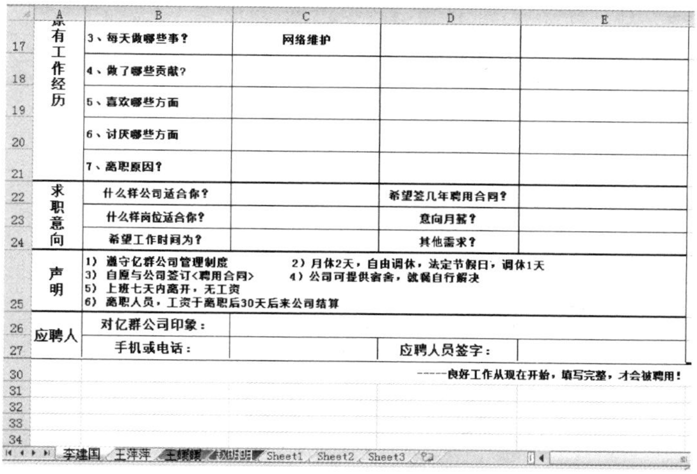

图 3-38 隐藏行的效果

提示

在隐藏了行（列）后，用户还可以取消隐藏。如果要显示隐藏的行，可以选择要取消隐藏的行的上方和下方的行；如果要显示隐藏的列，可以选择与要取消隐藏的列相邻的这一列；或者单击工作表左上角的全选按钮 选中整个工作表，然后在隐藏和取消隐藏列表中选择取消隐藏行（列）选项。

动手做 4 隐藏工作表

Excel 2010 还提供了隐藏工作表的功能，如果用户不想让其他人看到工作簿中的某一个工

Excel 2010案例教程

作表，可以将其隐藏。在工作簿中隐藏工作表的具体操作步骤如下：

Step 01 在工作簿中切换要隐藏的工作表为当前工作表，这里选择"王媛媛"工作表为当前工作表。

Step 02 在开始选项卡的单元格组中单击格式按钮，在格式列表的可见性区域选择隐藏和取消隐藏选项，打开隐藏和取消隐藏列表。

Step 03 在隐藏和取消隐藏列表中选择隐藏工作表选项，则"王媛媛"工作表被隐藏，如图 3-39 所示。

如果要取消工作表的隐藏，在开始选项卡的单元格组中单击格式按钮，在格式列表的可见性区域选择隐藏和取消隐藏选项，然后在隐藏和取消隐藏列表中选择取消隐藏工作表选项，打开取消隐藏对话框，如图 3-40 所示。在取消隐藏工作表列表中选择要取消隐藏的工作表，单击确定按钮。

教你一招

可以在工作表标签上右击，在其快捷菜单中可以进行工作表的重命名、插入、移动或复制、设置工作表标签的颜色及隐藏的操作，如图 3-41 所示。

图 3-39　隐藏 "王媛媛" 工作表

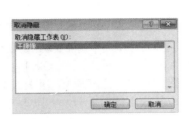

图 3-40　取消隐藏对话框

图 3-41　工作表标签右键菜单

60

知识拓展

前面的任务主要学习了管理工作表、在工作表中添加批注、冻结与拆分窗格、共享工作簿、保护工作表与工作簿等操作，另外还有一些关于工作表与工作簿的操作在前面的任务中没有运用到，下面就介绍一下。

动手做 1　移动工作表

在同一个工作簿中移动工作表时用户可以利用鼠标拖动来进行，选定要进行移动的工作表，在该工作表标签上按住鼠标左键不放，则鼠标所在位置会出现一个"白板"图标，且在该工作表标签的左上方出现一个黑色倒三角标志。按住鼠标左键不放，在工作表标签间移动鼠标，"白板"和黑色倒三角会随鼠标移动，将鼠标移到工作簿合适的位置，松开鼠标左键即可。

如果移动了工作表，则基于工作表数据的计算或图表可能变得不准确。同理，如果将经过移动或复制的工作表插入由三维公式所引用的两个数据表之间，则计算中可能会意外包含该工作表上的数据。

另外，用户还可以在不同的工作簿之间移动工作表，首先将目标工作簿和源工作簿都打开，在源工作簿中选定要移动的工作表标签，打开移动或复制工作表对话框，此时用户可在将选定工作表移至工作簿下拉列表框中选定要移至的工作簿，然后取消建立副本复选框的选中状态，单击确定按钮即可。

动手做 2　工作表组的操作

利用 Excel 2010 提供的工作表组的功能，用户可以方便地在同一工作簿中创建或编辑一批相同或格式类似的工作表。

要采用工作表组操作，首先必须将要处理的多个工作表设置为工作表组。用户可以利用以下几种方式设置工作表组：

- 选择一组相邻的工作表：单击要成组的第一个工作表标签，按住 Shift 键，单击要成组的最后一个工作表标签。
- 选择不相邻的一组工作表：按住 Ctrl 键然后再依次单击要成组的每个工作表标签。
  选择工作簿中的全部工作表：在任意一个工作表标签上右击，在打开的快捷菜单中选择选定全部工作表选项。

设置完工作表组后，成组的工作表标签均呈高亮显示，同时在工作簿的标题栏上会出现"工作组"字样，提示已设定了工作表组，如图 3-42 所示。

如果用户要取消工作表组，只要在任意一个工作表标签上右击，在打开的快捷菜单中选择取消组合工作表选项，即可取消成组的工作表。

对工作表组中的工作表的编辑方法与单个工作表的编辑方法相同，当编辑某一个工作表时，工作表中的其他工作表同时也得到相应的编辑。即用户操作的结果不仅作用于当前工作表，而且还作用于工作表组中的所有工作表。用户可以在工作组中输入一些基本数据，然后在对不同的工作表中进行详细的编辑。

动手做 3　在工作表中设置数据输入条件

在 Excel 2010 中，用户可以使用"数据有效性"来控制单元格中输入数据的类型及范围。这样可以限制用户不能给参与运算的单元格输入错误的数据，以避免运算时发生混乱。

Excel 2010案例教程

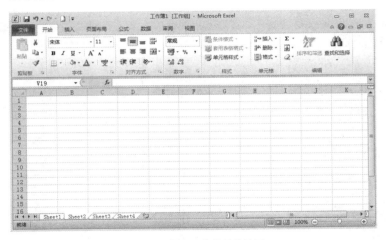

图 3-42　设置工作组后的效果

在单元格中输入数据时，有时需要对输入的数据加以限制。例如，在输入考试成绩时，数据必须为 0～150 之间的数据。为了保证输入的数据都在有效范围内，可利用 Excel 2010 中提供的为单元格设置数据有效性条件的功能来加以限制。

设置数据有效性的具体操作步骤如下：

Step 01　选定需要设置数据有效性的单元格区域。

Step 02　在数据选项卡中的数据工具组中单击数据有效性按钮，在数据有效性列表中单击数据有效性选项，打开数据有效性对话框，如图 3-43 所示。

Step 03　在有效性条件区域的允许下拉列表中选择小数，在数据下拉列表中选择介于，在最小值文本框中输入 0，在最大值文本框中输入 150。

Step 04　单击输入信息选项卡，如图 3-44 所示。

图 3-43　设置数据的有效性

图 3-44　设置输入信息

图 3-45　设置出错警告

Step 05　选中选定单元格时显示输入信息复选框。

Step 06　在选定单元格时显示下列输入信息区域的标题文本框中输入提示，在输入信息文本框中输入请输入考生分数。

Step 07　单击出错警告选项卡，如图 3-45 所示。

Step 08　选中输入无效数据时显示出错警告复选框。

Step 09　在输入无效数据时显示下列出错警告区域的样式下拉列表中选择警告，在标题文本框中输入注意，在错误信息文本框中输入有误。

Step 10　单击确定按钮。

62

当用户选中设置了有效性的单元格时会出现相应的提示信息，如图 3-46 所示。如果在设置了有效性的单元格中输入了有效性以外的数据时将会出现出错警告对话框，如图 3-47 所示。如果单击是按钮则输入该数据，如果单击否按钮则重新输入数据，单击取消按钮，则取消本次输入。

图 3-46　显示提示信息　　　　　　　　　　图 3-47　显示出错警告

如果要清除数据有效性的设定，用户可以将其删除，在数据有效性对话框中单击全部清除按钮即可。

动手做 4　创建多个窗口

用户如果想同时查看某个工作簿中的不同工作表，或者观察同一个工作表的不同部分，可以为该工作簿打开多个窗口。

打开要创建多个窗口的工作簿，切换到视图选项卡，在窗口组中单击新建窗口按钮就打开一个新的窗口显示原工作簿内容，用户可以使用该命令同时新建多个窗口。在标题栏中系统使用 1、2……的编号来区别新建的窗口，原工作簿的名称变为"原文件名：1"，第一个新建的窗口的名称为"原文件名：2"，依此类推。

在新建的任何一个窗口所作的修改，会立即反映到其他的新建窗口中，并且从任何一个新建的窗口中都可以保存该工作簿。

动手做 5　窗口间的切换

如果在 Excel 2010 中打开了多个窗口，就需要在多个工作簿窗口之间进行切换。可以采用下面三种方法中的一种来实现工作簿之间的切换：

- 在任务栏上单击需要激活的工作簿，即可激活该窗口。
- 切换到视图选项卡，在窗口组中单击切换窗口按钮，则在其下拉列表中列出所有被打开的窗口，如图 3-48 所示。单击需要切换的窗口名，就完成了工作簿的切换。
- 按键盘上的【Ctrl+F6】组合键可切换到下一个窗口，按【Ctrl+Shift+F6】组合键可切换到上一个窗口。

动手做 6　隐藏工作簿窗口

为了在 Excel 2010 中释放更多的工作区，用户可使用 Excel 2010 提供的隐藏工作簿窗口功能来隐藏工作簿窗口，具体操作步骤如下：

Step 01　单击需要隐藏的工作簿窗口，使其成为激活工作簿窗口。

Step 02　切换到视图选项卡，在窗口组中单击隐藏按钮，即可使当前工作簿窗口隐藏起来。

工作簿被隐藏后，有时还需要取消隐藏工作簿，其取消隐藏的具体操作方法如下：

Step 01　切换到视图选项卡，在窗口组中单击取消隐藏按钮，打开取消隐藏对话框，如图 3-49 所示。

Step 02　在取消隐藏对话框中选中需要取消隐藏的窗口。

Step **03** 单击确定按钮。

图 3-48　切换窗口下拉列表　　　　　　　　　　图 3-49　取消隐藏对话框

:::: 动手做 7　查找数据

在编辑工作表单元格中的内容时，用户首先应做的工作就是查找该单元格所在的位置，然后才能对其进行修改和编辑。在查找一个数据比较复杂的工作表时，如果手工进行查找则比较麻烦，此时如果利用 Excel 2010 提供的查找功能，则可以快速找到需要的数据，提高工作效率。

查找是 Excel 2010 根据用户指定的内容快速找到该内容所在单元格位置的方法，具体操作步骤如下：

Step **01**　切换到开始选项卡，在编辑组中单击查找和选择按钮，在列表中选择查找选项，打开查找和替换对话框，如图 3-50 所示。

Step **02**　在对话框中的查找内容文本框中输入要查找的内容，如输入"教师"。

Step **03**　单击查找下一个按钮，则 Excel 2010 会快速地查找到第一个符合条件的单元格并将其选中。如果要继续查找其他符合条件的单元格，可继续单击查找下一个按钮进行查找。

Step **04**　如果要一次查找全部符合条件的单元格，单击查找全部按钮，则对话框如图 3-51 所示，在对话框的底部列出了所有符合条件单元格的位置。

Step **05**　查找完毕，单击关闭按钮。

图 3-50　查找和替换对话框　　　　　　　　　　图 3-51　查找全部

如果用户要想更为详细地进行查找时，可在查找前先设置一些条件，然后再进行查找。单击查找和替换对话框中的选项按钮，则此时查找和替换对话框将变为如图 3-52 所示的样式。在此对话框中，用户可进一步设置一些查找条件，如可以选择查找范围是工作簿还是工作表，搜索方式是按行还是按列，查找范围是公式、值或者批注，可以选择是否需要区分大小写、单元格匹配、区分全/半角等。

:::: 动手做 8　替换数据

利用 Excel 2010 提供的替换功能，用户可以快速地对工作表中的一些错误数据或需更改的数据进行更改。这与逐一修改数据相比，其速度更快，方法较简单。

使用替换功能的具体操作方法如下：

Step 01 切换到开始选项卡，在编辑组中单击查找和选择按钮，在列表中选择替换选项，打开查找和替换对话框。

Step 02 在查找内容文本框中输入要进行替换的原数据内容，如输入"老师"。

Step 03 在替换为文本框中输入新的内容，如输入"教师"，如图 3-53 所示。

Step 04 单击查找下一个按钮，则 Excel 2010 会快速地查找到第一个符合条件的单元格并将其选中，如果该内容需要替换单击替换按钮。

图 3-52　设置查找条件

图 3-53　替换文本

Step 05 单击全部替换按钮，则 Excel 2010 会自动查找出所设置的内容，然后将其替换为新的内容，并打开一个提示对话框，如图 3-54 所示。

Step 06 替换完毕，单击关闭按钮。

图 3-54　提示对话框

课后练习与指导

一、选择题

1. 插入工作表时可以在（　　　）选项卡下进行。
   A．开始
   B．插入
   C．视图
   D．工作表

2. 关于批注的说法下列错误的是（　　　）。
   A．在删除单元格内容时，批注也同时被删除
   B．插入批注应在"插入"选项卡下进行操作
   C．批注插入后无法再对批注进行编辑
   D．在查看批注时，可以一次查看工作表中的所有批注

3. 关于冻结窗格下列说法正确的是（　　　）。
   A．冻结窗格时可以选择只冻结首行
   B．冻结窗格时可以选择只冻结首列
   C．在冻结时如果选择的是单元格，则以选中单元格的右上角为交点对窗格进行冻结
   D．在冻结时如果选择的是行，则以选中行的下边线作为分割点进行冻结

4. 关于保护工作簿和工作表下列说法正确的是（　　　）。
   A．对工作簿保护可以设置不能设置单元格格式
   B．对工作表保护可以设置不能插入行
   C．对工作表保护可以设置不能重命名工作表
   D．用户可以对工作表中的某些区域设置保护选项

5．关于工作表和工作簿的操作下列说法错误的是（　　　）。

    A．用户可以对工作表进行隐藏，但是不能隐藏工作簿

    B．隐藏行就是将行高设置为 0

    C．对工作簿进行保护就是为工作簿设置打开权限

    D．对工作表标签设置颜色时用户可以将其设置为渐变色

二、填空题

1．在_____选项卡下单击_____组中"删除"选项右侧的下三角箭头，打开"删除"列表，在列表中用户可以选择删除工作表。

2．在_____选项卡的_____选项组中单击"新建批注"按钮，即可在选中的单元格中插入批注。

3．选中行，在_____选项卡的_____组中单击_____按钮，则窗口以选中行的上方为分界线被拆分为两部分。

4．在_____选项卡的_____组中单击_____按钮，打开"共享工作簿"对话框。

5．在_____选项卡的_____组中单击_____按钮，打开"保护结构和窗口"对话框。

6．在_____选项卡的_____组中单击_____按钮，打开"保护工作表"对话框。

7．在_____选项卡中的_____组中单击_____按钮，在列表中单击_____选项，打开"数据有效性"对话框。

8．切换到_____选项卡，在_____组中单击_____按钮，命令即可使当前工作簿窗口隐藏起来。

9．在_____选项卡的_____组中单击_____按钮，打开"允许用户编辑区域"对话框。

10．在_____选项卡的_____组中单击_____按钮，在列表中选择_____选项，打开"接受或拒绝修订"对话框。

11．用户可以单击工作表标签右侧的_____或按_____键在所有工作表的最后插入一个新的工作表。

12．在打开多个工作簿窗口时，如果按键盘上的_____组合键可切换到下一个窗口，按_____组合键可切换到上一个窗口。

三、简答题

1．重命名工作表有几种方法？

2．如何删除工作簿中的工作表？

3．如何再次编辑工作簿中插入的批注？

4．对工作表中特定的行或列进行冻结应如何进行操作？

5．如何对工作表设置打开权限？

6．如何对工作表设置修改权限？

7．如何设置工作表不能插入行、列，不能设置单元格格式？

8．将一个工作簿中的工作表复制到另外的一个工作簿中应如何操作？

四、实践题

制作一个如图 3-55 所示的班级操行评定表。

	班级	升旗仪式广播操 10%	室内卫生 15%	仪表仪容 10%	眼保健操 10%	包干区卫生 20%	宿舍 10%	黑板报 10%	纪律 15%	折合总分	备 注
	班级操行评定表										
4	高一（1）	100	95	97	99	91	79	90	93	92.90	
5	高一（2）	100	93	100	98	93	78	79	92	91.85	
6	高一（3）	100	92	99	97	92	83	78	90	91.40	
7	高一（4）	99	91	100	98	98	86	83	79	91.70	
8	高一（5）	100	93	96	95	90	76	86	78	88.95	
9	高一（6）	100	92	100	100	93	91	76	83	91.55	
16	高一（13）	99	92	100	91	92	83	78	90	90.80	
17	高一（14）	97	98	96	100	91	86	83	93	93.05	
18	高一（15）	91	90	100	91	93	76	86	92	90.30	
19	高一（16）	89	79	96	93	92	88	76	91	88.10	
20	高一（17）	82	78	100	92	98	87	88	93	90.15	
26	高二（5）	98	92	100	96	92	90	98	92	94.20	
27	高二（6）	90	98	98	100	96	93	90	98	95.70	
28	高二（7）	76	90	96	100	91	92	93	90	90.90	
29	高二（8）	88	79	97	100	79	90	92	93	88.30	
30	高二（9）	82	78	100	99	79	79	91	92	86.40	

图 3-55 班级操行评定表

1. 将工作表 Sheet1 重命名为"一月份班级操行评定表"。

2. 将工作表的表头行冻结。

3. 保护工作簿的窗口和结构。

4. 保护工作表使工作表不允许插入行和列，不允许删除行和列。

5. 为 B3 单元格添加批注"全勤参加，动作整齐即可得满分"。

6. 隐藏第 10 至 15 行。

素材位置：案例与素材\模块 03\素材\班级操行评定表（初始）

效果位置：案例与素材\模块 03\源文件\班级操行评定表

模块 04 美化工作表——制作运动会竞赛日程表

你知道吗？

在工作簿中制作表格时，可以向工作表中添加图形，插入图像或者使用艺术字，这样可以增强工作表的视觉效果，制作出更加美观和引人注目的表格。本章重点介绍如何绘制、编辑和格式化图形，以及利用艺术字来设计报名表的标题。

应用场景

常见的节目单、婚宴程序等表格，如图 4-1 所示，这些都可以利用 Excel 2010 软件来制作。

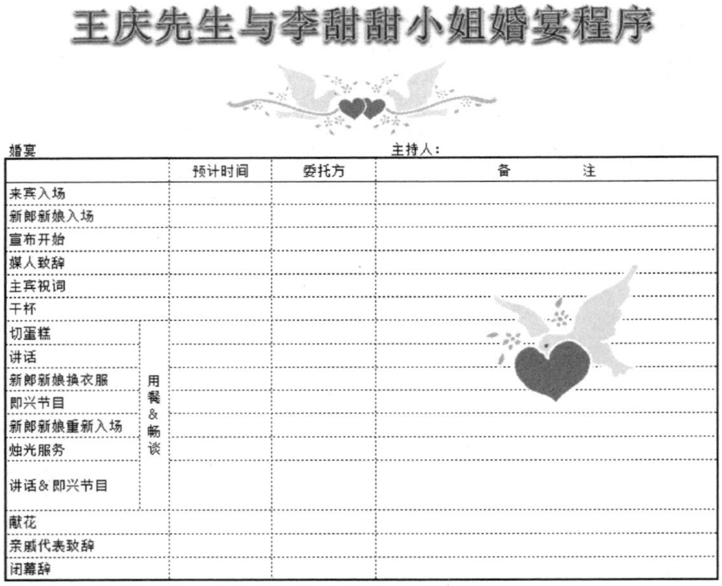

王庆先生与李甜甜小姐婚宴程序

婚宴　　　　　　　　　　　　主持人：

		预计时间	委托方	备　　注
来宾入场				
新郎新娘入场				
宣布开始				
媒人致辞				
主宾祝词				
干杯				
切蛋糕	用餐&畅谈			
讲话				
新郎新娘换衣服				
即兴节目				
新郎新娘重新入场				
烛光服务				
讲话&即兴节目				
献花				
亲戚代表致辞				
闭幕辞				

图 4-1　婚宴程序

为了将团结向上和奋勇拼搏的精神传达给每一个人，为了增强体质，为了培养德智体全面发展的人才，为了响应“每天锻炼一小时，健康工作 50 年，幸福生活一辈子”的口号，公司、企事业单位或学校会经常举办各种运动会。

如图 4-2 所示，就是利用 Excel 2010 的表格功能制作的田径运动会竞赛日程表。请读者根据本模块所介绍的知识和技能，完成这一工作任务。

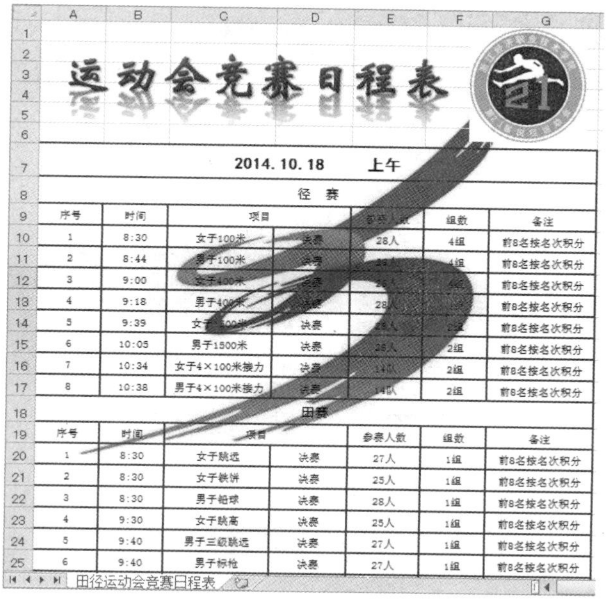

图 4-2　运动会竞赛日程表

![相关文件模板]

利用 Excel 2010 软件还可以完成日历、节目单、婚宴程序等工作任务。为方便读者，本书在配套的资料包中提供了部分常用的文件模板，具体文件路径如图 4-3 所示。

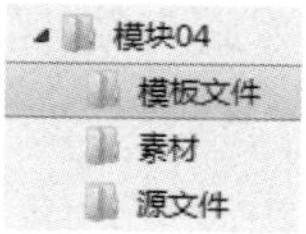

背景知识

图 4-3　应用文件模板

运动会赛程安排表应在比赛之前发布，让运动员和观众及时了解日程安排信息，合理安排自己的时间。由于不同的比赛内容不尽相同，因此不同比赛赛程安排表的制作方法不同，用户应根据比赛的实际内容来制作比赛赛程安排表。

设计思路

在制作运动会赛程安排表的过程中，首先要插入艺术字并对艺术字进行设置，然后再插入图片，制作运动会竞赛日程表的基本步骤可分解为：

Step **01**　在工作表中应用艺术字
Step **02**　在工作表中应用图片
Step **03**　设置工作表背景

项目任务 4-1　在工作表中应用艺术字

在工作表中不但可以创建艺术字而且还可以对艺术字进行设置填充颜色、艺术字形状，调整艺术字的位置及大小等操作。

∴ 动手做 1　创建艺术字

为了使田径运动会竞赛日程表更具艺术性，可以在田径运动会竞赛日程表中插入艺术字，具体操作步骤如下：

Step 01 打开存放在"案例与素材\模块 04\素材"文件夹中名称为"田径运动会竞赛日程表（初始）"的文件，将插入点定位在工作表中，单击插入选项卡中文本组中的艺术字按钮，打开艺术字下拉列表，如图 4-4 所示。

图 4-4　艺术字下拉列表

Step 02 在艺术字下拉列表中单击第一行第一列艺术字样式后，在文档中会出现一个请在此放置您的文字编辑框，如图 4-5 所示。

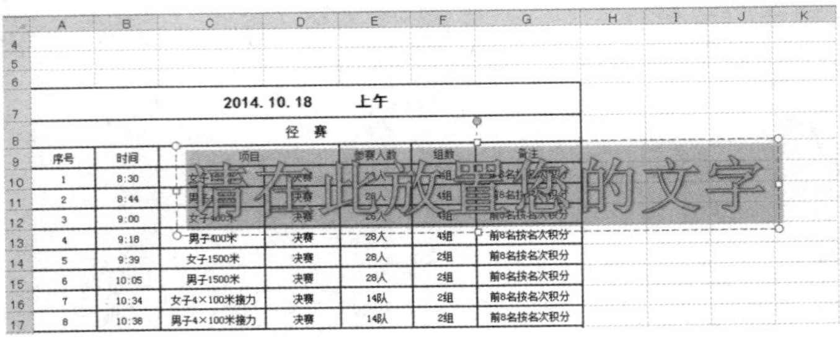

图 4-5　请在此放置您的文字编辑框

Step 03 在编辑框中输入文字 "运动会竞赛日程表"。

Step 04 用鼠标拖动选中输入的文字，切换到开始选项卡，然后在字体下拉列表中选择华文新魏，在字号下拉列表中选择 40 字号，插入艺术字的效果如图 4-6 所示。

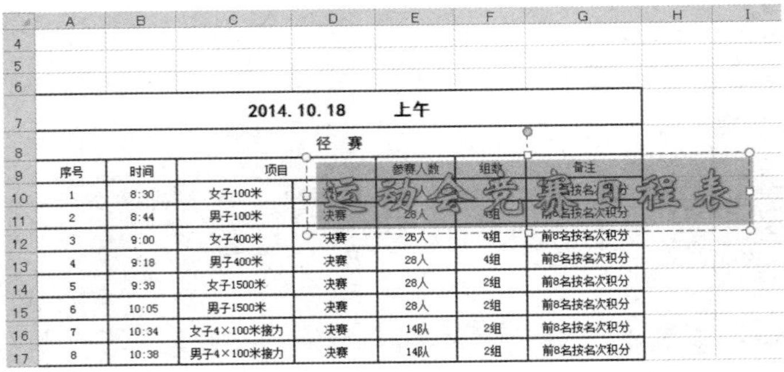

图 4-6　插入艺术字的效果

❖ 动手做 2　调整艺术字位置

可以明显看出，艺术字在运动会竞赛日程表中的位置不够理想，因此需要调整它的位置使之符合要求。由于在插入艺术字时同时插入了艺术字编辑框，因此调整艺术字编辑框的位置即可调整艺术字的位置。

调整艺术字位置的具体操作步骤如下：

Step 01　在艺术字上单击鼠标左键，则显示出艺术字编辑框。

Step 02　将鼠标移动至艺术字编辑框边框上，当鼠标呈 ✛ 形状时，按下鼠标左键拖动鼠标移动艺术字编辑框。

Step 03　文本框到达合适位置后，松开鼠标，移动艺术字的效果如图 4-7 所示。

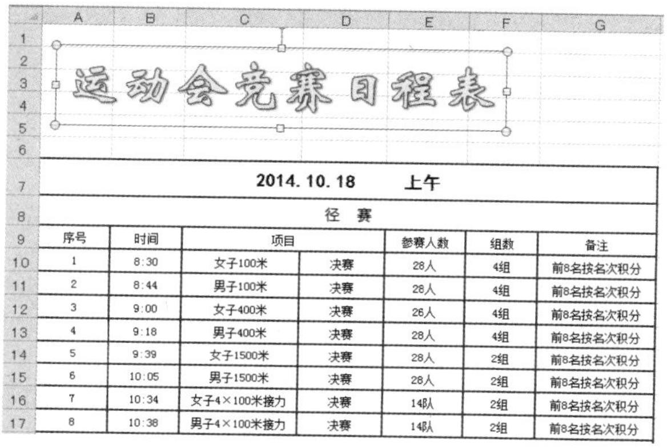

图 4-7　艺术字被调整位置后的效果

❖ 动手做 3　设置艺术字填充颜色和轮廓

在插入艺术字后，还可以对插入的艺术字的填充颜色和轮廓进行设置，具体操作步骤如下：

Step 01　选中艺术字编辑框中的艺术字，切换到格式选项卡。

Step 02　单击艺术字样式组中文本填充按钮右侧的下三角箭头，打开一个下拉列表。在下拉列表中选择渐变则打开渐变列表，如图 4-8 所示。

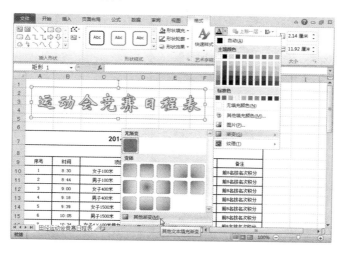

图 4-8　文本填充渐变列表

Step 03 单击其他渐变选项，打开设置文本效果格式对话框，如图 4-9 所示。

Step 04 在文本填充区域选中渐变填充选项，在预设颜色列表中选择红日西斜，在类型列表中选择线性，在方向列表中选择线性向上，在角度文本框中选择或输入 270 度。

Step 05 在对话框左侧单击文本边框选项，然后在右侧选择无线条，如图 4-10 所示。

图 4-9 设置艺术字渐变填充   图 4-10 设置艺术字文本边框

Step 06 单击关闭按钮，则艺术字的效果如图 4-11 所示。

图 4-11 设置艺术字文本填充的效果

※ 动手做 4 设置艺术字映像和棱台效果

可以对艺术字的映像和棱台效果进行设置，具体操作步骤如下：

Step 01 选中艺术字编辑框中的艺术字，切换到格式选项卡。

Step 02 单击艺术字样式组中文字效果按钮，打开一个下拉列表。在下拉列表中选择映像，然后在映像变体区域选择全映像，接触，如图 4-12 所示。

图 4-12 设置艺术字映像效果

Step **03** 单击艺术字样式组中文字效果按钮右侧的下三角箭头，打开一个下拉列表。在下拉列表中选择棱台选项中棱台中的冷色斜面选项，如图 4-13 所示。

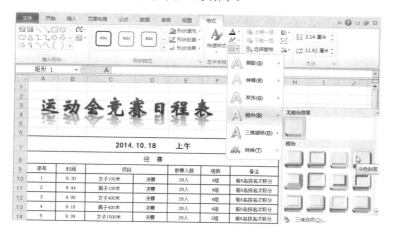

图 4-13 设置棱台效果

项目任务 4-2 在工作表中应用图片

在 Excel 2010 中，用户可以在工作表中插入图片，还可以对插入的图片进行编辑，在工作表中插入图片可以美化工作表，使工作表的外观效果得到增强。

动手做 1 插入图片

用户可以很方便地在 Excel 2010 中插入图片，图片可以是一个剪贴画、一张照片或一幅图画。在 Excel 2010 中可以插入多种格式的外部图片，如*.bmp、*.pcx、*.tif 和*.pic 等。

在田径运动会竞赛日程表中插入图片的具体操作步骤如下：

Step **01** 将插入点定位在工作表中。

Step **02** 单击插入选项卡下插图组中的图片按钮，打开插入图片对话框，如图 4-14 所示。

图 4-14 插入图片对话框

Step **03** 在对话框中找到要插入图片所在的位置，然后选中图片文件。

Step 04 单击插入按钮，被选中的图片插入到文档中，如图 4-15 所示。

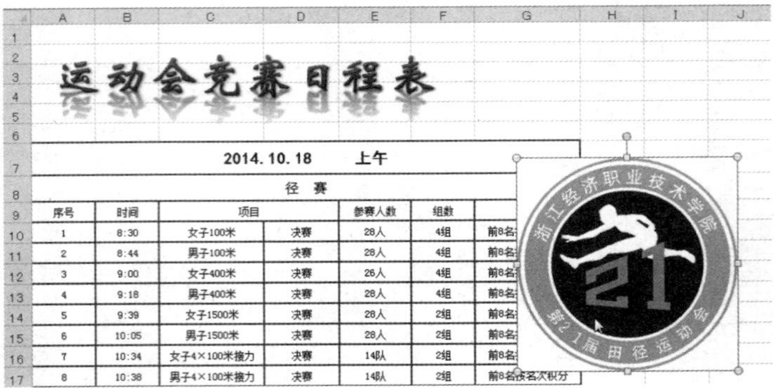

图 4-15　插入图片的效果

动手做 2　调整图片位置

如果在工作表中插入的图片位置不合适，会使工作表变得混乱不堪，在这种情况下用户可以对图片的位置进行调整。

例如，对运动会竞赛日程表中图片的位置进行适当的调整，具体操作步骤如下：

Step 01 将鼠标移至图片上，当鼠标变成 形状时，按下鼠标左键并拖动鼠标。

Step 02 到达合适的位置时松开鼠标即可，调整图片位置后的效果如图 4-16 所示。

图 4-16　调整图片位置

动手做 3　调整图片大小

在工作表中插入图片后还应对图片的大小进行适当地调整，使图片能够更好地适应工作表。如果文档中对图片的大小要求并不是很精确，可以利用鼠标快速地进行调整。选中图片的四周将出现八个控制点，如果需要调整图片的高度，可以移动鼠标到图片上边或下边的控制点上，当鼠标变成 形状时向上或向下拖动鼠标即可调整图片的高度；如果需要调整图片的宽度，将鼠标移动到图片左边或右边的控制点上，当鼠标指针变成 形状时向左或向右拖动鼠标即可调整图片的宽度；如果要整体缩放图片，移动鼠标到图片右下角的控制点上，当鼠标变成 形状时，拖动鼠标即可整体缩放图片。

例如，要对运动会竞赛日程表中的图片进行整体缩小，具体操作步骤如下：

Step 01 用鼠标左键单击图片，选中图片。

Step 02 移动鼠标到图片右下角的控制点上，当鼠标变成 形状时，按下鼠标左键并向内拖动鼠标，此时会出现一个虚线框，表示调整图片后的大小。

Step03 当虚线框到达合适位置时松开鼠标即可，如图 4-17 所示。

图 4-17 调整图片大小

 教你一招

在实际操作中如果需要对图片的大小进行精确地调整，可以在格式选项卡的大小组中进行设置，如图 4-18 所示。用户还可以单击大小组右侧的对话框启动器，打开设置图片格式对话框，如图 4-19 所示。在对话框中更改图片的大小有两种方法。一种方法是在高度和宽度选项区域中直接输入图片的高度和宽度的确切数值。另一种方法是在缩放比例区域中输入高度和宽度相对于原始尺寸的百分比；如果选中锁定纵横比复选框，则 Excel 2010 将限制所选图片的高与宽的比例，以便高度与宽度相互保持原始的比例。此时如果更改对象的高度，则宽度也会根据相应的比例进行自动调整，反之亦然。

图 4-18 直接设置图片大小　　　图 4-19 设置图片格式对话框

项目任务 4-3 设置工作表背景

在 Excel 2010 中默认的是白色背景。如果用户想增强屏幕的显示效果，可以为工作表添加一个背景图案。在打印时，添加的背景图案也将被同时打印出来。

例如，要为运动会竞赛日程表添加图片背景，具体操作步骤如下：

Step01 将插入点定位在工作表中。

Step 02 单击页面布局选项卡下页面设置组中的背景按钮，打开工作表背景对话框，如图 4-20 所示。

Step 03 在对话框中找到放置文件的文件夹，选定背景文件。

图 4-20 工作表背景对话框

Step 04 单击打开按钮，添加工作表背景的效果，如图 4-21 所示。

图 4-21 添加工作表背景的效果

提示

当不再需要工作表背景图案时，可将其从工作表中删除。单击页面布局选项卡下页面设置组中的删除背景按钮即可将背景删除。

 ## 项目拓展——制作流程图

在日常的很多实际任务中，可能需要表达某个工作的过程或流程。有些工作的过程比较复杂，如果仅仅用文字表达，通常是很难描述清楚的。与此同时，听者也难以搞懂，在这种情况下，最好的方式就是绘制工作流程图，图形的直观性会让双方都大大获益。如图 4-22 所示就是利用 Excel 2010 制作流程图。

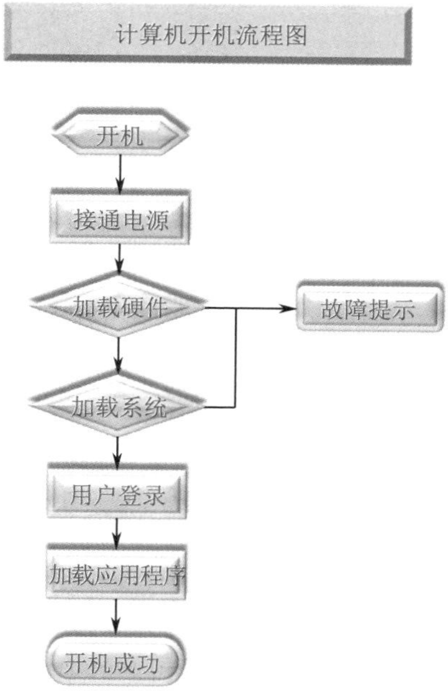

设计思路

在制作流程图的过程中，主要是应用绘制图形、编辑图形等操作，制作流程图的基本步骤可分解为：

Step 01 绘制自选图形

Step 02 在自选图形中添加文字

Step 03 调整自选图形的大小

Step 04 对齐图形

Step 05 设置自选图形形状轮廓

Step 06 设置自选图形填充效果

Step 07 设置自选图形形状效果

Step 08 关闭网格线显示

Step 09 绘制文本框

Step 10 设置文本框格式

图 4-22　流程图

∷ 动手做 1　绘制自选图形

在 Excel 2010 中可以很轻松、快速地绘制出各种外观专业、效果生动的图形来。用户可以利用插入选项卡下的插图组中的形状按钮可方便地在指定的区域绘图。绘制自选图形的基本方法如下：

Step 01 单击插入选项卡中插图组中的形状按钮，打开形状下拉列表，如图 4-23 所示。

图 4-23　形状下拉列表

Step 02 在形状列表中的流程图区域中单击准备按钮，此时鼠标变为"十"字形状，在文档中拖动鼠标，即可绘制出准备图形，如图 4-24 所示。

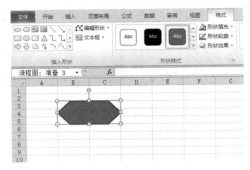

图 4-24 绘制准备图形

Step 03 在形状列表中的线条区域中单击箭头按钮，此时鼠标变为"十"字形状，在工作表中拖动鼠标，即可绘制出箭头，如图 4-25 所示。

Step 04 在形状列表中的流程图区域中单击过程按钮，此时鼠标变为"十"字形状，在文档中拖动鼠标，即可绘制出过程图形，如图 4-26 所示。

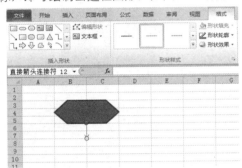

图 4-25 绘制箭头

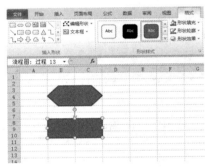

图 4-26 绘制过程图形

Step 05 按照相同的方法在文档中绘制出其他图形，最终效果如图 4-27 所示。

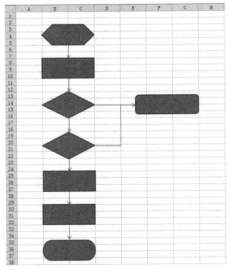

图 4-27 绘制自选图形的效果

※ 动手做 2　在自选图形中添加文字

在各类自选图形中，除了直线、箭头等线条图形外，其他的所有图形都允许向其中添加文字。有的自选图形在绘制好后可以直接添加文字，如绘制的标注等。有些图形在绘制好后则不能直接添加文字。在流程图中添加文字的具体操作方法如下：

Step 01　在要添加文字的第一个自选图形上右击，打开一个快捷菜单。

Step 02　在快捷菜单中单击编辑文字命令，此时鼠标自动定位在自选图形中，输入文本"开机"。

Step 03　用鼠标拖动选中自选图形中的文本，单击开始选项卡，在字体组中的字体列表中选择黑体，在字号列表中选择 12，在字体组中单击字体颜色按钮，选择字体颜色为黑色。

Step 04　在对齐方式组中单击水平居中按钮和垂直居中按钮。

Step 05　按照相同的方法在其他的自选图形中添加文字，最终效果如图 4-28 所示。

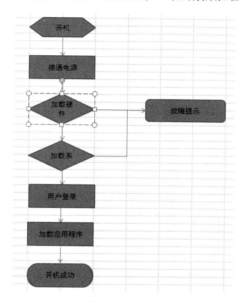

图 4-28　设置自选图形文本的效果

※ 动手做 3　调整自选图形大小

输入文本后，用户会发现有些自选图形中的文本不能全部显示，此时用户可以适当调整自选图形大小来显示文本。选定的图形对象周围出现的 8 个圆圈控制点即是调整图形大小的控制点，用户可以拖动对象的控制点来调整图形的大小。例如，利用鼠标拖动调整"加载硬件"自选图形的大小，具体操作方法如下：

Step 01　单击"加载硬件"图形，选中该图形对象。

Step 02　将鼠标移到上下边线中间的控制点上，当鼠标变成 ⇕ 形状时，上下拖动即可调整图形对象的高度。

Step 03　将鼠标移到左右边线中间的控制点上，当鼠标变成 ⇔ 形状时，左右拖动即可调整图形对象的宽度。

Step 04　将鼠标移到四角的控制点上，当鼠标变成 ⬉ 形状时，向里或向外拖动即可整体放缩图形的大小，如图 4-29 所示。

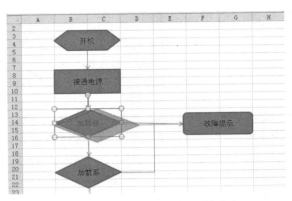

图 4-29　利用鼠标调整自选图形的大小

 教你一招

如果要保持原图形的宽高比，在拖动四角的控制点时按住 Shift 键，如果想以图形对象为基点进行缩放，在拖动控制点的同时按住 Ctrl 键。

在实际操作中如果需要对图形的大小进行精确地调整，可以在格式选项卡的大小组中进行设置。例如，要精确调整"加载系统"形状大小，具体操作步骤如下：

Step **01** 单击选中"加载系统"形状。

Step **02** 在格式选项卡中大小组的高度文本框中选择或输入 1.8 厘米。

Step **03** 在格式选项卡中大小组的宽度文本框中选择或输入 5 厘米，效果如图 4-30 所示。

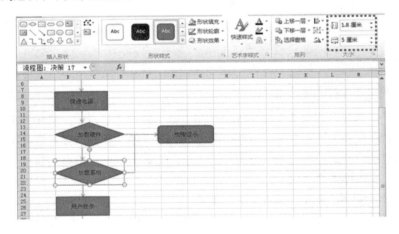

图 4-30　精确调整图形的大小

动手做 4　对齐图形

在调整图形的大小后，各个图形会显得凌乱不堪，此时用户可以利用功能区的命令把图形按照某种对齐方式进行对齐，对齐图形的具体操作步骤如下：

Step **01** 首先在"开机"图形上单击鼠标选中"开机"图形，然后按住 Ctrl 键依次选中从"开机"到"开机成功"的所有图形。

Step 02 单击格式选项卡，在排列组中单击对齐按钮，打开对齐列表，在列表中选择水平居中对齐，如图 4-31 所示。

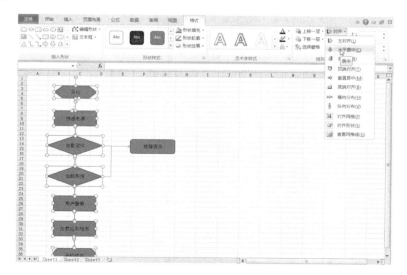

图 4-31 对齐图形

Step 03 选中"加载硬件"和"故障提示"图形。

Step 04 单击格式选项卡，在排列组中单击对齐按钮，打开对齐列表，在列表中选择垂直居中对齐。

对齐列表中各命令的功能如下：

选择左对齐命令，即可将各图形对象的左边界对齐。

选择水平居中命令，即可将各图形对象横向居中对齐。

选择右对齐命令，即可将各图形对象的右边界对齐。

选择顶端对齐命令，即可将各图形对象的顶边界对齐。

选择垂直居中命令，即可将各图形对象纵向居中对齐。

选择底端对齐命令，即可将各图形对象的底边界对齐。

选择横向分布命令，即可将各图形对象在水平方向上等距离排列。

选择纵向分布命令，即可将各图形对象在竖直方向上等距离排列。

教你一招

在对齐列表中如果选中对齐网格选项，则在绘制图形时，绘制出来的图形可以和单元格的边界保持对齐。

∴ 动手做 5   设置自选图形形状轮廓

可以对自选图形的形状轮廓进行设置，如为全部的箭头设置形状轮廓，具体操作步骤如下：

Step 01 在第一个箭头上单击鼠标将其选中，然后按住 Ctrl 键依次选中所有箭头。

Step 02 切换到格式选项卡，在形状样式组中单击形状轮廓按钮，打开形状轮廓列表。

Step 03 在标准色区域选择蓝色。

Step 04 选择粗细选项，在粗细列表中选择 3 磅。

Step **05** 选择箭头选项，在箭头列表中选中箭头的形状，箭头设置了形状轮廓后的效果如图 4-32 所示。

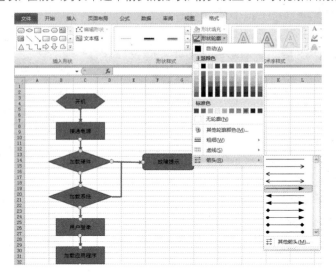

图 4-32　设置形状轮廓

动手做 6　设置自选图形填充效果

用户可以利用普通的颜色来填充自选图形，也可以为自选图形设置渐变、纹理、图片或图案等填充效果。例如，为除箭头以外的全部自选图形设置填充效果，具体操作步骤如下：

Step **01** 在"开机"图形上单击鼠标将其选中，然后按住 Ctrl 键依次选中全部自选图形。

Step **02** 切换到格式选项卡，在形状样式组中单击形状填充按钮，打开形状填充列表，如图 4-33 所示。

Step **03** 选择渐变选项，在渐变列表中选择其他渐变选项，打开设置形状格式对话框。

Step **04** 在填充区域选择渐变填充，单击预设颜色按钮，在预设颜色列表中选择麦浪滚滚。

Step **05** 单击类型按钮，在类型列表中选择线性，单击方向按钮，在方向列表中选择线性向下，如图 4-34 所示。

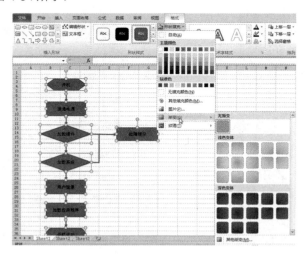

图 4-33　形状填充列表

图 4-34　设置渐变填充

Step **06** 在对话框的左侧列表中单击线条颜色，在右侧的线条颜色区域选择无线条选项，如图 4-35 所示。

Step **07**　单击关闭按钮，为形状设置填充的效果如图 4-36 所示。

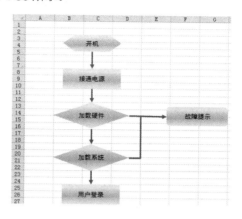

图 4-35　设置线条颜色　　　　　　　　　　　　图 4-36　设置形状填充的效果

动手做 7　设置自选图形形状效果

用户还可以为绘制的自选图形设置形状效果，例如，为除箭头以外的全部自选图形设置形状效果，具体操作步骤如下：

Step **01**　在"开机"图形上单击鼠标将其选中，然后按住 Ctrl 键依次选中全部自选图形。

Step **02**　切换到格式选项卡，在形状样式组中单击形状效果按钮，打开形状效果列表。

Step **03**　选择阴影选项，在阴影列表中选择外部区域的向上偏移，如图 4-37 所示。

Step **04**　再次在形状样式组中单击形状效果按钮，打开形状效果列表。选择阴影选项，在阴影列表中选择阴影选项，打开设置形状格式对话框，如图 4-38 所示。

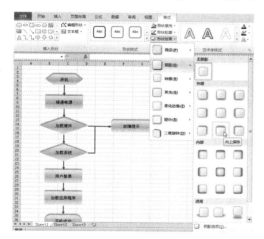

图 4-37　为形状设置阴影效果　　　　　　　　　图 4-38　设置阴影选项

Step **05**　在透明度文本框中输入或选择 50%，在距离文本框中输入或选择 5 磅。

Step **06**　单击关闭按钮。

Step **07**　在形状样式组中单击形状效果按钮，打开形状效果列表，选择棱台选项，在棱台列表中选择艺术装饰，如图 4-39 所示。

Step **08**　再次在形状样式组中单击形状效果按钮，打开形状效果列表。选择棱台选项，在棱台列表中选择三维选项，打开设置形状格式对话框。

Excel 2010案例教程

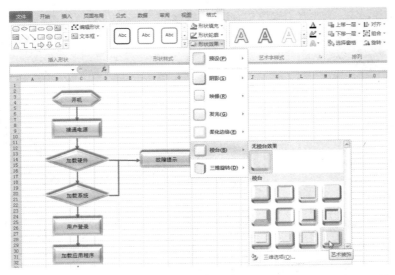

图 4-39　为形状设置棱台效果

Step**09** 在棱台区域顶端的宽度文本框中选择或输入 15 磅，如图 4-40 所示。

Step**10** 单击关闭按钮，设置了棱台效果的自选图形如图 4-41 所示。

图 4-40　设置三维格式

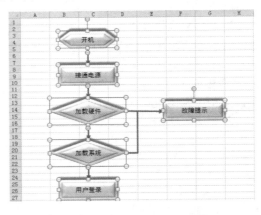

图 4-41　设置棱台的最终效果

动手做 8　关闭网格线显示

为了使工作表看起来更美观，可以关闭工作表网格线显示，关闭网格线显示的具体操作步骤如下：

Step**01** 在文件选项卡中单击选项选项，打开 Excel 选项对话框。

Step**02** 在左侧的列表中选择高级选项，在右侧的此工作表的选项区域取消显示网格线复选框的选中状态，如图 4-42 所示。

Step**03** 单击确定按钮，则工作表的网格线被关闭，如图 4-43 所示。

动手做 9　绘制文本框

灵活使用 Excel 2010 中的文本框对象，可以将文字和其他各种图形、图片、表格等对象在页面中独立于正文放置并方便定位。可以利用文本框在宣传单中输入相关内容，实现文本与图片的混排。

根据文本框中文本的排列方向，可将文本框分为"横排"和"竖排"两种。在横排文本框中输入文本时，文本在到达文本框右边的框线时会自动换行，用户还可以对文本框中的内容进行编辑，如改变字体、字号大小等。

在流程图中绘制文本框并输入文本的具体操作步骤如下：

Step 01 单击插入选项卡下文本组中的文本框按钮，在打开的下拉列表中单击横排文本框选项，鼠标变成 **十** 形状。

Step 02 按住鼠标左键拖动，在流程图的上方绘制出一个大小合适的文本框，效果如图 4-44 所示。

Step 03 将插入点定位在文本框中，在文本框中输入文本"计算机开机流程图"。输入的文本默认的字体为宋体，字号为 11 磅，效果如图 4-44 所示。

图 4-42　Excel 选项对话框

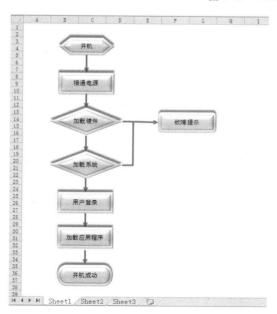

图 4-43　关闭网格线的效果

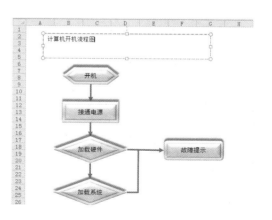

图 4-44　绘制文本框并输入文本

Step 04 切换到开始选项卡，选中文本框中的文本，在字体组中设置字体为黑体，字号为 16 磅，在对齐方式组中单击垂直居中按钮和水平居中按钮，设置文本的效果如图 4-45 所示。

❯❯ 动手做 10　设置文本框格式

默认情况下，绘制的文本框带有边线，并且有白色的填充颜色。用户可以根据情况对文本框的格式进行设置。设置文本框的具体操作步骤如下：

Step 01 在文本框的边线上单击鼠标左键选中文本框。

Step 02 在格式选项卡下，单击形状样式组中的形状填充按钮，在形状填充列表中的主题颜色区域选择"橙色，强调文字 6，单色 60%"选项。

Step 03 单击文本框样式组中的形状轮廓按钮，在形状轮廓列表中选择无轮廓。

Step 04 单击形状样式组中形状效果按钮，在形状效果列表中选择棱台选项，在棱台列表中选择角度，则设置文本框格式后的效果如图 4-46 所示。

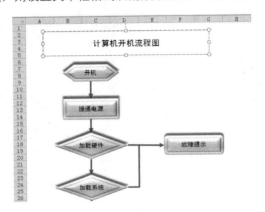
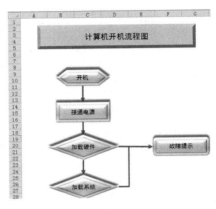

图 4-45　设置文本的效果　　　　图 4-46　设置文本框的效果

🔍 知识拓展

通过前面的任务主要学习了在工作表中应用艺术字，在工作表中应用图片、设置工作表背景、绘制自选图形、设置自选图形等操作，另外还有一些关于美化工作表的操作在前面的任务中没有运用到，下面就介绍一下。

❯❯ 动手做 1　设置图片样式

在 Excel 2010 中加强了对图片的处理功能，在插入图片后用户还可以设置图片的样式和图片效果。设置图片样式和图片效果的基本操作步骤如下：

Step 01 选中要设置样式的图片，在格式选项卡的图片样式组中单击图片样式后面的下三角箭头，打开图片外观样式列表，如图 4-47 所示。

Step 02 在列表中选择一种样式，如选择金属椭圆选项，则图片的样式变为如图 4-48 所示的效果。

Step 03 在格式选项卡的图片样式组中单击图片边框按钮，打开图片边框列表，在列表中用户可以选择图片的边框。

Step 04 在格式选项卡的图片样式组中单击图片效果按钮，打开图片效果列表，在列表中用户可以选择图片的效果。如选择图片效果中发光中的第四行第一列效果，则图片的效果变为如图 4-49 所示。

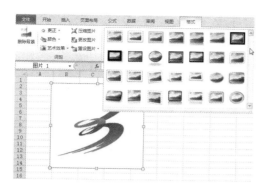

图 4-47　图片外观样式列表　　　　　　　　　　　图 4-48　设置图片样式的效果

⁂ 动手做 2　裁剪图片

如果用户只需要图片中的某一部分而不是全部，在 Excel 中插入图片后，用户可以利用裁剪功能将图片中多余的部分裁剪掉，只保留用户需要的部分。裁剪通常用来隐藏或修整部分图片，以便进行强调或删除不需要的部分。裁剪功能经过增强后，现在可以轻松裁剪特定形状、经过裁剪来适应或填充形状，或裁剪为通用图片纵横比（纵横比：图片宽度与高度之比。重新调整图片尺寸时，该比值可保持不变）。裁剪图片的具体操作步骤如下：

Step 01　选中图片，在格式选项卡下大小组中单击裁剪按钮，此时会在图片上显示 8 个尺寸控制点，如图 4-50 所示。

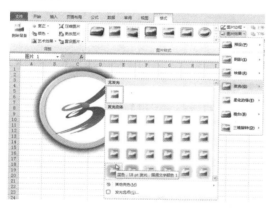

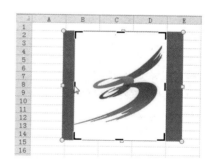

图 4-49　设置图片发光的效果　　　　　　　　　　图 4-50　裁剪图片

Step 02　在裁剪时用户可以执行下列操作之一：

- 如果要裁剪某一侧，请将该侧的中心裁剪控点向里拖动。
- 如果要同时均匀地裁剪两侧，按住 Ctrl 键的同时将任意一侧的中心裁剪控点向里拖动。
- 如果要同时均匀地裁剪全部四侧，按住 Ctrl 键的同时将一个角部裁剪控点向里拖动。
- 如果要放置裁剪，请移动裁剪区域（通过拖动裁剪方框的边缘）或图片。
- 若要向外裁剪（或在图片周围添加），请将裁剪控点拖离图片中心。

Step 03　再次单击裁剪按钮，或按 Esc 键结束操作。

如果单击裁剪按钮下面的下三角箭头，在打开的裁剪列表中还可以选择其他的裁剪方式。如需要将图片裁剪为形状，则在裁剪列表中选择裁剪为形状，然后选择具体的形状即可，如图 4-51 所示。

Excel 2010案例教程

图 4-51 将图片裁剪为形状

教你一招

如果要将图片裁剪为精确尺寸，首先选中图片，然后单击格式选项卡下图片样式组右侧的对话框启动器，打开设置图片格式对话框。在裁剪窗格的图片位置区域的宽度和高度文本框中输入所需数值，如图 4-52 所示。

动手做 3　插入屏幕截图

用户可以快速而轻松地将屏幕截图插入到 Office 文件中，以增强可读性或捕获信息，而无须退出正在使用的程序。Microsoft Office Word、Excel、Outlook 和 PowerPoint 中都提供此功能，用户可以使用此功能捕获在计算机上打开的全部或部分窗口的图片。无论是在打印文档上，还是在 PowerPoint 幻灯片上，这些屏幕截图都很容易读取。

屏幕截图适用于捕获可能更改或过期的信息（例如，重大新闻报道或旅行网站上提供的讲求时效的可用航班和费率的列表）的快照。此外，当用户从网页和其他来源复制内容时，通过任何其他方法都可能无法将它们的文本格

图 4-52　精确裁剪图片

式成功传输到文件中，而屏幕截图可以帮助用户实现这一点。如果用户创建了某些内容（如网页）的屏幕截图，而源中的信息发生了变化，也不会更新屏幕截图。在 Excel 2010 中使用屏幕截图的具体操作步骤如下：

Step 01　将插入点定位在要插入屏幕截图的位置。

Step 02　在插入选项卡的插图组中，单击屏幕截图按钮，如图 4-53 所示。

Step 03　用户可以执行下列操作之一：

- 若要添加整个窗口，则单击可用视窗库中的缩略图。
- 若要添加窗口的一部分，则单击屏幕剪辑，当指针变成十字时，按住鼠标左键以选择要捕获的屏幕区域。

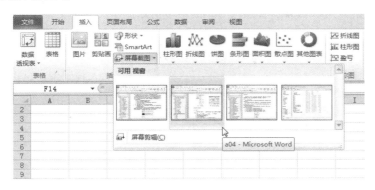

图 4-53　屏幕截图

在进行屏幕剪辑时如果有多个窗口打开，应先单击要剪辑的窗口，然后再在要插入屏幕截图的文档中单击屏幕剪辑。当用户单击屏幕剪辑时，正在使用的程序将最小化，只显示它后面的可剪辑的窗口。另外，屏幕截图只能捕获没有最小化到任务栏的窗口。

课后练习与指导

一、选择题

1. 在设置艺术字文字效果时，艺术字可以设置下列（　　　）效果？
   A．柔化边缘　　　　　　　　　　　B．映像
   C．棱台　　　　　　　　　　　　　D．发光

2. 关于艺术字下列说法错误的是（　　　）。
   A．艺术字插入后可以调整大小和位置，但是不能进行旋转
   B．插入的艺术字可以用图片来进行填充
   C．在插入艺术字时应在"插入"选项卡下进行操作
   D．在插入艺术字后只能对艺术字进行设置，但是不能对艺术字编辑框进行设置

3. 下面关于插入图片的说法，正确的是（　　　）。
   A．用户可以对插入的图片调整大小
   B．用户可以将插入的图片置于工作表中文字的下面
   C．用户不能对插入的图片进行旋转
   D．用户对插入的图片设置样式后就不能再对图片进行设置效果

4. 下面关于自选图形的说法，正确的是（　　　）。
   A．绘制的自选图形都可以添加文字
   B．在调整自选图形大小时，用户可以用鼠标拖动来调整，也可以在选项卡中精确地来调整
   C．自选图形可以利用颜色来填充，也可以利用图片进行填充

D．用户可以将绘制的自选图形置于工作表中文字的下面

5．下面的说法错误的是（　　　　）。

A．绘制的文本框可分为横排和竖排两种

B．绘制的文本框可以随着输入文字的多少自动调整大小

C．在绘制了箭头后，用户无法对箭头的样式再次进行设置

D．用户可以通过对艺术字框调整大小的方法来调整艺术字的大小

二、填空题

1．在"格式"选项卡中单击＿＿＿＿＿＿组中＿＿＿＿＿＿按钮右侧的下三角箭头，在列表中用户可以设置艺术字的填充效果。

2．在"格式"选项卡中单击＿＿＿＿＿＿组中＿＿＿＿＿＿按钮右侧的下三角箭头，在列表中用户可以设置艺术字的文字效果。

3．如果需要对图片的大小进行精确地调整，可以在＿＿＿＿＿＿选项卡的＿＿＿＿＿＿组中进行设置。

4．单击＿＿＿＿＿＿选项卡下＿＿＿＿＿＿组中的＿＿＿＿＿＿按钮，打开"工作表背景"对话框。

5．在利用鼠标拖动调整自选图形的大小时，如果要保持原图形的宽高比，在拖动四角的控制点时按住＿＿＿＿＿＿键，如果想以图形对象为基点进行缩放，在拖动控制点的同时按住＿＿＿＿＿＿键。

6．单击"格式"选项卡，在＿＿＿＿＿＿组中单击＿＿＿＿＿＿按钮，在列表中选择＿＿＿＿＿＿命令，即可将各图形对象纵向居中对齐。

7．单击"格式"选项卡，在＿＿＿＿＿＿组中单击＿＿＿＿＿＿按钮，在列表中选择＿＿＿＿＿＿命令，即可将各图形对象在竖直方向上等距离排列。

8．单击"格式"选项卡，在＿＿＿＿＿＿组中单击＿＿＿＿＿＿按钮，在列表中用户可以设置图形的形状轮廓。

9．单击"格式"选项卡，在＿＿＿＿＿＿组中单击＿＿＿＿＿＿按钮，在列表中用户可以设置图形的填充效果。

10．选中图片后在＿＿＿＿＿＿选项卡下＿＿＿＿＿＿组中单击＿＿＿＿＿＿按钮，则用户可以对图片进行裁剪。

三、简答题

1．调整图片大小有哪些方法？

2．如何对插入的艺术字设置发光效果？

3．如何对插入的艺术字设置纹理填充效果？

4．如何将一个图片设置为工作表的背景？

5．调整绘制的图形大小有哪些方法？

6．如何关闭工作表的网格线？

7．如何对自选图形设置映像效果？

8．如何对自选图形设置渐变填充效果？

四、实践题

制作一个如图 4-54 所示收费明细登记表封面。

收费明细登记表

单位名称：×××环境保护局

图 4-54 收费明细登记表

1．创建一个新的工作簿，将 Sheet1 重命名为封面，保存工作簿，将其命名为收费明细登记表。

2．在工作表中插入艺术字，艺术字样式为第 4 行第 1 列。

3．设置艺术字的字体为华文行楷，字号为 48；设置艺术字的文字效果为阴影中的外部，居中偏移。

4．在工作表中插入"案例与素材\模块 04\素材"文件夹中名称为"标志"的图片，按图所示适当调整大小和位置。

5．在工作表中绘制三个等腰三角形图形。

6．将三角形向右旋转 90 度，按图所示适当调整图形的大小和位置。

7．设置图形的填充颜色为"蓝色，强调文字颜色 1"；轮廓为无轮廓；形状效果为棱台中的柔圆。

8．设置工作表不显示网格线。

素材位置：案例与素材\模块 04\素材\标志

效果位置：案例与素材\模块 04\源文件\收费明细登记表

模块 05 公式的应用——制作工资表

你知道吗？

在 Excel 2010 中，公式是在工作表中对数据进行分析和运算的等式，或者说是一组连续的数据和运算符组成的序列，它是工作表数据计算中不可缺少的部分。

应用场景

人们平常会见厨房装修费用清单、公司日常费用表等电子表格，如图 5-1 所示，这些都可以利用 Excel 2010 的公式功能来制作。

在实际工作中，企业发放职工工资、办理工资结算是通过编制工资表来进行的。企业只有做好员工工资管理，才能做好企业管理，而做好工资管理的重要工作之一就是制作一个详细的工资表。

如图 5-2 所示，是利用 Excel 2010 的公式功能制作的工资表。请读者根据本模块所介绍的知识和技能，完成这一工作任务。

厨房装修费用清单

项目	数量	单项费用		总计费用	
		估价	实际	估价	实际
橱柜					
欧派整体橱柜	1	10000	9800	10000	9800
洗碗机					
西门子洗碗机	1	6000	6200	6000	6200
厨具					
双立人厨具	2	300	280	600	560
爱仕达	1	160	150	160	150
操作台					
	1	500	480	500	480
热水器					
海尔	1	2000	1800	2000	1800
冰箱					
海尔	1	3000	2800	3000	2800
排气扇					
	1	200	150	200	150
其他					
				0	0
合计				22460	21940
不可预计费用					
加 30%				6738	0
总计				¥29,198.00	¥21,940.00

图 5-1　厨房装修费用清单

L6　=G6-H6-I6-J6-K6

宏泰纸业2014年1月份员工工资表

制表：×××　　单位：元

编号	姓名	基本工资	岗位津贴	福利性津贴	奖金	应发工资合计	扣款				实际应发工资合计
							住房公积金	医疗保险	养老保险	其他	
1	刘　琴	2859	1000	100	300	4259	425.9	40	340.72	30	3422.38
2	林占国	2956	800	100	260	4116	411.6	40	329.28	0	3335.12
3	孙　林	2200	900	100	0	3200	320	40	256	0	2584
4	佟玲玲	2656	500	100	160	3416	341.6	40	273.28	0	2761.12
5	王　朝	2956	700	100	170	3926	392.6	40	314.08	60	3119.32
6	张子仪	2356	500	100	230	3186	318.6	40	254.88	0	2572.52
7	田　红	2069	600	100	200	2969	296.9	40	237.52	90	2304.58
8	杨　柳	2069	600	100	100	2869	286.9	40	229.52	0	2312.58
9	赵子民	2789	500	100	80	3469	346.9	40	277.52	0	2804.58
10	付　琴	2542	400	100	0	3042	304.2	40	243.36	0	2454.44
11	宫　丽	2542	300	100	60	3002	300.2	40	240.16	30	2391.64
12	张　晓	2768	800	100	90	3758	375.8	40	300.64	0	3041.56
本页合计											
连前累计											

主管：

图 5-2　工资表

相关文件模板

利用 Excel 2010 的公式功能还可以完成厨房装修费用清单、公司日常费用表、个人月度预算表、净资产计算表、出租车营运明细记账表等工作任务。为方便读者，本书在配套的资料包中提供了部分常用的文件模板，具体文件路径如图 5-3 所示。

图 5-3　应用文件模板

背景知识

工资是指雇主或者用人单位依据法律规定或行业规定，或根据与员工之间的约定，以货币形式对员工的劳动所支付的报酬。工资可以以时薪、月薪、年薪等不同形式计算。

工资结算表一般应编制一式三份。一份由劳动工资部门存查；一份按第一职工裁成"工资条"，连同工资一起发给职工；一份在发放工资时由职工签章后交财会部门作为工资核算的凭证，并用以代替工资的明细核算。

在工资中员工最关切的问题就是加班费了，加班费是指劳动者按照用人单位生产和工作的需要在规定工作时间之外继续生产劳动或者工作所获得的劳动报酬。劳动者加班，延长了工作时间，增加了额外的劳动量，应当得到合理的报酬。

按照劳动法的规定，支付加班费的具体标准是：在标准工作日内安排劳动者延长工作时间的，支付不低于工资的百分之一百五十的工资报酬；休息日安排劳动者工作又不能安排补休的，支付不低于工资的百分之二百的工资报酬；法定休假日安排劳动者工作的，支付不低于工资的百分之三百的工资报酬。

设计思路

在制作工资表的过程中，主要用到使用公式来计算数据，制作工资表的基本步骤可分解为：

Step 01　创建公式

Step 02　单元格的引用

Step 03　复制公式

项目任务 5-1　创建公式

公式是在工作表中对数据进行分析和运算的等式，或者是由一组连续的数据和运算符组成的序列。公式要以等号（＝）开始，用于表明其后的字符为公式。紧随等号之后的是需要进行计算的元素，各元素之间用运算符隔开。

动手做 1　了解公式中的运算符

运算符用于对公式中的元素进行特定类型的运算，分为算术运算符、比较运算符，文本运算符和引用运算符。

1. 算术运算符

算术运算符主要进行一些简单的数学运算，如加、减、乘、除、乘方、求百分比等，表 5-1 列出了 Excel 2010 公式中的算术运算符。

表 5-1　Excel 公式中的算术运算符

算术运算符	含　义	示　例
+	加法	4+5
-（减号）	减法或负号	6-4
*（星号）	乘法	8*3
/（正斜线）	除法	6/2

算术运算符	含　义	示　例
^（插入符号）	乘方	4^4
%（百分号）	百分比	40%

2．比较运算符

比较运算符是用来比较两个数值大小关系的运算符，它所返回的值为逻辑值 TRUE 或 FALSE。表 5-2 列出了 Excel 2010 公式中所有的比较运算符。

3．文本运算符

文本运算符是用来将多个文本连接成组合文本。文本运算符只有一个"&"，其含义是将两个文本值连接或串联起来产生一个连续的文本值，如"体育"&"频道"的结果是"体育频道"。

表 5-2　Excel 公式中的比较运算符

比较运算符	含　义	示　例
=（等号）	等于	A3=A4
>（大于号）	大于	A5>A6
<（小于号）	小于	A6<A5
>=（大于等于号）	大于等于	A7>=A8
<=（小于等于号）	小于等于	A1<=A2
<>（不等号）	不等于	A8<>A9

4．引用运算符

引用运算符可以将单元格区域合并运算，它主要包括冒号、逗号、空格。表 5-3 列出了 Excel 2010 公式中所有的引用运算符。

表 5-3　Excel 公式中的引用运算符

引用运算符	含　义	示　例
：（冒号）	区域运算符，对于两个引用之间，包括两个引用在内的所有单元格进行引用	A3:B6
，（逗号）	联合运算符，将多个引用合并为一个引用	SUM(A3:B4，A5:A6)
（空格）	交叉运算符，产生同时属于两个引用的单元格区域的引用	SUM(A6:H2　B4:B9)

※ 动手做 2　了解运算顺序

Excel 2010 根据公式中运算符的特定顺序从左到右计算公式。如果公式中同时用到多个运算符时，对于同一级的运算，则按照从等号开始从左到右进行计算，对于不同级的运算符，则按照运算符的优先级进行计算。表 5-4 列出了常用运算符的运算优先级。

表 5-4　公式中运算符的优先级

运　算　符	含　义	运　算　符	含　义
：（冒号）	区域运算符	^	乘方
（空格）	交叉运算符	*和/	乘和除
，（逗号）	联合运算符	+和-	加和减
-(负号)	如：-5	&	文本运算符
%	百分号	=、>、<、>=、<=、<>	比较运算符

如果要更改求值的顺序，可以将公式中需先计算的部分用括号括起来。例如，公式“=15+5*5”的结果是“40”，因为 Excel 先进行乘法运算后再进行加法运算。先将“5”与“5”相乘，然后再加上“15”，即得到结果。如果使用括号改变语法“=（15+5）*5”，Excel 先用“15”加上“5”，再用结果乘以“5”，得到结果“100”。

动手做 3　创建公式

在创建公式时可以直接在单元格中输入，也可以在编辑栏中输入，在编辑栏中输入和在单元格中输入计算结果是相同的。

下面为员工工资表运用公式，具体操作步骤如下：

Step 01 打开“案例与素材\模块 05”文件夹中名称为“工资表（初始）”的文件。

Step 02 选定单元格“G6”，在编辑栏中首先输入等号，然后输入=2859+1000+100+300，如图 5-4 所示。

Step 03 按回车键，或单击编辑栏中的输入按钮 ✔ 即可在单元格中计算出结果，如图 5-5 所示。

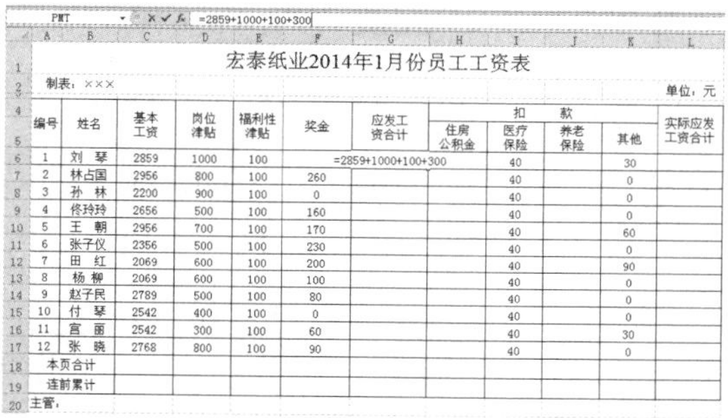

PMT　=2859+1000+100+300

宏泰纸业2014年1月份员工工资表

制表：×××　　单位：元

编号	姓名	基本工资	岗位津贴	福利性津贴	奖金	应发工资合计	扣款 住房公积金	医疗保险	养老保险	其他	实际应发工资合计
1	刘 琴	2859	1000	100		=2859+1000+100+300		40		30	
2	林占国	2956	800	100	260			40		0	
3	孙 林	2200	900	100	0			40		0	
4	佟玲玲	2656	500	100	160			40		0	
5	王 朝	2956	700	100	170			40		60	
6	张子仪	2356	500	100	230			40		0	
7	田 红	2069	600	100	200			40		90	
8	杨 柳	2069	600	100	100			40		0	
9	赵子民	2789	500	100	80			40		0	
10	付 琴	2542	400	100	0			40		0	
11	宫 丽	2542	300	100	60			40		30	
12	张 晓	2768	800	100	90			40		0	
本页合计											
连前累计											

主管：

图 5-4　在编辑栏输入公式

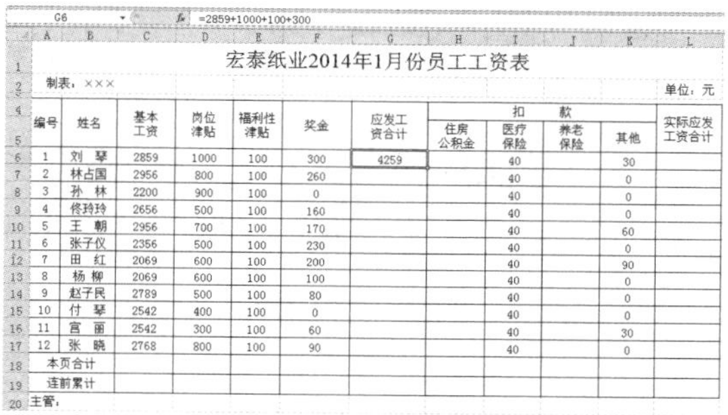

G6　=2859+1000+100+300

宏泰纸业2014年1月份员工工资表

制表：×××　　单位：元

编号	姓名	基本工资	岗位津贴	福利性津贴	奖金	应发工资合计	扣款 住房公积金	医疗保险	养老保险	其他	实际应发工资合计
1	刘 琴	2859	1000	100	300	4259		40		30	
2	林占国	2956	800	100	260			40		0	
3	孙 林	2200	900	100	0			40		0	
4	佟玲玲	2656	500	100	160			40		0	
5	王 朝	2956	700	100	170			40		60	
6	张子仪	2356	500	100	230			40		0	
7	田 红	2069	600	100	200			40		90	
8	杨 柳	2069	600	100	100			40		0	
9	赵子民	2789	500	100	80			40		0	
10	付 琴	2542	400	100	0			40		0	
11	宫 丽	2542	300	100	60			40		30	
12	张 晓	2768	800	100	90			40		0	
本页合计											
连前累计											

主管：

图 5-5　应发工资计算结果

Step 04 选定单元格“H6”，在单元格中首先输入等号，然后输入=4259*10%，如图 5-6 所示。

Step 05 按回车键，或单击编辑栏中的输入按钮 ✔ 即可在单元格中计算出结果，如图 5-7 所示。

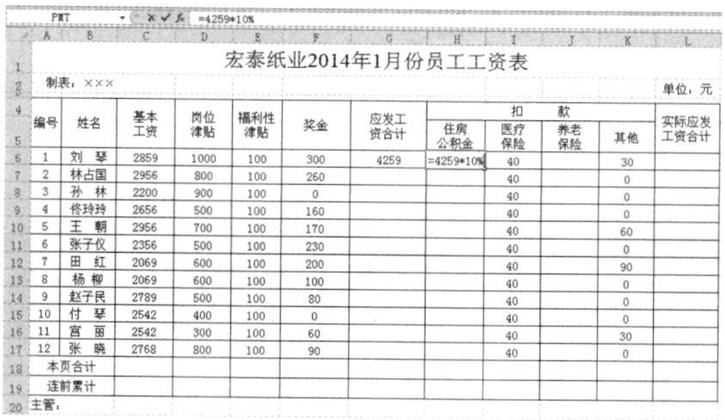

PMT　=4259*10%

宏泰纸业2014年1月份员工工资表

制表：×××　　单位：元

编号	姓名	基本工资	岗位津贴	福利性津贴	奖金	应发工资合计	扣款 住房公积金	医疗保险	养老保险	其他	实际应发工资合计
1	刘 琴	2859	1000	100	300	4259	=4259*10%	40		30	
2	林占国	2956	800	100	260			40		0	
3	孙 林	2200	900	100	0			40		0	
4	佟玲玲	2656	500	100	160			40		0	
5	王 朝	2956	700	100	170			40		60	
6	张子仪	2356	500	100	230			40		0	
7	田 红	2069	600	100	200			40		90	
8	杨 柳	2069	600	100	100			40		0	
9	赵子民	2789	500	100	80			40		0	
10	付 琴	2542	400	100	0			40		0	
11	宫 丽	2542	300	100	60			40		30	
12	张 晓	2768	800	100	90			40		0	
本页合计											
连前累计											

主管：

图 5-6　在单元格中输入公式

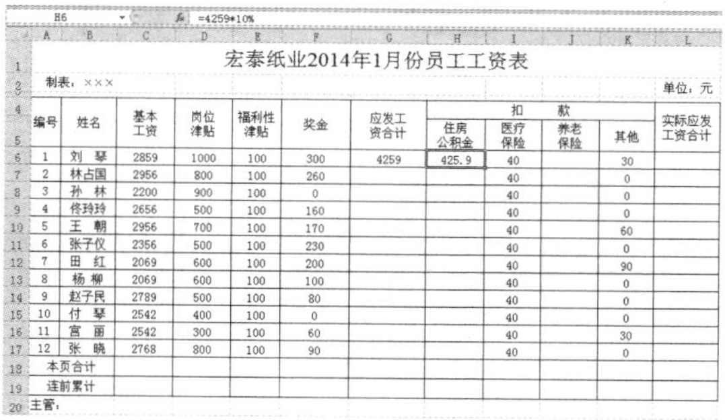

H6　=4259*10%

宏泰纸业2014年1月份员工工资表

制表：×××　　单位：元

编号	姓名	基本工资	岗位津贴	福利性津贴	奖金	应发工资合计	扣款 住房公积金	医疗保险	养老保险	其他	实际应发工资合计
1	刘 琴	2859	1000	100	300	4259	425.9	40		30	
2	林占国	2956	800	100	260			40		0	
3	孙 林	2200	900	100	0			40		0	
4	佟玲玲	2656	500	100	160			40		0	
5	王 朝	2956	700	100	170			40		60	
6	张子仪	2356	500	100	230			40		0	
7	田 红	2069	600	100	200			40		90	
8	杨 柳	2069	600	100	100			40		0	
9	赵子民	2789	500	100	80			40		0	
10	付 琴	2542	400	100	0			40		0	
11	宫 丽	2542	300	100	60			40		30	
12	张 晓	2768	800	100	90			40		0	
本页合计											
连前累计											

主管：

图 5-7　住房公积金计算结果

项目任务 5-2　单元格的引用

每个单元格都有自己的行、列坐标位置，在 Excel 中将单元格行、列坐标位置称为单元格引用。通过单元格的引用可以标识工作表上的单元格或单元格区域，并指明公式中所使用的数据的位置。通过引用，可以在公式中使用工作表不同部分的数据，或者在多个公式中使用同一个单元格的数值。还可以引用同一个工作簿中不同工作表上的单元格和其他工作簿中的数据。

引用单元格数据以后，公式的运算值将随着被引用的单元格数据变化而变化。当被引用的单元格数据被修改后，公式的运算值将自动修改。

❖ 动手做 1　了解引用样式

在 Excel 2010 中，单元格的引用分为三种样式：A1 引用样式、R1C1 引用样式和三维引用样式。

1. A1 引用样式

默认情况下，Excel 使用 A1 引用样式，此样式引用字母标识列（从 A 到 IV，共 256 列），引用数字标识行（从 1 到 65536）。这些字母和数字称为行号和列标。若要引用某个单元格，可输入列标和行号。例如，B2 代表引用第 B 列和第 2 行交叉处的单元格。其 A1 引用样式的示例参见表 5-5。

表 5-5　A1 引用样式示例

引 用 内 容	示　　例
C 列和 10 行交叉处的单元格	C10
在 B 列和 10 行到 20 行之间的单元格区域	B10:B20
在 B 列 10 行和到 E 列 10 行之间的单元格区域	B10:E10
8 行中的所有单元格	8:8
8 行到 10 行之间的全部单元格	8:10
M 列中的全部单元格	M:M
M 列到 N 列之间的全部单元格	M:N
列 A 到列 E 和行 10 到行 20 之间的单元格区域	A10:E20

2. R1C1 引用样式

R1C1 引用样式对于计算位于宏内的行和列十分有用。在 R1C1 样式中，Excel 指出了行号在 R 后而列号在 C 后的单元格的位置。例如，R1C1 即指该单元格位于第 1 行第 1 列。在宏中计算行和列的位置时，或者需要显示单元格相对引用时，R1C1 样式是很有用的。如果要引用单元格区域，应当顺序输入区域左上角单元格的引用、冒号（:）和区域右下角单元格的引用。表 5-6 给出了 R1C1 引用样式中的示例。

表 5-6　R1C1 引用样式示例

引 用 内 容	示　　例
位于行 5 和列 2 的单元格	R5C2
列 5 中行 15 到行 30 的单元格区域	R15C5:R30C5
行 15 中列 2 到列 5 的单元格区域	R15C2:R15C5
行 5 中的所有单元格	R5:R5
从行 5 到行 10 的所有单元格	R5:R10
列 8 中的所有单元格	C8:C8
从列 8 到列 11 中的所有单元格	C8:C11

提示

要打开或关闭 R1C1 引用样式可以单击文件选项卡，然后在列表中单击选项命令，打开 Excel 选项对话框，如图 5-8 所示。在左侧的列表中单击公式选项。在使用公式区域，选中或清除 R1C1 引用样式复选框。

图 5-8　Excel 选项对话框

3．三维引用样式

如果需要分析某一工作簿中多张工作表的相同位置处的单元格或单元格区域中的数据，可以使用三维引用。三维引用包含一系列工作表名称和单元格或单元格区域引用。Microsoft Excel 将使用存储在起始引用名称和结束引用名称之间的所有工作表。使用三维引用来引用多个工作表上的同一单元格或区域工作簿必须包含多张工作表。例如，=SUM（Sheet1:Sheet10!B6） 将计算包含在 B6 单元格内所有值的和，单元格取值范围是从工作表 1 到工作表 10。

提示

三维引用不能用于数组公式中。三维引用不能与交叉引用运算符（空格）一起使用，也不能用在使用了绝对交集的公式中。

∷ 动手做 2　了解单元格引用类型

在 Excel 2010 中，对于 A1 引用样式系统提供了三种不同的引用类型：相对引用、绝对引用和混合引用。它们之间既有区别又有联系，在引用单元格数据时，用户一定要弄清楚这三种引用类型之间的关系。

1．相对引用

相对引用是指其引用会随公式所在单元格的位置变化而改变。在相对引用的样式中使用字母表示单元格的列，数字表示单元格的行。

单元格的相对引用是直接用单元格或者单元格区域名进行表示，如 B1，E6 等。

单元格区域的相对引用是由单元格区域的左上角单元格相对引用和右下角单元格相对引用组成的，中间用冒号分隔。例如，"B1:E6"表示以单元格"B1"为左上角，单元格"E6"为右下角的矩形单元格区域。

使用相对引用后，系统将会记住建立公式的单元格和被引用的单元格的相对位置关系，在粘贴这个公式时，新的公式单元格和被引用的单元格仍保持这种相对位置。它是基于包含公式和单元格引用的单元格相对位置，如果公式所在单元格的位置改变，引用也随之改变。默认情况下，新公式使用相对引用。

2．绝对引用

所谓"绝对引用"就是指被引用的单元格与引用的单元格的位置关系是绝对的，在公式中如果使用了绝对引用，那么公式粘贴到任何单元格，公式所引用的还是原来单元格的数据，如果多行或多列地复制公式，绝对引用将不作调整。

绝对引用的单元格名的行和列前都有"$"符，例如，"$G$7"是绝对引用单元格"G7"，将绝对引用复制到其他单元格后也不改变。

3．混合引用

所谓"混合引用"即是若"$"符号在字母前，而数字前没有"$"符，那么被应用的单元格列的位置是绝对的，行的位置是相对的，如"$B6"。反之，"$"在数字前，而字母前没有，那么被应用的单元格列的位置是相对的，而行的位置是绝对的，如"B$6"。

如果公式所在单元格的位置改变，则相对引用改变，而绝对引用不变。如果多行多列地复制公式，则相对引用自动调整，而绝对引用不作调整。

4．R1C1引用样式

同A1引用样式一样，R1C1引用样式也可以分为单元格的相对引用和单元格的绝对引用。R1C1格式是绝对引用，如R3C5是指该单元格位于第3行第5列。R[1]C[1]格式是相对引用，其中"[]"中的数值标明引用的单元格的相对位置，如果引用的是左面列或上面行中的单元格还应当在数值前添加"–"。如引用下面一行右面两列的单元格时表示为"R[1]C[2]"，引用上面一行左面两列的单元格时表示为"R[-1]C[-2]"，而引用上面一行右面两列的单元格时则表示为"R[-1]C[2]"。

※ 动手做 3　在公式中引用单元格

用户在输入公式时如果用到某个单元格中的数据可以在公式中直接引用该单元格，例如，在工资表的单元格"G7"中输入公式时用户可以直接利用单元格引用的方法进行输入，具体操作步骤如下：

Step 01 选定单元格"G7"。

Step 02 在单元格中首先输入等号，然后使用鼠标单击"C7"单元格，在键盘上按下加号键，使用鼠标单击"D7"单元格，在键盘上按下加号键，使用鼠标单击"E7"单元格，在键盘上按下加号键，使用鼠标单击"F7"单元格，此时所选单元格周围出现闪烁的边框，如图5-9所示。

Step 03 按回车键，或单击编辑栏中的输入按钮 ✔ 即可在单元格中计算出结果，如图5-10所示。

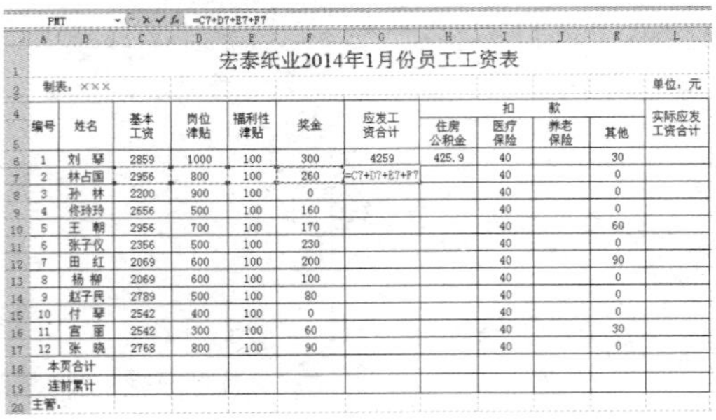

图5-9　在公式中引用单元格

图5-10　使用引用单元格得到的计算结果

项目任务 5-3 复制公式

在 Excel 2010 中，用户可以将已创建的公式复制到其他单元格中，从而提高输入的效率。当复制公式时，单元格引用将根据所用引用类型而变化。

动手做 1　复制公式

在工资表中复制公式，具体操作步骤如下：

Step 01 选中含有公式的单元格“G7”。

Step 02 在开始选项卡的剪贴板组中单击复制按钮。

Step 03 选中单元格“G8”，在开始选项卡的剪贴板组中单击粘贴按钮，则公式被复制到“G8”单元格中，效果如图 5-11 所示。

Step 04 选中“G8”单元格，将鼠标移动到“G8”单元格的右下角的填充柄处，当鼠标变成 ✚ 状时向下拖动鼠标，如图 5-12 所示。

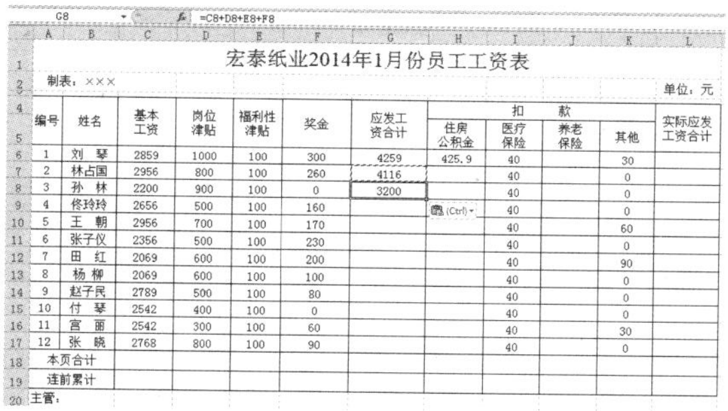

G8　=C8+D8+E8+F8

宏泰纸业2014年1月份员工工资表

制表：×××　　单位：元

编号	姓名	基本工资	岗位津贴	福利性津贴	奖金	应发工资合计	扣款				实际应发工资合计
							住房公积金	医疗保险	养老保险	其他	
1	刘 琴	2859	1000	100	300	4259	425.9	40		30	
2	林占国	2956	800	100	260	4116		40		0	
3	孙 林	2200	900	100	0	3200		40		0	
4	佟玲玲	2656	500	100	160			40		0	
5	王 朝	2956	700	100	170			40		60	
6	张子仪	2356	500	100	230			40		0	
7	田 红	2069	600	100	200			40		90	
8	杨 柳	2069	600	100	100			40		0	
9	赵子民	2789	500	100	80			40		0	
10	付 琴	2542	400	100	0			40		0	
11	宫 丽	2542	300	100	60			40		30	
12	张 晓	2768	800	100	90			40		0	
本页合计											
连前累计											

主管：

图 5-11　复制公式

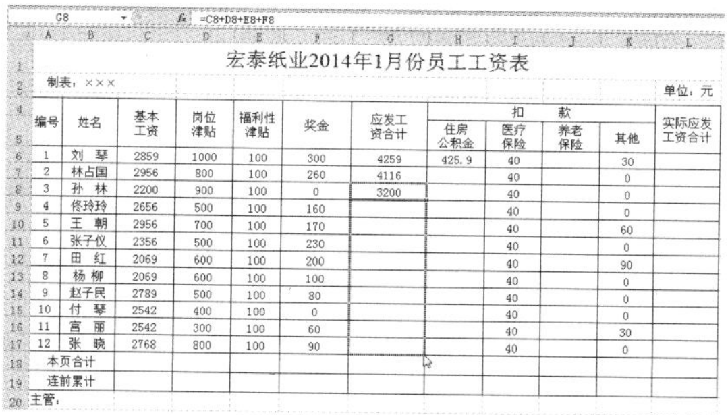

G8　=C8+D8+E8+F8

宏泰纸业2014年1月份员工工资表

制表：×××　　单位：元

编号	姓名	基本工资	岗位津贴	福利性津贴	奖金	应发工资合计	扣款				实际应发工资合计
							住房公积金	医疗保险	养老保险	其他	
1	刘 琴	2859	1000	100	300	4259	425.9	40		30	
2	林占国	2956	800	100	260	4116		40		0	
3	孙 林	2200	900	100	0	3200		40		0	
4	佟玲玲	2656	500	100	160			40		0	
5	王 朝	2956	700	100	170			40		60	
6	张子仪	2356	500	100	230			40		0	
7	田 红	2069	600	100	200			40		90	
8	杨 柳	2069	600	100	100			40		0	
9	赵子民	2789	500	100	80			40		0	
10	付 琴	2542	400	100	0			40		0	
11	宫 丽	2542	300	100	60			40		30	
12	张 晓	2768	800	100	90			40		0	
本页合计											
连前累计											

主管：

图 5-12　拖动填充柄复制公式

Step 05 当拖动到目的位置后松开鼠标，此时单元格“G8”中的公式被复制到了填充柄拖过的单元格中，复制公式的结果如图 5-13 所示。

按照相同的方法在养老保险列的“J6”单元格中输入公式“=G6*8%”，在实际应发工资合计列的“L6”单元格中输入公式“=G6-H6-I6-J6-K6”，然后将公式复制到相应的单元格区域中，工资表的最终结果如图 5-14 所示。

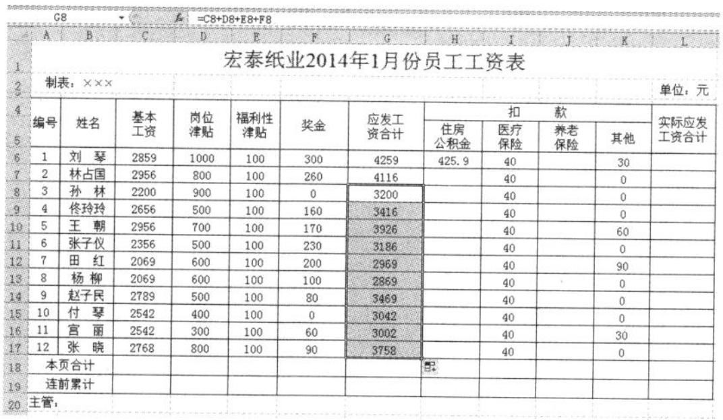

G8　=C8+D8+E8+F8

宏泰纸业2014年1月份员工工资表

制表：×××　　单位：元

编号	姓名	基本工资	岗位津贴	福利性津贴	奖金	应发工资合计	扣款				实际应发工资合计
							住房公积金	医疗保险	养老保险	其他	
1	刘 琴	2859	1000	100	300	4259	425.9	40		30	
2	林占国	2956	800	100	260	4116		40		0	
3	孙 林	2200	900	100	0	3200		40		0	
4	佟玲玲	2656	500	100	160	3416		40		0	
5	王 朝	2956	700	100	170	3926		40		60	
6	张子仪	2356	500	100	230	3186		40		0	
7	田 红	2069	600	100	200	2969		40		90	
8	杨 柳	2069	600	100	100	2869		40		0	
9	赵子民	2789	500	100	80	3469		40		0	
10	付 琴	2542	400	100	0	3042		40		0	
11	宫 丽	2542	300	100	60	3002		40		30	
12	张 晓	2768	800	100	90	3758		40		0	
本页合计											
连前累计											

主管：

图 5-13　利用填充柄复制公式的结果

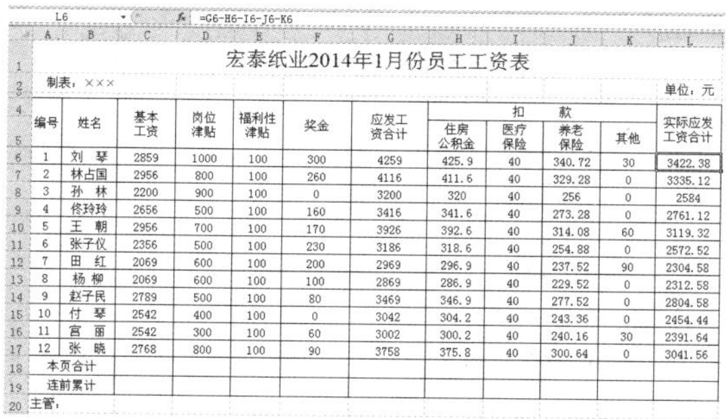

L6　=G6-H6-I6-J6-K6

宏泰纸业2014年1月份员工工资表

制表：×××　　单位：元

编号	姓名	基本工资	岗位津贴	福利性津贴	奖金	应发工资合计	扣款				实际应发工资合计
							住房公积金	医疗保险	养老保险	其他	
1	刘 琴	2859	1000	100	300	4259	425.9	40	340.72	30	3422.38
2	林占国	2956	800	100	260	4116	411.6	40	329.28	0	3335.12
3	孙 林	2200	900	100	0	3200	320	40	256	0	2584
4	佟玲玲	2656	500	100	160	3416	341.6	40	273.28	0	2761.12
5	王 朝	2956	700	100	170	3926	392.6	40	314.08	60	3119.32
6	张子仪	2356	500	100	230	3186	318.6	40	254.88	0	2572.52
7	田 红	2069	600	100	200	2969	296.9	40	237.52	90	2304.58
8	杨 柳	2069	600	100	100	2869	286.9	40	229.52	0	2312.58
9	赵子民	2789	500	100	80	3469	346.9	40	277.52	0	2804.58
10	付 琴	2542	400	100	0	3042	304.2	40	243.36	0	2454.44
11	宫 丽	2542	300	100	60	3002	300.2	40	240.16	30	2391.64
12	张 晓	2768	800	100	90	3758	375.8	40	300.64	0	3041.56
本页合计											
连前累计											

主管：

图 5-14　工资表的最终结果

教你一招

用户也可以使用快捷键进行公式的复制，选中要复制公式的单元格，然后按下 Ctrl+C 组合键，选定目标单元格，按下 Ctrl+V 组合键，即可将公式复制。

动手做 2　在公式中不同引用类型的区别

在工资表的单元格“G7”中使用的公式是“=C7+D7+E7+F7”，这个公式中单元格的引用是相对引用。在复制公式时，复制后公式的引用将被更新，这一点在前面的复制公式已经了解。

如果在单元格中使用了绝对引用，则在复制公式时，复制后公式的引用不发生改变。例如，在单元格“G7”中如果使用了公式“=$C$7+$D$7+$E$7+$F$7”，如图 5-15 所示。则将公式复制到其他单元格区域时粘贴后的公式仍旧为“=$C$7+$D$7+$E$7+$F$7”，如图 5-16 所示。

PMT　=$C$7+$D$7+$E$7+$F$7

宏泰纸业2014年1月份员工工资表

制表：×××　　单位：元

编号	姓名	基本工资	岗位津贴	福利性津贴	奖金	应发工资合计	扣款：住房公积金	扣款：医疗保险	扣款：养老保险	扣款：其他	实际应发工资合计
1	刘　琴	2859	1000	100	300	4259	425.9	40		30	
2	林占国	2956	800	100	260	=$C$7+$D$7+$		40		0	
3	孙　林	2200	900	100	0			40		0	
4	佟玲玲	2656	500	100	160			40		0	
5	王　朝	2956	700	100	170			40		60	
6	张子仪	2356	500	100	230			40		0	
7	田　红	2069	600	100	200			40		90	
8	杨　柳	2069	600	100	100			40		0	
9	赵子民	2789	500	100	80			40		0	
10	付　琴	2542	400	100	0			40		0	
11	宫　丽	2542	300	100	60			40		30	
12	张　晓	2768	800	100	90			40		0	
本页合计											
连前累计											

主管：

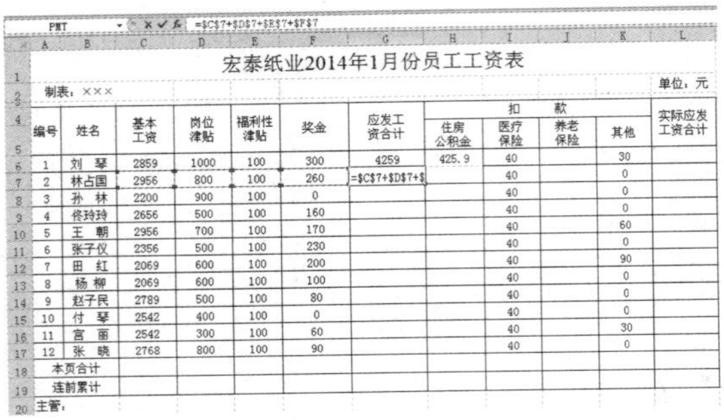

图 5-15　在单元格中使用含有绝对引用的公式

G7　=$C$7+$D$7+$E$7+$F$7

宏泰纸业2014年1月份员工工资表

制表：×××　　单位：元

编号	姓名	基本工资	岗位津贴	福利性津贴	奖金	应发工资合计	扣款：住房公积金	扣款：医疗保险	扣款：养老保险	扣款：其他	实际应发工资合计
1	刘　琴	2859	1000	100	300	4259	425.9	40		30	
2	林占国	2956	800	100	260	4116		40		0	
3	孙　林	2200	900	100	0	4116		40		0	
4	佟玲玲	2656	500	100	160	4116		40		0	
5	王　朝	2956	700	100	170	4116		40		60	
6	张子仪	2356	500	100	230	4116		40		0	
7	田　红	2069	600	100	200	4116		40		90	
8	杨　柳	2069	600	100	100	4116		40		0	
9	赵子民	2789	500	100	80	4116		40		0	
10	付　琴	2542	400	100	0	4116		40		0	
11	宫　丽	2542	300	100	60	4116		40		30	
12	张　晓	2768	800	100	90	4116		40		0	
本页合计											
连前累计											

主管：

图 5-16　绝对引用后的效果

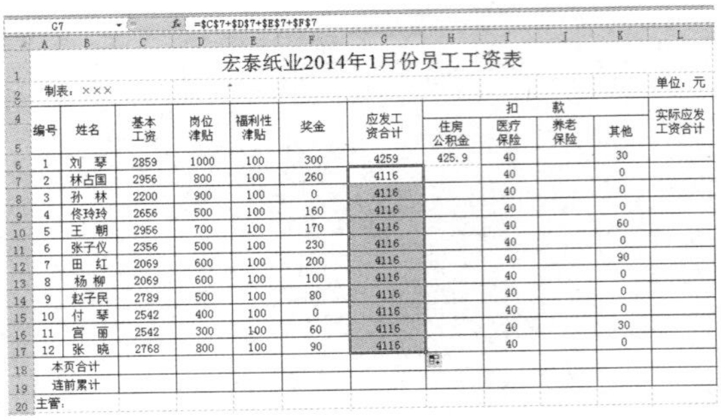

如果在公式中使用了混合引用，则在复制公式时，复制后公式的相对引用改变而绝对引用不变。如果多行多列地复制公式，则相对引用自动调整，而绝对引用不作调整。例如，如果将一个混合引用“=A$1”从 A2 复制到 B2，它将从“=A$1”调整到“=B$1”。

项目拓展——制作考勤统计表

考勤是通过某种方式来获得员工或者某些团体、个人在某个特定的场所及特定的时间段内的出勤情况，包括上下班、迟到、早退、病假、婚假、丧假、公休、工作时间、加班情况等。在企业中考勤的目的是维护企业的正常工作秩序，提高办事效率，严肃企业纪律，使员工自觉遵守工作时间和劳动纪律。制作的考勤统计表效果如图 5-17 所示。

设计思路

在考勤统计表的制作过程中，主要是统计一下一个月中员工的迟到、请假、旷工情况。由于每个星期的考勤情况分别在不同的工作表中，因此在使用公式统计时需要应用到引用同一工作簿不同工作表中的单元格技能。制作考勤统计表的具体操作步骤如下：

Step 01 打开“案例与素材\模块 05”文件夹中名称为“考勤统计表（初始）”的文件。

Step 02 在考勤统计表工作簿中切换“7 月份考勤统计”为当前工作表，选中“C5”单元格，如

图 5-18 所示。

图 5-17 考勤统计表

图 5-18 选中要输入公式的单元格

Step 03 首先输入＝，然后用鼠标单击"7 月份第 1 周"工作表标签，切换到"7 月份第 1 周"工作表中，在该工作表中用鼠标单击"R6"单元格，如图 5-19 所示。

Step 04 按下＋，然后用鼠标单击"7 月份第 2 周"工作表标签，切换到"7 月份第 2 周"工作表中，在该工作表中用鼠标单击"R6"单元格。

Step 05 按下＋，然后用鼠标单击"7 月份第 3 周"工作表标签，切换到"7 月份第 3 周"工作表中，在该工作表中用鼠标单击"R6"单元格。

Step 06 按下＋，然后用鼠标单击"7 月份第 4 周"工作表标签，切换到"7 月份第 4 周"工作表中，在该工作表中用鼠标单击"R6"单元格。

Step 07 按回车键，或单击编辑栏中的输入按钮 ✔ 即可在"7 月份考勤统计"工作表的"C5"单元格得到计算结果，如图 5-20 所示。

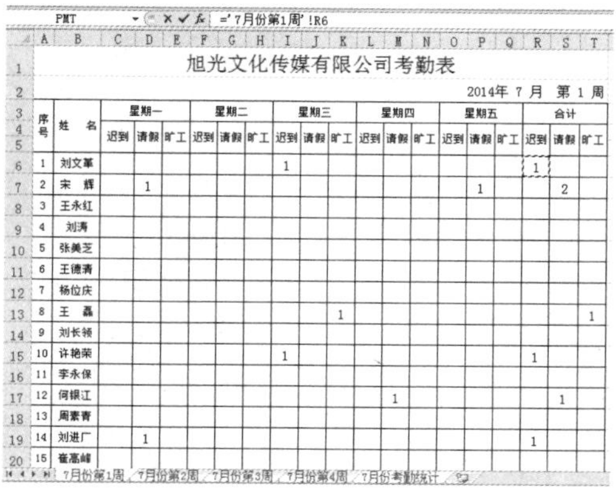

图 5-19 引用"7 月份第 1 周"工作表中的单元格    图 5-20 引用不同工作表中单元格得到的计算结果

Step 08 在"7 月份考勤统计"工作表中选中"D5"单元格。

Step 09 在单元格中直接输入公式"＝7 月份第 1 周！S6＋7 月份第 2 周！S6＋7 月份第 3 周！S6＋7 月份第 4 周！S6"，如图 5-21 所示。

Step 10 按回车键，或单击编辑栏中的输入按钮 ✔ 即可在"7 月份考勤统计"工作表的"D5"单元格得到计算结果。

Step 11 选中"C5"单元格，将鼠标移动到"C5"单元格的右下角的填充柄处，当鼠标变成 ✚ 形状时向下拖动鼠标。

Step 12 当拖动到目的位置后松开鼠标，此时单元格"C5"中的公式被复制到了填充柄拖过的单元格中，复制公式的结果如图 5-22 所示。

图 5-21 在公式中直接输入引用不同工作表的单元格

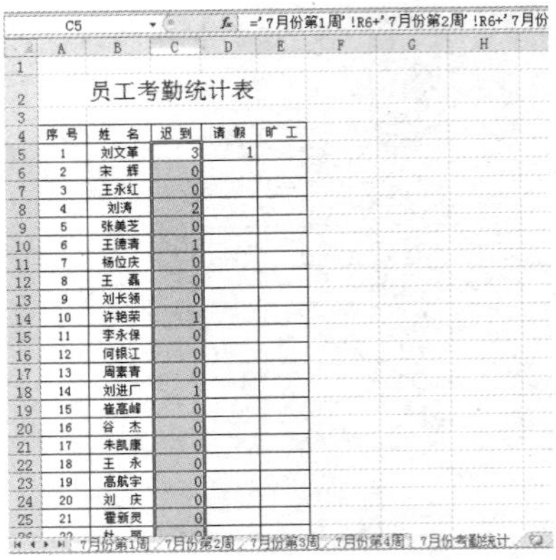

图 5-22 复制公式的结果

提示

　　一般来讲，在同一工作簿的不同工作表中引用单元格时如果使用鼠标选取引用方式时，Excel 都默认为是单元格的相对引用。

知识拓展

　　通过前面的任务主要学习了创建公式、引用单元格、复制公式等有关公式的操作，另外还有一些关于公式的操作没有运用到，下面就介绍一下。

∷ 动手做 1 引用其他工作簿中的工作表

　　引用同一工作簿中的其他工作表时格式如下：[被引用的工作簿名称]被引用的工作表! 被引用的单元格。例如，欲在"工作簿 2"中"Sheet3"工作表的"D2"单元格中引用"工作簿 1"中"Sheet1"工作表的"G3" 单元格，表达式为"=[工作簿 1]Sheet1!$G$3"。

　　在输入单元格引用地址时，除了可以使用键盘键入外，还可以使用鼠标直接进行操作。使用鼠标进行引用的具体操作步骤如下：

Step 01 同时打开目的工作簿和源工作簿。

Step 02 在视图选项卡的窗口组中单击并排查看选项，此时两个工作簿并排显示，如图 5-23 所示。

Step 03 在视图选项卡的窗口组中单击同步滚动选项，取消它的选中状态。

Step 04 单击"工作簿 2"工作簿中的"Sheet3 工作表"标签，单击选中"D2"单元格，并利用键盘输入等号。

Step 05 单击"工作簿 1"工作簿中的任一点激活该工作簿，单击"Sheet1 工作表"标签，单击"G3"单元格。

Step 06 按回车键，此时编辑栏中显示为"=[工作簿 1]Sheet1!$G$3"，如图 5-24 所示。

在视图选项卡的窗口组中再次单击并排查看选项取消窗口的并排查看状态。一般来讲，在不同工作簿中使用鼠标选取引用方式时，Excel 都默认为是单元格的绝对引用。

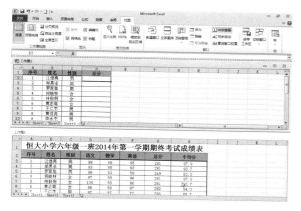

图 5-23 并排显示窗口

图 5-24 引用不同工作簿中工作表的效果

动手做 2 移动公式

在 Excel 2010 中，还可以将已创建的公式移动到其他单元格中，在移动公式时无论公式中使用了哪种单元格引用，公式内的单元格引用不会更改。

例如，在工资表中将单元格 L6 中的公式移动到 L7 中，具体操作步骤如下：

Step 01 选中单元格"L6"。

Step 02 在开始选项卡的剪贴板组中单击剪切按钮，此时"L6"单元格周围显示虚线，如图 5-25 所示。

Step 03 选中单元格"L7"，在开始选项卡的剪贴板组中单击粘贴按钮，则公式被移动到"L7"单元格中，可以发现公式中单元格的引用并没有改变，效果如图 5-26 所示。

图 5-25 移动公式

图 5-26 移动公式的效果

动手做 3 删除公式

删除公式时，该公式的结果值也会被删除。在具体操作时用户还可以仅删除公式，而保留单元格中所显示的公式的结果值。要将公式与其结果值一起删除，具体操作步骤如下：

Step 01 选择包含公式的单元格或单元格区域。

Step 02 按下 Delete 键。

如果要删除公式而不删除其结果值，具体操作步骤如下：

Step **01** 选择包含公式的单元格或单元格区域。

Step **02** 在开始选项卡的剪贴板组中，单击复制按钮，也可按 Ctrl+C 快捷键。

Step **03** 在开始选项卡的剪贴板组中，单击粘贴选项下的箭头，打开一个列表，如图 5-27 所示。

Step **04** 在列表中单击粘贴数值选项。

❖ 动手做 4　单元格及单元格区域的命名

在工作表中单元格是用行号和列标组合来表示的，其序号是唯一确定的。但是为了在以后的操作中便于对单元格及其区域的引用、定位及使其内部的公式更易理解，还可以为它引入一个具有代表性的名字，这就是单元格的命名。

为单元格及单元格区域进行命名时，还需要遵守以下一些规则：

● 命名不能包含空格，可使用下画线代替空格。

● 命名不能以数字开始，也不能引用其他单元格地址。

● 在命名中不能使用除下画线和句号以外的其他符号。

● 名字大小不能超过 255 个字符。

为单元格或单元格区域命名的具体操作步骤如下：

Step **01** 选中要命名的单元格或单元格区域。

Step **02** 在公式选项卡中，单击定义的名称选项组中的定义名称按钮，打开新建名称对话框，如图 5-28 所示。

图 5-27　粘贴数值选项　　　　图 5-28　新建名称对话框

Step **03** 在名称文本框中输入名称，在范围下拉列表中选择是工作簿或者是工作表。在备注文本框中可以输入最多 255 个字符的说明性文字。

Step **04** 在引用位置列表中观察引用的单元格或单元格区域是否正确，如果不正确，单击其右侧的折叠按钮重新引用。

Step **05** 单击确定按钮即可完成命名操作，并返回工作表。

另外，用户也可以利用"名称框"来快速给单元格或单元格区域命名具体操作，首先选中要命名的单元格或单元格区域，在编辑栏左侧的"名称框"中输入相应名称，按回车键确认。

为单元格、单元格区域、常量或公式定义名称后，就可以在工作表中使用了。

在大型的工作簿或者复杂的工作表中，名称可以起到导航的作用。在工作簿中如果要选择一个已命名的名称，可以单击名称框的下拉箭头，在出现的名称列表中选择需要的名称即可选中命名的单元格或单元格区域，如图 5-29 所示。

用户还可以把单元格的名称作为函数的参数，例如，在如图 5-30 所示的测试成绩表中将 B3:D3 单元格区域命名为"江煜亮分数"，那么在使用函数计算江煜亮总分时可以将单元格名称作为函数参数，用户可以在单元格中直接输入公式"=SUM(江煜亮分数)"即可得到总分，如图 5-30 所示。

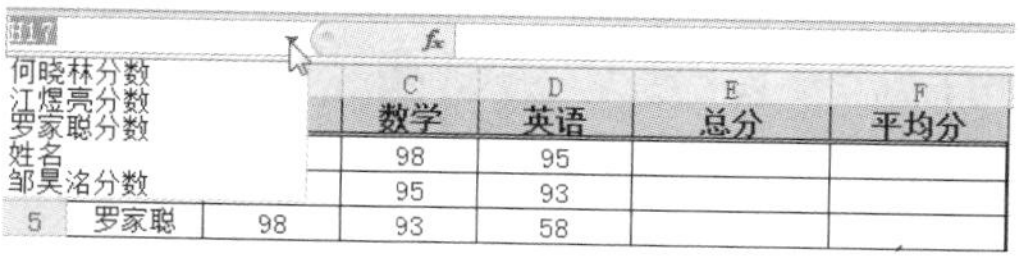

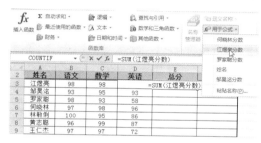

图 5-29　选择名称

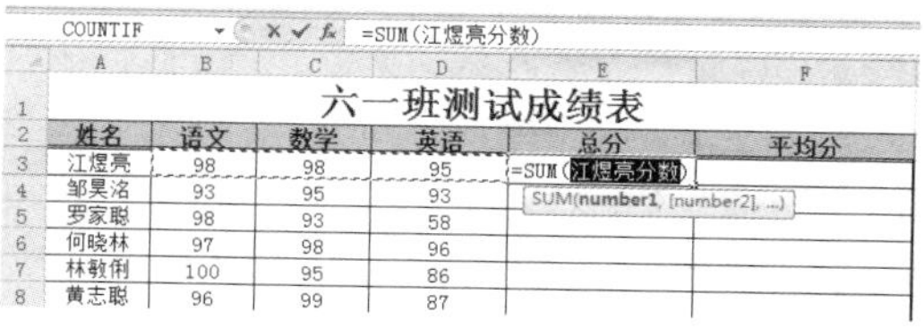

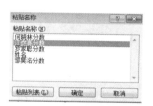

图 5-30　在公式中使用单元格名称

在应用单元格名称时用户可以直接输入单元格的名称，也可以在定义名称组中单击用于公式按钮，然后在列表中选择名称，如图 5-31 所示。

在用于公式列表中单击粘贴名称选项，打开粘贴名称对话框，如图 5-32 所示。在粘贴名称列表中选择单元格名称，单击确定按钮，也可将单元格名称粘贴到单元格中。

图 5-31　用于公式列表

图 5-32　粘贴名称对话框

动手做 5　为选定区域指定名称

工作表（或选定区域）的首行或每行的最左列通常含有标签以描述数据，此时用户可以用指定名称的方法使每一个单独的行或列的标题成为单元格区域的名称。为选定单元格区域指定名称的具体操作步骤如下：

Step01　在如图 5-33 所示的工作表中首先选中工作表中的数据区域。

Step02　在公式选项卡中，单击定义的名称选项组中的根据所选内容创建按钮，打开以选定区域创建名称对话框，如图 5-34 所示。

Step03　在以选定区域创建名称对话框中根据需要选择以哪一个区域的值创建名称。

Step04　单击确定按钮。

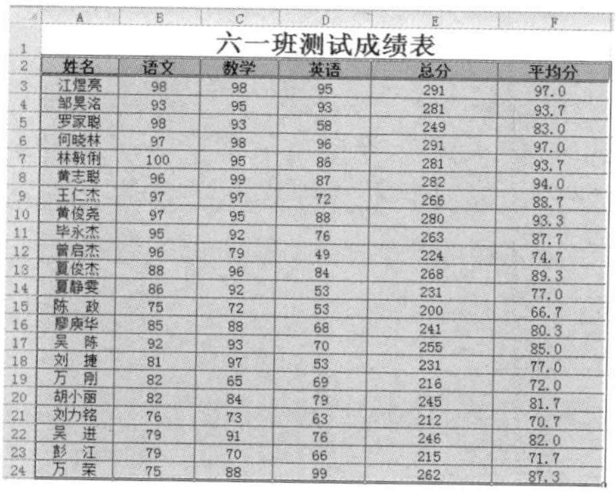

六一班测试成绩表

姓名	语文	数学	英语	总分	平均分
江煜亮	98	98	95	291	97.0
邹昊洺	93	95	93	281	93.7
罗家聪	98	93	58	249	83.0
何晓林	97	98	96	291	97.0
林敏俐	100	95	86	281	93.7
黄志聪	96	99	87	282	94.0
王仁杰	97	97	72	266	88.7
黄俊尧	97	95	88	280	93.3
毕永杰	95	92	76	263	87.7
曾启杰	96	79	49	224	74.7
夏俊杰	88	96	84	268	89.3
夏静雯	86	92	53	231	77.0
陈　政	75	72	53	200	66.7
廖庚华	85	88	68	241	80.3
吴　陈	92	93	70	255	85.0
刘　捷	81	97	53	231	77.0
万　刚	82	65	69	216	72.0
胡小丽	82	84	79	245	81.7
刘力铭	76	73	63	212	70.7
吴　进	79	91	76	246	82.0
彭　江	79	70	66	215	71.7
万　荣	75	88	99	262	87.3

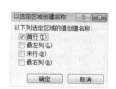

图 5-33　选定单元格区域

图 5-34　以选定区域创建名称对话框

如果为单元格选定区域指定名称，则用户还可以利用名称直接应用单元格区域中的数据，例如，用户要在另外一个工作表中计算王仁杰的语文和数学两门课的总成绩，具体操作步骤如下：

Step 01 将鼠标定位在单元格中。

Step 02 在单元格中输入公式"＝王仁杰 数学+王仁杰 语文"。

Step 03 按回车键，或单击编辑栏中的输入按钮 ✔ 即可在单元格中计算出结果，如图 5-35 所示。

Step 04 如果用户只输入公式"＝王仁杰 数学"则会显示出数学成绩。

注意两单元格名称中间要有一个空格。

∷ 动手做 6 名称管理器

Excel 2010 提供了名称管理器，在名称管理器中用户可以创建、编辑、删除单元格名称，具体操作步骤如下：

Step 01 在公式选项卡中，单击定义的名称选项组中的名称管理器按钮，打开名称管理器对话框，如图 5-36 所示。

Step 02 在名称列中选中一个名称，单击删除按钮即可将选中的名称删除。

Step 03 单击新建按钮，打开新建名称对话框，用户可以新建名称。

Step 04 在名称列中选中一个名称，单击编辑按钮，打开编辑名称对话框，用户可以对名称进行编辑。

Step 05 单击关闭按钮，关闭名称管理器对话框。

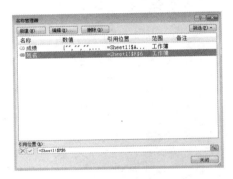

图 5-35 引用单元格名称区域中的数据　　　　图 5-36 名称管理器对话框

课后练习与指导

一、选择题

1. 下列运算符属于算术运算符的是（ 　 ）。

    A. ^ 　　　　　B. % 　　　　　C. : 　　　　　D. &

2. 关于运算符的优先级下列说法正确的是（ 　 ）。

    A. 乘方的优先级大于加法　　　　B. 文本运算符的优先级大于乘方

    C. 乘法的优先级大于百分比　　　　D. 比较运算符的优先级最低

3. 关于单元格的引用下列说法正确的是（ 　 ）。

    A. C10 表示 C 列和 10 行交叉处的单元格

    B. M：N 表示 M 列和 N 列两个列的全部单元格

    C. R5C2 表示位于行 5 和列 2 的单元格

    D. R15C2：R15C5 表示列 15 中行 2 到行 5 的单元格区域

4. 关于单元格的引用类型下列说法正确的是（ 　 ）。

A．B1：E6 为相对引用而$G$7 为绝对引用

B．$B6 为混合引用而 B$6 则为绝对引用

C．在公式中如果使用了相对引用，那么如果单元格的位置改变，引用也随之改变

D．在公式中如果使用了混合引用，那么如果单元格的位置改变，引用不会改变

5．下列说法错误的是（　　）。

A．在输入公式时必须以“=”开始

B．在 R1C1 引用样式中 R2C5 引用是绝对引用

C．在移动公式时相对引用跟随位置的变化而变化

D．在删除公式时可以保留数值而只删除公式

二、填空题

1．运算符用于对公式中的元素进行特定类型的运算，分为__________、__________、__________和__________。

2．比较运算符是用来比较两个数值大小关系的运算符，它所返回的值为逻辑值_____或__________。

3．单元格的引用分为三种样式：_________、_________和_________。

4．对于 A1 引用样式系统提供了三种不同的引用类型：________、________和________。

5．在_________选项卡中，单击_________选项组中的_________按钮，打开“新建名称”对话框。

6．在_________选项卡中，单击_________选项组中的_________按钮，打开“以选定区域创建名称”对话框。

7．在_________选项卡中，单击_________选项组中的_________按钮，打开“名称管理器”对话框。

8．三维引用不能用于数组公式中，三维引用不能与_________一起使用，也不能用在_________的公式中。

三、简答题

1．说出几种算数运算符？

2．文本运算符有哪些？其含义是什么？

3．在公式中如果想要更改求值的运算顺序，应该如何做？

4．复制公式有哪些方法？

5．如何引用其他工作簿中的工作表？

6．简述一下为单元格命名有哪些用处？

四、实践题

制作考试成绩表，最终效果如图 5-37 所示。

1．使用“成绩”工作表中的数据，计算“江煜亮”的“总分”，然后利用复制粘贴的方法复制公式计算其他学生的总分。

2．使用“成绩”工作表中的数据，计算“江煜亮”的“平均分”，然后利用填充柄复制公式计算其他学生的平均分。

素材位置：案例与素材\模块 05\素材\考试成绩表（初始）

效果位置：案例与素材\模块 05\源文件\考试成绩表

恒大小学六年级一班2014年第一学期期终考试成绩表

序号	姓名	性别	语文	数学	英语	总分	平均分
1	江煜亮	男	98	98	95	291	97.0
2	邹昊洺	男	93	95	93	281	93.7
3	罗家聪	男	98	93	58	249	83.0
4	何晓林	女	97	98	96	291	97.0
5	林敏俐	女	100	95	86	281	93.7
6	黄志聪	女	96	99	87	282	94.0
7	王仁杰	男	97	97	72	266	88.7
8	黄俊尧	男	97	95	88	280	93.3
9	毕永杰	男	95	92	76	263	87.7
10	曾启杰	男	96	79	49	224	74.7
11	夏俊杰	男	88	96	84	268	89.3
12	夏静雯	女	86	92	53	231	77.0

图 5-37　利用公式进行计算的效果

你知道吗？

为了满足财务管理工作中各种数据处理的需求，Excel 提供了大量的函数。利用这些函数不但可以解决许多数据处理方面的问题，以节省大量的时间，而且可以简化繁琐的计算过程，使工作变得轻松。

应用场景

人们平常会见到收费登记表、可查询姓名的通讯录等电子表格，如图 6-1 所示，这些都可以利用 Excel 2010 的函数功能来制作。

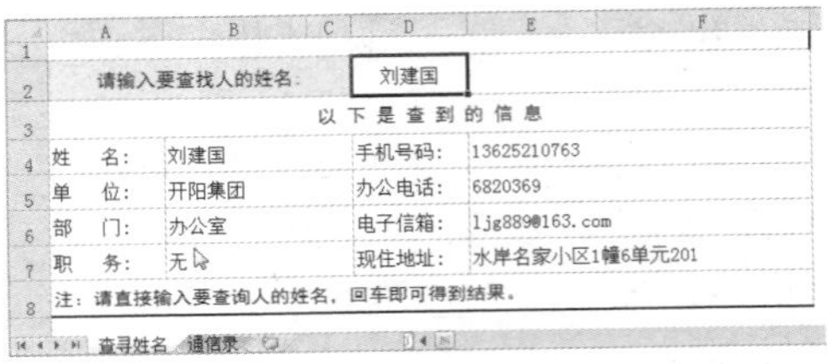

在考试过后，成绩分析是教师的重要工作，同时也是十分繁琐复杂的工作，在 Excel 中可以利用函数的功能来轻松完成这一工作。

如图 6-2 所示，是利用 Excel 2010 的函数功能制作的考试成绩分析表。请读者根据本模块所介绍的知识和技能，完成这一工作任务。

图 6-1 可查询姓名的通讯录

网络工程一班期末考试成绩分析表

序号	姓名	高等数学	计算机科学导论	语言程序设计	计算机网络	总分	平均分	不及格科数	名次	评价等级
001	李美琪	80	66	97	56	299	74.75	1	13	良
002	黄小康	83	73	95	87	338	84.5	0	4	良
003	冯玉会	67	58	83	99	307	76.75	1	11	良
004	吕晨恒	61	38	41	90	230	57.5	2	18	差
005	肖亚飞	82	85	68	78	313	78.25	0	10	良
006	张卫敏	96	86	79	73	334	83.5	0	5	良
007	杨思雪	56	85	97	84	322	80.5	1	9	良
008	刘 鑫	51	53	84	65	253	63.25	2	17	中
009	范向年	18	0	30	67	115	28.75	3	19	差
010	郝惜才	73	56	86	87	302	75.5	1	12	良
011	赵秀芸	82	80	96	99	357	89.25	0	1	良
012	李 顺	80	61	92	90	323	80.75	0	8	良
013	宋启松	58	72	78	76	284	71	1	14	良
014	董 瑶	87	97	66	98	348	87	0	2	良
015	高一鸣	8	94	76	98	276	69	1	15	中
016	刘 娟	65	91	77	99	332	83	0	6	良
017	张 太	75	84	77	88	324	81	0	7	良
018	赵子轩	56	99	98	87	340	85	1	3	良
019	毛彦博	65	88	56	45	254	63.5	2	16	中
各科最高分		96	99	98	99	357	89.25			
各科最低分		8	0	30	45	115	28.75			

图 6-2 考试成绩分析表

相关文件模板

利用 Excel 2010 的公式功能还可以完成费用报销单、家庭账本模板、购车分期付款计算表、收费登记表、信用卡使用记录表、全能个人理财账表、可查询姓名的通讯录等工作任务。

为方便读者，本书在配套的资料包中提供了部分常用的文件模板，具体文件路径如图 6-3 所示。

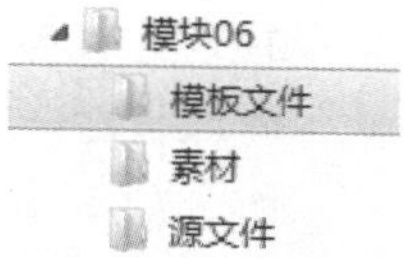

▲ 模块06
　模板文件
　素材
　源文件

图 6-3　应用文件模板

背景知识

考试是教学过程中的一个重要环节，教师教学的目的是帮助学生更好地学，教学效果的好坏，主要是从学生的考试成绩上反映出来。对于教师来说在教学过程中可以通过对考试结果的分析，了解学生对教材、教法的接受情况，以便调整教学内容和教学方法，改进教与学的关系，以适应学生的特点，满足学生的需求。对于学生来说学习成绩分析可以对自己有一个比较全面清晰的认识，认识到自己的优势与不足，实事求是地反思学习成败的原因，有利于改进学习方法。

在利用考试分数或考试结果进行教育管理时，决不能将分数绝对化，不能仅凭考试分数的高低来评估教育质量及学生的学习情况。应对考试的结果给予科学的解释，解释分数不仅要有整体观念，即将个别学生的成绩与全体学生的成绩相比较，以分高下；还要有系统的观念，即要考虑到学生原有的基础水平，判断该学生有无进步与提高。

设计思路

在制作考试成绩分析表的过程中，主要应用到使用函数来计算数据，制作考试成绩分析表的基本步骤可分解为：

Step 01　函数概述
Step 02　创建函数

项目任务 6-1　函数概述

在应用函数之前首先来了解一下函数。

动手做 1　了解函数的定义

在 Excel 2010 中所提的函数其实是一些预定义的公式，它们使用一些称为参数的特定数值，按特定的顺序或结构进行计算。用户可以直接用它们对某个区域内的数值进行一系列运算，如分析和处理日期值和时间值、确定贷款的支付额、确定单元格中的数据类型、计算平均值、排序显示和运算文本数据，等等。例如，SUM 函数将对单元格或单元格区域中的数据进行加法运算。

从本质上讲，函数是用于公式中的内置工具，它们可以使公式获得更好的效果，同时还能节省不少的时间。具体来讲，利用函数可以做下面的一些工作：

- 简化公式
- 允许公式进行一些不可能的计算
- 加速一些编辑任务
- 允许公式的有条件执行——给予它们一些基本的决定能力

动手做 2　了解函数的基本语法

Excel 2010 函数由三部分组成，即函数名称，括号和参数，其结构为以等号"＝"开始，后面紧跟函数名称和左括号，然后以逗号分隔输入参数，最后是右括号。其语法结构为函数名称（参数 1，参数 2，……参数 N）。

在函数中各名称的意义如下：

- 函数名称：是指函数的含义，如求和函数 SUM ，求平均值函数 AVERAGE。
- 括号：括住参数的符号，即括号中包含所有的参数。
- 参数：告诉 Excel 2010 所要执行的目标单元格或数值，可以是数字、文本、逻辑值（如 TRUE 或 FALSE）、数组、错误值（如#N/A）或单元格引用。其各参数之间必须用逗号隔开。

例如，函数 AVERAGE（A1:A8）中，AVERAGE 为函数名，A1:A8 为函数的一个参数，即一个单元格区域，它是对 A1 到 A8 单元格中的数值进行求平均值。

动手做 3　了解函数的分类

在 Excel 2010 中，系统提供了 12 类函数，这些函数按功能来说分别为数据库函数、日期与时间函数、工程函数、财务函数、信息函数、逻辑函数、查询和引用函数、数学和三角函数、统计函数、文本函数、多维数据集函数、兼容性函数。

1．财务函数

利用财务函数可以进行一般的财务计算，如确定贷款的支付额、投资的未来值或净现值，以及债券或股票的价值。这些财务函数大体上可分为 4 类：投资计算函数、折旧计算函数、偿还率计算函数、债券及其他金融函数。它们为财务分析提供了极大的便利，使用这些函数不必理解高级财务知识，只要填写变量值就可以了。

2．日期与时间函数

日期与时间函数主要用于分析数据清单中的数值是否符合特定条件。其常用的日期函数主要是 NOW 函数，此函数返回计算机的系统日期和时间所对应的日期、时间序列数。例如，当前日期为 2014 年 6 月 23 日 9:57，如果正在使用的是 1900 日期系统，则公式为=NOW( )；另外，日期函数还有 TODAY 函数，返回当前日期的序列数；DATE 函数，返回某一特定日期的序列数。

3．数学和三角函数

数学和三角函数主要用来处理简单和复杂的数学计算。其常用的主要有求和函数 SUM，用来求一系列数字之和；SIN 函数，返回角度的正弦值。与之类似的有求余弦值的 COS 函数，求正切值的 TAN 函数。

4．统计函数

Excel 2010 的统计函数主要用于对数据区域进行统计分析。例如，利用统计函数可以用来统计样本的方差、数据区间的频率分布等。在统计函数中包括了很多属于统计学范畴的函数，但也有些函数在日常生活中是很常用的，如求月平均销售量，班级排名等。

常用的统计函数主要有求平均值函数 AVERAGE，此函数返回参数平均值（算术平均值）。COUNT 函数，主要返回参数中数字的个数。另外，还有最大值函数 MAX 和最小值函数 MIN 等。

5．数据库函数

数据库函数主要用于对存储在数据清单或数据库中的数据进行分析。例如，在一个包含销售信息的数据清单中，可以计算出所有销售数值大于 1000 且小于 2500 的行或记录的总数。在 Excel 中，共有 12 个工作表函数用于对存储在数据清单或数据库中的数据进行分析，这些函数的统一名称为 Dfunctions，也称为 D 函数，每个函数均有三个相同的参数：database、field 和 criteria。这些参数指向数据库函数所使用的工作表区域。其中参数 database 为工作表上包含数据清单的区域。参数 field 为需要汇总的列的标志。参数 criteria 为工作表上包含指定条件的区域。

数据库函数具有一些共同特点：

- 每个函数均有 3 个参数：database、field 和 criteria。这些参数指向函数所使用的工作表区域。
- 除了 GETPIVOTDATA 函数之外，其余 12 个函数都以字母 D 开头。
- 如果将字母 D 去掉，可以发现其实大多数数据库函数已经在 Excel 的其他类型函数中出现过了。例如，DAVERAGE 将 D 去掉的话，就是求平均值的函数 AVERAGE。

6．文本函数

文本函数是可以在公式中处理字符串的函数。例如，可以改变大小写或确定字符串的长度；可以替换某些字符或者去除某些字符等。

常用的文本函数主要有 CONCATENATE 函数，用来返回将给出的几个字符串合并为一个字符串。REPLACE 函数，用某一字符串替换另一字符串中的全部或者部分内容。

7．逻辑函数

逻辑函数主要用来判断数据条件的真假值，或者对数据进行复合检验。在 Excel 2010 中系统提供了 7 种逻辑函数。即 AND、OR、NOT、FALSE、IF、TRUE、IFERROR 函数。

8．信息函数

在 Excel 2010 函数中有一类专门用来返回某些指定单元格或区域等的信息函数，如单元格中的内容、格式、个数等，这类函数称为信息函数。

常用的信息函数主要有 COUNTBLANK 函数，此函数可以简单地计算指定范围内的空白单元格数目；TYPE 函数，用来判断一个单元格中是文字、数字、逻辑值、数组还是错误值。

9．工程函数

工程函数主要用于工程分析，它与统计函数类似，都是属于比较专业范畴的函数。因此，如果需要了解更多工程函数的知识请参考有关资料和 Excel 2010 帮助。

在 Excel 2010 中共提供了近 40 个工程函数。工程函数由"分析工具库"提供。如果找不到此类函数的话，可能需要安装"分析工具库"。

项目任务 6-2 创建函数

在公式中合理地使用函数，可以大大节省用户的输入时间，简化公式的输入。应用函数有两种方法：

- 直接输入法。直接输入法就是直接在工作表的单元格中输入函数的名称及语法结构。
- 插入函数法。插入函数法就是当用户在不能确定函数的拼写时，则可使用另一种插入函数的方法来应用函数。

直接输入法的操作非常简单，只需先选择要输入函数公式的单元格，输入"＝"号，然后按照函数的语法直接输入函数名称及各参数即可。但其要求必须对所使用的函数较为熟悉，并且十分了解此函数包括多少个参数及参数的类型。然后就可以像输入公式一样来输入函数，使用起来也较为方便。

由于利用直接输入法来输入函数时，要求必须了解函数的语法、参数及使用方法，而且 Excel 2010 提供了 200 多种函数，这些函数不可能全部被记住。这时就可以使用插入函数法，这种方法简单、快速，它不需要用户的输入，而直接插入即可使用。

打开存放在“案例与素材\模块 06 \素材”文件夹中名称为“考试成绩分析表（初始）”的文件，如图 6-4 所示。

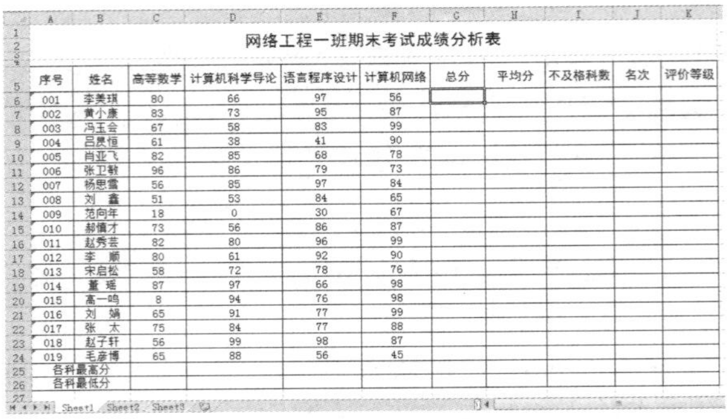

网络工程一班期末考试成绩分析表

序号	姓名	高等数学	计算机科学导论	语言程序设计	计算机网络	总分	平均分	不及格科数	名次	评价等级
001	李美琪	80	66	97	56					
002	黄小康	83	73	95	87					
003	冯玉会	67	58	83	99					
004	吕昃恒	61	38	41	90					
005	肖亚飞	82	85	68	78					
006	张卫敏	96	86	79	73					
007	杨思雪	56	85	97	84					
008	刘　鑫	51	53	84	65					
009	范向年	18	0	30	67					
010	郝慎才	73	56	86	87					
011	赵秀芸	82	80	96	99					
012	李　顺	80	61	92	90					
013	宋启松	58	72	78	76					
014	董　瑶	87	97	66	98					
015	高一鸣	8	94	76	98					
016	刘　娟	65	91	77	99					
017	张　太	75	84	77	88					
018	赵子轩	56	99	98	87					
019	毛彦博	65	88	56	45					
各科最高分										
各科最低分										

图 6-4　考试成绩分析表（初始）文件

动手做 1　应用求和函数

由于求和函数比较熟悉，求和函数的语法为 SUM （Number1，Number2…），因此这里可以采取直接输入的方式创建函数。在考试成绩分析表中应用求和函数的具体操作步骤如下：

Step 01　选中“G6”单元格。

Step 02　首先输入“=”号。

Step 03　然后输入 SUM（C6:F6）。

Step 04　单击编辑栏中的输入按钮，即可得出求和的结果，如图 6-5 所示。

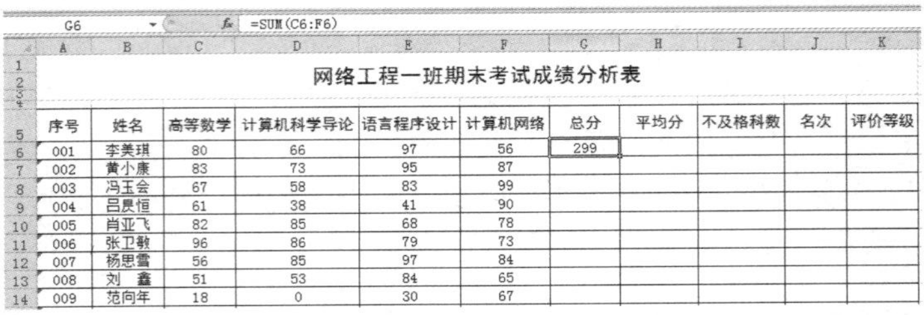

G6　=SUM(C6:F6)

网络工程一班期末考试成绩分析表

序号	姓名	高等数学	计算机科学导论	语言程序设计	计算机网络	总分	平均分	不及格科数	名次	评价等级
001	李美琪	80	66	97	56	299				
002	黄小康	83	73	95	87					
003	冯玉会	67	58	83	99					
004	吕昃恒	61	38	41	90					
005	肖亚飞	82	85	68	78					
006	张卫敏	96	86	79	73					
007	杨思雪	56	85	97	84					
008	刘　鑫	51	53	84	65					
009	范向年	18	0	30	67					

图 6-5　创建函数的结果

Step 05　选中“G6”单元格，将鼠标移动到“G6”单元格的右下角的填充柄处，当鼠标变成 ✚ 状时向下拖动鼠标。

Step 06　当拖动到目的位置后松开鼠标，此时单元格“G6”中的函数被复制到了填充柄拖过的单元格中，复制公式的结果如图 6-6 所示。

动手做 2　应用平均值函数

在考试成绩分析表中应用平均值函数的具体操作步骤如下：

Step 01　选中“H6”单元格。

Step 02　在公式选项卡中的函数库组中单击自动求和按钮右侧的下三角箭头，打开自动求和列表，如图 6-7 所示。

Step 03 在自动求和列表中单击平均值选项，则在"H6"单元格中出现平均值函数语法 =AVERAGE(C6:G6)，如图 6-8 所示。

图 6-6 拖动填充柄复制求和函数

图 6-7 自动求和列表

图 6-8 在单元格中出现函数语法

Step 04 将函数中的参数"G6"修改为"F6"，单击编辑栏上的输入按钮，即可得出平均值的结果。

Step 05 选中"H6"单元格的填充柄向下拖动鼠标，复制平均值函数的结果如图 6-9 所示。

动手做 3 应用 COUNTIF 函数

COUNTIF 函数用于计算区域中满足给定条件的单元格的个数，它的语法为 COUNTIF（range,criteria），range 为需要计算其中满足条件的单元格数目的单元格区域，criteria 为确定哪些单元格将被计算在内的条件，其形式可以为数字、表达式或文本。例如，条件可以表示为 10、"10"、">10" 或 "文本"。

在工作中经常需要统计满足条件的单元格的数量，如在考试成绩分析表中需要统计出不及格的科数，具体操作步骤如下：

Step 01 选中"I6"单元格。

Step 02 在公式选项卡中的函数库组中单击插入函数按钮，打开插入函数对话框，如图 6-10 所示。

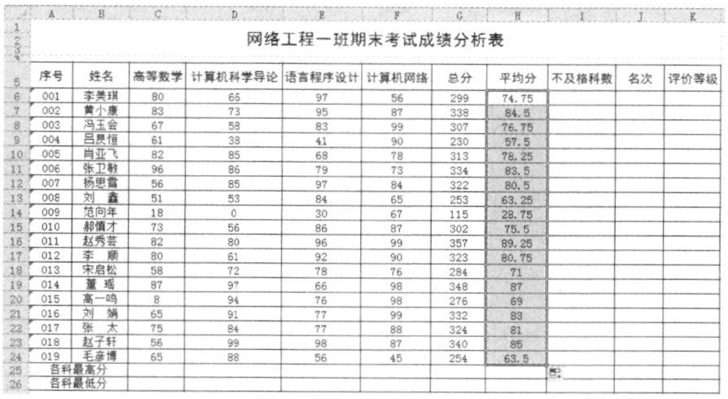

图 6-9 应用平均值函数的结果

图 6-10 插入函数对话框

Step 03 在或选择类别下拉列表中选择统计选项，在选择函数列表框中选择 COUNTIF。

Step **04** 单击确定按钮，打开函数参数对话框，如图 6-11 所示。

Step **05** 在 Range 参数框中输入 C6:F6，在 Criteria 参数框中输入<60。

Step **06** 单击确定按钮即可在"I6"单元格中得到统计结果。

Step **07** 选中"I6"单元格的填充柄向下拖动鼠标，复制 COUNTIF 函数的结果如图 6-12 所示。

图 6-11 函数参数对话框　　　　　　　　　图 6-12 应用 COUNTIF 函数

教你一招

在函数参数对话框中输入参数时，用户也可以单击参数框右侧的折叠按钮，然后在工作表中选取参数。

⁜ 动手做 4　应用 RANK 函数

RANK 函数最常用的是求某一个数值在某一区域内的排名。

RANK 函数语法形式：RANK (number,ref,[order])

函数名后面的参数中 number 为需要求排名的那个数值或者单元格名称（单元格内必须为数字），ref 为排名的参照数值区域，order 的值为 0 和 1，默认不用输入，得到的就是从大到小的排名，若是想求倒数第几，order 的值请使用 1。

在 Excel 2010 中 RANK 函数有两种，一种是 RANK.AVG，一种是 RANK.EQ。RANK.AVG 函数对于数值相等的情况，返回该数值的平均排名。而作为对比，RANK.EQ 函数对于相等的数值返回其最高排名。

在考试成绩分析表中应用 RANK 函数的具体操作步骤如下：

Step **01** 选中"J6"单元格。

Step **02** 在公式选项卡中的函数库组中单击插入函数按钮，打开插入函数对话框。

Step **03** 在或选择类别下拉列表中选择统计选项，再选择函数列表框中的 RANK.EQ。

Step **04** 单击确定按钮，打开函数参数对话框，如图 6-13 所示。

Step **05** 在 Number 参数框中输入 G6，在 Ref 参数框中输入 G6:G24。

Step **06** 单击确定按钮即可在"J6"单元格中得到名次结果。

Step **07** 选中"J6"单元格的填充柄向下拖动鼠标，复制 RANK 函数的结果如图 6-14 所示。

复制函数后单击"J7"单元格，会发现函数的参数 Ref 为"G7:G25"，很显然这是不正确的，正确的 Ref 参数应为"G6:G24"，之所以会出现这种错误是因为 Ref 的参数"G6:G24"是相对引用，在复制函数时相对引用也会发生变化。

单击"J7"单元格，在编辑栏中将参数"G7:G25"修改为"G6:G24"，按照相同的方法对其他单元格的 Ref 的参数进行修改，得到的最终排名结果如图 6-15 所示。

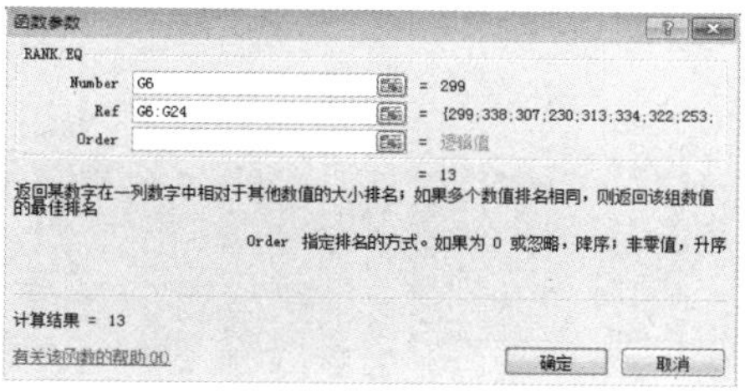

图 6-13 RANK 函数参数对话框

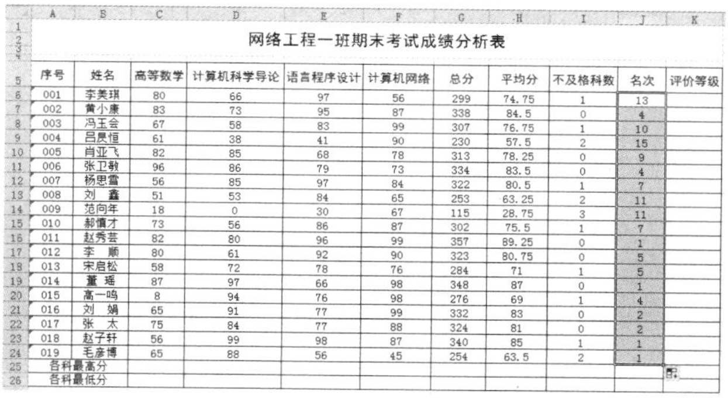

网络工程一班期末考试成绩分析表

序号	姓名	高等数学	计算机科学导论	语言程序设计	计算机网络	总分	平均分	不及格科数	名次	评价等级
001	李美琪	80	66	97	56	299	74.75	1	13	
002	黄小康	83	73	95	87	338	84.5	0	4	
003	冯玉会	67	58	83	99	307	76.75	1	10	
004	吕晨恒	61	38	41	90	230	57.5	2	15	
005	肖亚飞	82	85	68	78	313	78.25	0	9	
006	张卫敏	96	86	79	73	334	83.5	0	4	
007	杨思雪	56	85	97	84	322	80.5	1	7	
008	刘　鑫	51	53	84	65	253	63.25	2	11	
009	范向年	18	0	30	67	115	28.75	3	11	
010	郝慎才	73	56	86	87	302	75.5	1	7	
011	赵秀芸	82	80	96	99	357	89.25	0	1	
012	李　顺	80	61	92	90	323	80.75	0	5	
013	宋启松	58	72	78	76	284	71	1	5	
014	董　瑶	87	97	66	98	348	87	0	1	
015	高一鸣	8	94	76	98	276	69	1	4	
016	刘　娟	65	91	77	99	332	83	0	2	
017	张　太	75	84	77	88	324	81	0	2	
018	赵子轩	56	99	98	87	340	85	1	1	
019	毛彦博	65	88	56	45	254	63.5	2	1	
各科最高分										
各科最低分										

图 6-14 应用 RANK 函数

动手做 5 应用 IF 函数

在逻辑函数中最常用到的为条件函数 IF，它可以执行真假值判断，根据逻辑计算的真假值，返回不同结果，语法为 IF(logical_test,value_if_true,value_if_false)。

其中 logical_tes 表示要选取的条件，value_if_true 表示条件为真时返回的值，value_if_false 表示条件为假时返回的值。函数 IF 可以嵌套七层，用 value_if_false 及 value_if_true 参数可以构造复杂的检测条件。

例如，在考试成绩分析表评价等级一列中，使用优、良、中、差来表示学生的成绩，此时就可以使用条件函数 IF 来进行计算。具体操作步骤如下：

Step 01 选中“K6”单元格。

Step 02 在公式选项卡中的函数库组中单击插入函数按钮，打开插入函数对话框。

Step 03 在或选择类别下拉列表中选择逻辑选项，在选择函数列表框中选择 IF。

Step 04 单击确定按钮，打开函数参数对话框，如图 6-16 所示。

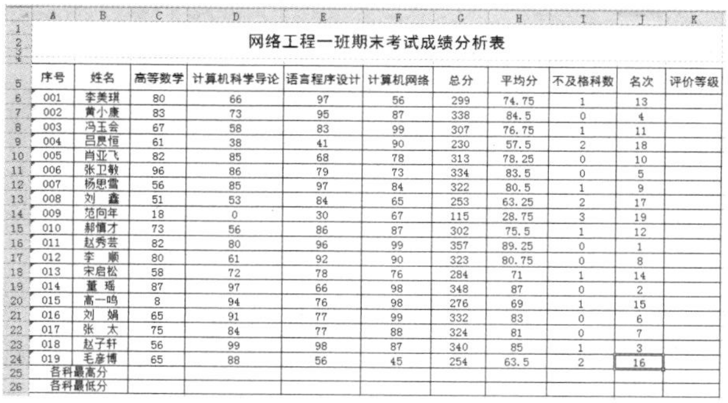

网络工程一班期末考试成绩分析表

序号	姓名	高等数学	计算机科学导论	语言程序设计	计算机网络	总分	平均分	不及格科数	名次	评价等级
001	李美琪	80	66	97	56	299	74.75	1	13	
002	黄小康	83	73	95	87	338	84.5	0	4	
003	冯玉会	67	58	83	99	307	76.75	1	11	
004	吕晨恒	61	38	41	90	230	57.5	2	18	
005	肖亚飞	82	85	68	78	313	78.25	0	10	
006	张卫敏	96	86	79	73	334	83.5	0	5	
007	杨思雪	56	85	97	84	322	80.5	1	9	
008	刘　鑫	51	53	84	65	253	63.25	2	17	
009	范向年	18	0	30	67	115	28.75	3	19	
010	郝慎才	73	56	86	87	302	75.5	1	12	
011	赵秀芸	82	80	96	99	357	89.25	0	1	
012	李　顺	80	61	92	90	323	80.75	0	8	
013	宋启松	58	72	78	76	284	71	1	14	
014	董　瑶	87	97	66	98	348	87	0	2	
015	高一鸣	8	94	76	98	276	69	1	15	
016	刘　娟	65	91	77	99	332	83	0	6	
017	张　太	75	84	77	88	324	81	0	7	
018	赵子轩	56	99	98	87	340	85	1	3	
019	毛彦博	65	88	56	45	254	63.5	2	16	
各科最高分										
各科最低分										

图 6-15 正确的排名结果

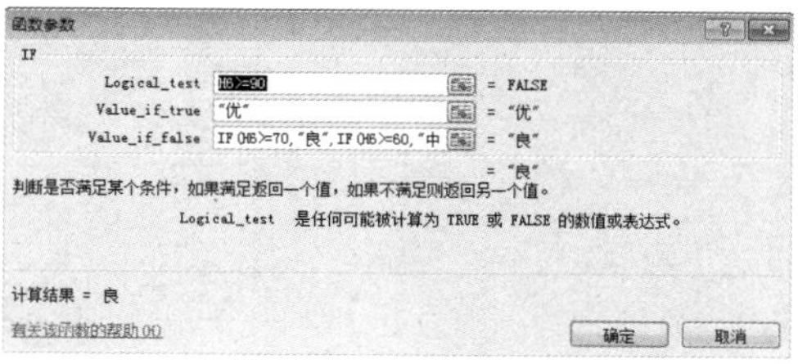

图 6-16 IF 函数参数对话框

Step 05 在 Logical_test 参数框中输入 H6>=90，在 value_if_true 参数框中输入优。

Step 06 在 value_if_false 参数框中输入 IF(H6>=70, "良",IF(H6>=60, "中",IF(H6<60, "差")))。

Step 07 单击确定按钮即可在“K6”单元格中得到评价等级。

Step 08 选中“K6”单元格的填充柄向下拖动鼠标，复制 IF 函数的结果如图 6-17 所示。

动手做 6 应用求最大值函数

在考试成绩分析表中应用求最大值函数的具体操作步骤如下：

Step **01** 选中"C25"单元格。

Step **02** 在公式选项卡中的函数库组中单击自动求和函数右侧的下三角箭头,打开自动求和列表。

Step **03** 在自动求和列表中单击最大值选项,则在"C25"单元格中出现最大值函数语法 =MAX(C6:C24)。

Step **04** 单击编辑栏中的输入按钮,即可得出最大值的结果。

Step **05** 选中"C25"单元格的填充柄向右拖动鼠标,复制最大值函数的结果如图 6-18 所示。

图 6-17　应用 IF 函数的结果

图 6-18　应用最大值函数的结果

⁑ 动手做 7　应用求最小值函数

Step **01** 选中"C26"单元格。

Step **02** 在公式选项卡中的函数库组中单击自动求和函数右侧的下三角箭头,打开自动求和列表。

Step **03** 在自动求和列表中单击最小值选项,则在"C26"单元格中出现最小值函数语法 =MIN(C6:C25)。

Step **04** 将函数中的参数"C25"修改为"C24",单击编辑栏中的输入按钮,即可得出最小值的结果。

Step **05** 选中"C26"单元格的填充柄向右拖动鼠标,复制最小值函数的结果如图 6-19 所示。

图 6-19　应用最小值函数的结果

🔑 项目拓展——其他常用函数的应用

Excel 2010 提供了 200 多种函数,这里介绍一下一些常用函数的应用。

⁑ 动手做 1　求某项投资的未来值 FV

在进行财务管理的工作中,经常会遇到要计算某项投资的未来值的情况,此时如果利用

Excel 提供的 FV 函数进行计算，则可以帮助用户进行一些有计划、有目的、有效益的投资。

FV 函数是基于固定利率及等额分期付款方式返回的某项投资的未来值。其语法形式为 FV（Rate,Nper,Pmt,Pv,Type）。其中 Rate 为各期利率，为一个固定值；Nper 为总投资（或贷款）期，即该项投资（或贷款）的付款期总数；Pmt 为各期所应付给（或得到）的金额，其数值在整个年金期间（或投资期内）保持不变，通常 Pmt 包括本金和利息，但不包括其他费用及税款；Pv 为现值，或一系列未来付款当前值的累积和，也称为本金，如果省略 Pv，则假设其值为零；Type 为数字 0 或 1，用以指定各期的付款时间是在期初还是期末，1 为期初，0 为期末，如果省略 t，则假设其值为零。

如果某人十年后需要一笔比较大的费用支出，他计划从现在起每月初存入 500 元，按年利息 3.5%，求出十年以后该账户的最终存款额，具体计算操作步骤如下：

Step **01** 创建一个新的工作簿，命名为"FV 函数应用"。

Step **02** 在工作表中输入如图 6-20 所示的数据内容。

Step **03** 单击"B7"单元格。

Step **04** 在公式选项卡中的函数库组中单击插入函数按钮，打开插入函数对话框。

Step **05** 在或选择类别下拉列表中选择财务按钮，在财务列表框中选择 FV 函数，打开函数参数对话框，如图 6-21 所示。

图 6-20 在工作表中输入 FV 函数计算数据　　　　图 6-21 设置 FV 函数参数

Step **06** 在 Rate 参数框中输入 B4/12，在 Nper 参数框中输入 B5，在 Pmt 参数框中输入 B3，在 Pv 参数框中输入 0，在 Type 参数框中输入 1。

Step **07** 单击确定按钮即可在"B7"单元格中得到计算结果，如图 6-22 所示。

≫ 动手做 2　求贷款分期偿还额 PMT

PMT 函数是基于固定利率及等额分期付款方式返回的投资或贷款的每期付款额。PMT 函数可以计算为偿还一笔贷款，要求在一定周期内支付完时，每次需要支付的偿还额，也就是平时所说的"分期付款"。例如，借购房贷款或其他贷款时，可以计算每期的偿还额。

PMT 函数的语法形式为 PMT（Rate,Nper,Pv,Fv,Type）其中，Rate 为各期利率，是一个固定值；Nper 为总投资（或贷款）期，即该项投资（或贷款）的付款期总数；Pv 为现值，或一系列未来付款当前值的累积和，也称为本金；Fv 为未来值，或在最后一次付款后希望得到的现金余额，如果省略 Fv，则假设其值为零（例如，一笔贷款的未来值即为零）；Type 为 0 或 1，用以指定各期的付款时间是在期初还是期末。如果省略 Type，则假设其值为零。

如果某人买房在银行贷了 500 000 元的贷款，其贷款利率为 5.5%，他计划在 30 年以后还清，那么在这 30 年时间中，他每月的月初应该付多少款才能在有限期限内还清，具体计算步骤如下：

Step **01** 创建一个新的工作簿，命名为"PMT 函数应用"。

Step 02 在工作表中输入如图 6-23 所示的数据内容。

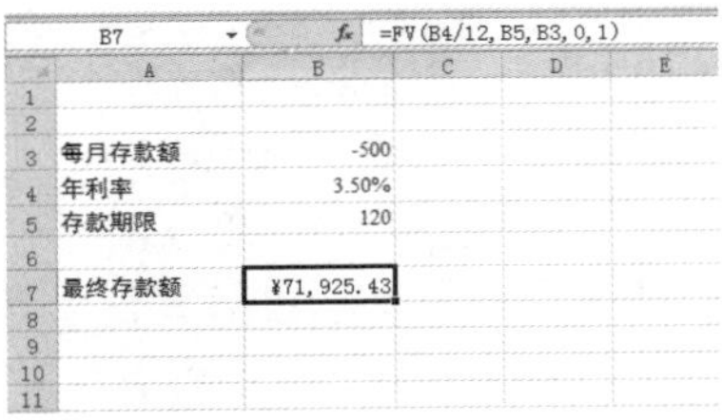

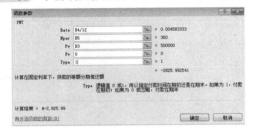

图 6-22 应用 FV 函数得到的结果

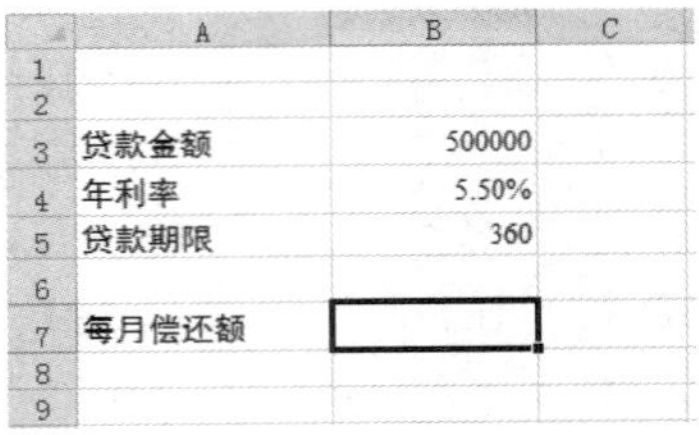

图 6-23 在工作表中输入 PMT 函数计算数据

Step 03 单击"B7"单元格。

Step 04 在公式选项卡中的数据库组中单击插入函数按钮，打开插入函数对话框。

Step 05 在或选择类别下拉列表中选择财务按钮，在财务列表框中选择 PMT 函数，打开函数参数对话框，如图 6-24 所示。

Step 06 在 Rate 参数框中输入 B4/12，在 Nper 参数框中输入 B5，在 Pv 参数框中输入 B3，在 Fv 参数框中输入 0，在 Type 参数框中输入 1。

Step 07 单击确定按钮即可在"B7"单元格中得到计算结果，如图 6-25 所示。

图 6-24 设置 PMT 函数参数

图 6-25 应用 FMT 函数得到的结果

动手做 3 求某项投资的现值 PV

PV 函数是用来计算某项投资的现值。年金现值就是未来各期年金现在的价值的总和。如果投资回收的当前价值大于投资的价值，则这项投资是有收益的。

PV 函数的语法形式为 PV（Rate,Nper,Pmt,Fv,Type）。其中 Rate 为各期利率，Nper 为总投资（或贷款）期，即该项投资（或贷款）的付款期总数。Pmt 为各期所应支付的金额，其数值在整个年金期间保持不变。通常 Pmt 包括本金和利息，但不包括其他费用及税款。Fv 为未来值，或在最后一次支付后希望得到的现金余额，如果省略 Fv，则假设其值为零（一笔贷款的未来值即为零）。Type 用以指定各期的付款时间是在期初还是期末。

假设有一老人要购买一份养老保险金，该保险可以在今后二十年内于每月末回报 1000。此项年金的购买成本为 90000，假定投资年回报率为 12%。那么该项年金的现值是多少？该项投资是否划算？具体操作步骤如下：

Step 01 创建一个新的工作簿，命名为"PV 函数应用"。

Step 02 在工作表中输入如图 6-26 所示的数据内容。

Step 03 单击"B7"单元格。

Step 04 在公式选项卡中的数据库组中单击插入函数按钮，打开插入函数对话框。

Step 05 在或选择类别下拉列表中选择财务按钮，在财务列表框中选择 PV 函数，打开函数参数对话框，如图 6-27 所示。

Step 06 在 Rate 参数框中输入 B4/12，在 Nper 参数框中输入 B5，在 Pmt 参数框中输入 B3。

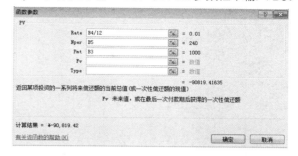

图 6-26 在工作表中输入 PV 函数计算数据　　　　图 6-27 设置 PV 函数参数

Step 07 单击确定按钮即可在"B7"单元格中得到计算结果，如图 6-28 所示。

负值表示这是一笔付款，也就是支出现金流。年金的现值（￥90819.42）大于实际支付的（￥90000）。因此，这是一项合算的投资。

图 6-28 应用 PV 函数得到的结果

⋙ 动手做 4　直线折旧函数

企业中不同的折旧方法直接影响到企业利润的大小，折旧费用低估，则净利高估；反之，折旧费用高估，则净利低估。因此在为企业进行固定资产投资分析时，选择不同的折旧方法是投资决策的一个重要因素之一。为此，Excel 为方便财务管理人员进行决策分析时，提供了一些折旧函数。

直线折旧法是计算折旧最常用的一种方法，其每期折旧额的公式为：

年折旧额＝（原始成本-预计净残值）/使用年限，使用直线折旧法计算折旧时，每期的折旧额都一样。

此函数的语法为：

SLN（cost,salvage,life）

功能：返回某项固定资产每期按直线折旧法计算的折旧数额。所有的参数值必须是正数。否则将返回错误值#NUM!。

在函数中各参数的意义如下：

cost 为固定资产的原始成本。

salvage 为固定资产报废时的预计净残值。

life 为固定资产可使用年数的估计数。

假设某人购买了一辆价值 300 000 元的轿车，其折旧年限为 5 年，残值为 75 000 元，那么用 SLN 函数来进行折旧计算的具体步骤如下：

Step 01 创建一个新的工作簿，命名为"直线折旧函数应用"。

Step 02 在工作表中输入如图 6-29 所示的数据内容。

Step 03 单击"B7"单元格。

Step 04 在公式选项卡中的数据库组中单击插入函数按钮，打开插入函数对话框。

Step 05 在或选择类别下拉列表中选择财务按钮，在财务列表框中选择 SLN 函数，打开函数参数对话框，如图 6-30 所示。

Step 06 在 Cost 参数框中输入 B3，在 Salvage 参数框中输入 B5，在 Life 参数框中输入 B4。

Step 07 单击确定按钮即可在"B7"单元格中得到计算结果，如图 6-31 所示。

图 6-29　在工作表中输入直线折旧函数计算数据　　　　　图 6-30　设置 SLN 函数参数

⚡ 动手做 5　年数总和法折旧函数

年数总和法是一种加速折旧方法，它以固定资产的原始成本减去预计残值后的余额再乘以一个逐年递减的分数，作为该期的折旧额。这个分数的分母是固定资产使用年限的各年年数之和，分子是固定资产尚可使用年限。假设使用年限为 Life，则递减分数的分母为：

图 6-31　应用直线折旧函数得到的结果

Life＋(life-1)＋(life-2)＋…＋1＝life(life+1)/2

自第一期至第 life 期分子分别为 life，life-1，life-2…，1。

年折旧额的计算公式为：

年折旧额＝（原始成本-预计净残值）×尚可使用年限/使用年限之和

在利用年数总和法来计算折旧额时，是使用年数总和法函数 SYD（）来计算的。

函数语法为：

SYD（cost,salvage,life,per）

功能：返回某项固定资产某期间的按年数总和法计算的折旧数额。其所有的参数都应为数，否则将返回错误值#NUM!。

在函数中各参数的意义如下：

cost 为固定资产的原始成本。

salvage 为固定资产报废时的预计净残值。

life 为固定资产可使用年数的估计数。

per 为指定要计算第几期折旧数额。

life 与 per 参数应采用相同的单位，且 per 应小于或等于 life。

假设某人购买了一辆价值 300 000 元的轿车，其折旧年限为 5 年，残值为 75 000 元，那么用 SYD 函数来进行折旧计算的具体步骤如下：

Step 01　创建一个新的工作簿，命名为"年数总和法折旧函数应用"。

Step 02　在工作表中输入如图 6-32 所示的数据内容。

Step 03　单击"B7"单元格。

Step 04　在公式选项卡的函数库组中单击插入函数按钮，打开插入函数对话框。

Step 05　在或选择类别下拉列表中选择财务按钮，在财务列表框中选择 SYD 函数，打开函数参数对话框，如图 6-33 所示。

Step 06　在 Cost 参数框中输入 B3，在 Salvage 参数框中输入 B5，在 Life 参数框中输入 B4，在 Per 参数框中输入 1。

图 6-32 在工作表中输入 SYD 函数计算数据

图 6-33 设置 SYD 函数参数

Step 07 单击确定按钮即可在"B7"单元格中得到计算结果，如图 6-34 所示。

Step 08 按照相同的方法计算第二、三、四、五年的折旧额，最终计算结果如图 6-34 所示。

图 6-34 应用 SYD 函数得到的结果

动手做 6　与函数 AND

语法：AND（logical1，logical2，…）

功能：逻辑"与"函数，当所有参数的逻辑值均为 TRUE 时，才返回 TRUE 值；如果有任何一个参数的逻辑值为 FALSE，则返回 FALSE。

说明：参数可为 1 到 14，这些参数都是值为逻辑值的表达式。如果所指定的范围中不含逻辑值，AND 函数将返回错误值#VALUE!。

如现在某公司要对其销售成绩进行评价：当销售额大于或等于 50 万元，并且销售毛利大于 25 万元时，销售评价值为 A 级；当销售额大于 30 万元而小于 50 万元，并且销售毛利大于 18 万元时，销售评价值为 B 级；当销售额小于或等于 30 万元时，销售评价为 C 级。

利用逻辑判断函数 IF 和与函数 AND 的嵌套可以处理这类问题，其计算公式为：

IF（AND（销售额>=50，销售毛利>25），"A 级"，IF（AND（销售额>30，销售毛利>18）"B 级"，"C 级"））。

动手做 7　或函数 OR

语法：OR（logical1，logical2，…）

功能：逻辑"或"函数，只要所有参数的逻辑值有一个为 TRUE，其返回 TRUE 值，否则将返回 FALSE。

说明：参数可为 1 到 14，这些参数都是值为逻辑值的表达式。如果所指定的范围中不含逻辑值，OR 函数将返回错误值#VALUE!。

如现在某公司要对其销售成绩进行评价：当销售额大于或等于 50 万元，或者销售量大于 500 件时，销售评价值为 A 级，否则为 B 级。

利用逻辑判断函数 IF 和"或"函数 OR 可以处理这类问题，其计算公式为：

IF（OR（销售额>=50，销售量>500），"A 级"，）"B 级"）

动手做 8　非函数 NOT

语法：NOT（logical）

功能：逻辑"非"函数，改变 logical 参数的逻辑值。

说明：如果 logical 为 TRUE，其返回 FALSE；如果 logical 为 FALSE，其返回 TRUE。

如现在某公司要对其销售成绩进行评价：当销售额达不到 50 万元时，则输出"公司目标未实现"。写出其计算公式。

利用逻辑判断函数 IF 和"非"函数 NOT 可以处理这类问题，其计算公式为：

IF(NOT(销售额>=50)，"公司目标未实现")

知识拓展

通过前面的任务主要学习了创建公式、引用单元格、复制公式等有关公式的操作，另外还有一些关于公式的操作没有运用到，下面就介绍一下。

动手做 1　公式返回的错误信息

在 Excel 2010 工作表的单元格中输入公式以后，如果输入的公式不符合格式或者其他要求，就无法显示运算的结果，该单元格中会显示错误值信息，如"#####!"、"#DIV/0!"、"#N/A#"、"NAME?"、"#NULL!"、"#NUM!"、"#REF!"、"#VALUE!"。了解这些错误值信息的含义可以帮助用户修改单元格中的公式。表 6-1 列出了 Excel 2010 中的错误值及其含义。

表 6-1　错误值及其含义

错　误　值	含　义
#####!	公式产生的结果或键入的常数太长，当前单元格宽度不够，不能正确地显示出来。将单元格加宽就可以避免这种错误
#DIV/0!	公式中产生了除数或者分母为 0 的错误。这时候就要检查（1）公式中是否引用了空白的单元格或数值为 0 的单元格作为除数；（2）引用的宏程序是否包含返回"#DIV/0!"值的宏函数；（3）是否有函数在特定条件下返回"#DIV/0!"错误值
#N/A	引用的单元格中没有可以使用的数值。在建立数学模型缺少个别数据时，可以在相应的单元格中输入 #N/A，以免引用空单元格
#NAME?	公式中含有不能识别的名字或者字符。这时候就要检查公式中引用的单元格名字是否输入了不正确的字符
#NULL!	试图为公式中两个不相交的区域指定交叉点。这时候就要检查是否使用了不正确的区域操作符或者不正确的单元格引用
#NUM!	公式中某个函数的参数不对。这时候就要检查函数的每个参数是否正确
#REF!	引用中有无效的单元格。移动、复制和删除公式中的引用区域时，应当注意是否破坏了公式中单元格引用，检查公式中是否有无效的单元格引用
#VALUE!	在需要数值或者逻辑值的地方输入了文本，检查公式或者函数的数值和参数

动手做 2　保护单元格中的公式

如果单元格中的数据是公式计算出来的，那么当选定该单元格后，在编辑栏上将会显示出该数据的公式。如果用户工作表中的数据比较重要，可以将工作表单元格中的公式隐藏，这样可以防止其他用户看出该数据是如何计算出的。

对工作表中的公式进行保护，具体操作步骤如下：

Step 01　选中要保护的单元格或单元格区域。

Step 02　单击开始选项卡中单元格组中的格式按钮，在打开的下拉列表中选择设置单元格格式选项，打开单元格格式对话框，单击保护选项卡，如图 6-35 所示。

Step 03　在对话框中如果选中了锁定复选框，则工作表受保护后，单元格中的数据不能被修改；如果选中了隐藏复选框，则工作表受保护后，单元格中的公式被隐藏。

Step**04** 单击确定按钮。

Step**05** 单击审阅选项卡中更改组中的保护工作表按钮，打开保护工作表对话框，如图 6-36 所示。选中保护工作表及锁定的单元格内容复选框，单击确定按钮，对工作表设置保护。

设置了隐藏功能后，选中含有公式的单元格，则不显示公式。

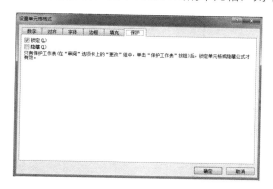

图 6-35　保护单元格

图 6-36　保护工作表对话框

◈ 动手做 3　查看当前工作表中的所有公式

利用 Excel 2010 中的"公式审核"工具可以快速地显示出当前工作表中所有的公式，显示工作表中的所有公式的具体操作步骤如下：

Step**01** 切换到要显示公式的工作表中，单击公式选项卡，在公式审核选项组中单击显示公式按钮，即可将工作表中所有公式显示出来，如图 6-37 所示。

	语言程序设计	计算机网络	总分	平均分	不及格科数
	网络工程一班期末考试成绩分析表				
6	97	56	=SUM(C6:F6)	=AVERAGE(C6:F6)	=COUNTIF(C6:F6,"<60")
7	95	87	=SUM(C7:F7)	=AVERAGE(C7:F7)	=COUNTIF(C7:F7,"<60")
8	83	99	=SUM(C8:F8)	=AVERAGE(C8:F8)	=COUNTIF(C8:F8,"<60")
9	41	90	=SUM(C9:F9)	=AVERAGE(C9:F9)	=COUNTIF(C9:F9,"<60")
10	58	78	=SUM(C10:F10)	=AVERAGE(C10:F10)	=COUNTIF(C10:F10,"<60")
11	79	73	=SUM(C11:F11)	=AVERAGE(C11:F11)	=COUNTIF(C11:F11,"<60")
12	97	84	=SUM(C12:F12)	=AVERAGE(C12:F12)	=COUNTIF(C12:F12,"<60")
13	84	65	=SUM(C13:F13)	=AVERAGE(C13:F13)	=COUNTIF(C13:F13,"<60")
14	30	67	=SUM(C14:F14)	=AVERAGE(C14:F14)	=COUNTIF(C14:F14,"<60")
15	86	87	=SUM(C15:F15)	=AVERAGE(C15:F15)	=COUNTIF(C15:F15,"<60")
16	96	99	=SUM(C16:F16)	=AVERAGE(C16:F16)	=COUNTIF(C16:F16,"<60")
17	92	90	=SUM(C17:F17)	=AVERAGE(C17:F17)	=COUNTIF(C17:F17,"<60")
18	78	76	=SUM(C18:F18)	=AVERAGE(C18:F18)	=COUNTIF(C18:F18,"<60")
19	66	98	=SUM(C19:F19)	=AVERAGE(C19:F19)	=COUNTIF(C19:F19,"<60")
20	76	98	=SUM(C20:F20)	=AVERAGE(C20:F20)	=COUNTIF(C20:F20,"<60")
21	77	99	=SUM(C21:F21)	=AVERAGE(C21:F21)	=COUNTIF(C21:F21,"<60")
22	77	88	=SUM(C22:F22)	=AVERAGE(C22:F22)	=COUNTIF(C22:F22,"<60")
23	98	87	=SUM(C23:F23)	=AVERAGE(C23:F23)	=COUNTIF(C23:F23,"<60")
24	56	45	=SUM(C24:F24)	=AVERAGE(C24:F24)	=COUNTIF(C24:F24,"<60")
25	=MAX(E6:E24)	=MAX(F6:F24)	=MAX(G6:G24)	=MAX(H6:H24)	
26	=MIN(E5:E24)	=MIN(F5:F24)	=MIN(G5:G24)	=MIN(H5:H24)	

图 6-37　显示所有公式

Step**02** 如果要重新显示出数值，再次单击显示公式按钮即可。

◈ 动手做 4　追踪引用单元格

追踪引用单元格是指查看当前公式引用哪些单元格进行计算。当公式有错误值时，通过该功能也可辅助查找公式错误原因。

追踪引用单元格的具体操作步骤如下：

Step**01** 选中单元格。

Step**02** 单击公式选项卡，在公式审核选项组中单击追踪引用单元格按钮，即可使用箭头显示数据源引用指向，如图 6-38 所示。

蓝色圆点表示所在单元格的引用单元格，蓝色箭头表示所在单元格是从属单元格。

动手做 5　追踪从属单元格

追踪从属单元格功能是指追踪受当前所选单元格值影响的单元格。

追踪从属单元格的具体操作步骤如下：

Step 01 选中单元格。

Step 02 单击公式选项卡，在公式审核选项组中单击追踪从属单元格按钮，即可使用箭头显示受该单元格值所影响的单元格，如图 6-39 所示。

图 6-38　追踪引用单元格 　　　　图 6-39　追踪从属单元格

动手做 6　使用"错误检查"功能辅助查找公式错误原因

当公式计算结果出现错误时，可以使用"错误检查"功能来逐一对错误值进行检查，检查的同时程序还可以给出导致错误产生原因的提示。

使用"错误检查"功能辅助查找公式错误原因的具体操作步骤如下：

Step 01 选中任意单元格，单击公式选项卡，在公式审核选项组中单击错误检查按钮，打开错误检查对话框。

Step 02 在错误检查对话框中，可以看到提示信息，如说明公式中包含错误的数据类型，如图 6-40 所示。

Step 03 找到错误原因后，即可有针对性地对公式进行修改。

动手做 7　通过"公式求值"功能逐步分解公式

使用"公式求值"功能可以分步求出公式的计算结果（根据优先级求取），如果公式有错误，可以方便快速找出发生错误具体是在哪一步；如果公式没有错误，使用该功能可以便于对公式的理解。

使用公式求值功能的具体操作步骤如下：

Step 01 选中显示公式的单元格，单击公式选项卡，在公式审核选项组中单击公式求值按钮，打开公式求值对话框，如图 6-41 所示。

图 6-40　错误检查对话框

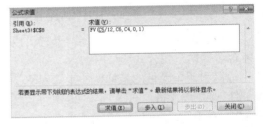

图 6-41　公式求值对话框

Step 02 单击求值按钮，即可对公式中显示下画线的部分求值。即求出了"C5"的值，如图 6-42 所示。

Step 03 用户可以继续单击求值按钮一步步查看求值结果。

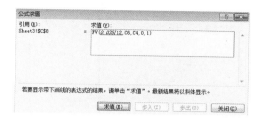

图 6-42　分步求值

课后练习与指导

一、选择题

1. 关于函数下列说法正确的是（　　）。
   A. 函数其实就是一些预定义的公式
   B. 函数以函数名称开始
   C. 函数参数可以是数字、文本、数组等，但不能为逻辑值和错误值
   D. 函数中必须包含参数

2. 关于 COUNTIF 函数下列说法正确的是（　　）。
   A. COUNTIF 函数的语法为 COUNTIF（range,criteria）
   B. range 为需要计算其中满足条件的单元格数目的单元格区域
   C. criteria 为确定哪些单元格将被计算在内的条件
   D. 可以在条件中使用通配符，即问号（?）和星号（*），另外条件不区分大小写

3. 关于 RANK 函数下列说法错误的是（　　）。
   A. RANK 函数的语法为 RANK (number,ref,[order])
   B. ref 为排名的参照数值区域
   C. 使用 RANK 函数可以求得倒数的名次
   D. RANK.EQ 函数对于相等的数值返回该数值的平均排名

4. 关于 IF 函数下列说法错误的是（　　）。
   A. IF(logical_test,value_if_true,value_if_false)
   B. value_if_true 表示条件为真时返回的值
   C. 函数 IF 可以嵌套九层
   D. IF 函数可以执行真假值判断，根据逻辑计算的真假值，返回不同结果

二、填空题

1. 在 FV 函数中 Rate 为_____，Nper 为_____，Pv 为_____，Type 用以指定_____。

2. 在 PV 函数中 Rate 为_____，Nper 为_____，Pv 为_____，Fv 为_____，Type 用以指定_____。

3. 在 PMT 函数中 Rate 为_____，Nper 为_____，Pmt 为_____，Fv 为

________，Type 用以指定________。

4．在 SLN 函数中，Cost 为________，Salvage 为________，Life 为________。

5．在 SYD 函数中，Cost 为________，Salvage 为________，Life 为________，Per 为________。

6．单击______选项卡，在______选项组中单击______按钮，即可使用箭头显示数据源引用指向。

7．单击______选项卡，在______选项组中单击______按钮，即可使用箭头显示受该单元格值所影响的单元格。

8．单击______选项卡，在______选项组中单击____________按钮，打开“错误检查”对话框。

三、简答题

1．简述在 Excel 2010 中函数的分类?

2．函数的基本语法由哪几部分组成?

3．AND 函数的语法与功能是什么?

4．OR 函数的语法与功能是什么?

5．NOT 函数的语法与功能是什么?

6．如何保护单元格中的公式?

7．追踪引用单元格是一种什么功能? 如何进行操作?

8．错误检查是一种什么功能? 如何进行操作?

四、实践题

利用函数制作以下电子表格。

1．如图 6-43 所示，在考评结果列中利用 IF 函数和 OR 函数来判断销售业绩和理论成绩数据中是否有一个大于“60”的数据，如果有，该员工就具备晋级的资格，否则取消资格。

素材位置：案例与素材\模块 05\素材\OR 函数应用（初始）

效果位置：案例与素材\模块 05\源文件\ OR 函数应用

2．如图 6-44 所示，在考评结果列中利用 IF 函数和 AND 函数来判断销售业绩和理论成绩数据中是否有两者都大于“60”的数据，如果有，该员工就具备晋级的资格，否则取消资格。

素材位置：案例与素材\模块 05\素材\AND 函数应用（初始）

效果位置：案例与素材\模块 05\源文件\ AND 函数应用

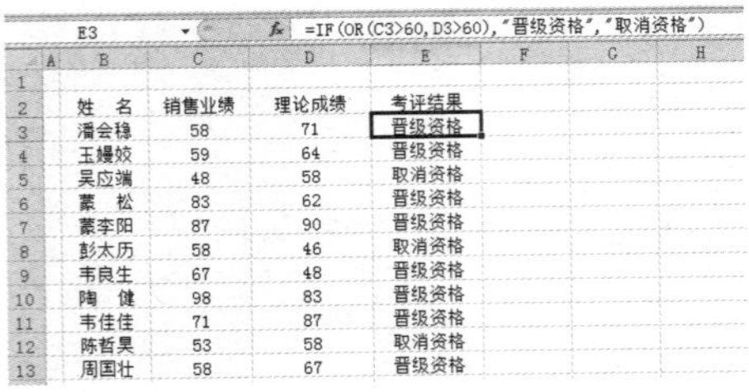

E3　=IF(OR(C3>60,D3>60),"晋级资格","取消资格")

姓　名	销售业绩	理论成绩	考评结果
潘会稳	58	71	晋级资格
王嫚姣	59	64	晋级资格
吴应端	48	58	取消资格
蒙　松	83	62	晋级资格
蒙李阳	87	90	晋级资格
彭太历	58	46	取消资格
韦良生	67	48	晋级资格
陶　健	98	83	晋级资格
韦佳佳	71	87	晋级资格
陈哲昊	53	58	取消资格
周国壮	58	67	晋级资格

图 6-43　OR 函数应用

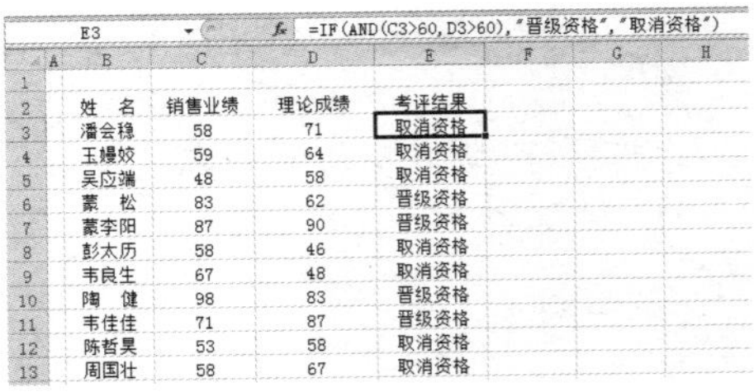

E3　=IF(AND(C3>60,D3>60),"晋级资格","取消资格")

姓　名	销售业绩	理论成绩	考评结果
潘会稳	58	71	取消资格
王嫚姣	59	64	取消资格
吴应端	48	58	取消资格
蒙　松	83	62	晋级资格
蒙李阳	87	90	晋级资格
彭太历	58	46	取消资格
韦良生	67	48	取消资格
陶　健	98	83	晋级资格
韦佳佳	71	87	晋级资格
陈哲昊	53	58	取消资格
周国壮	58	67	取消资格

图 6-44　AND 函数应用

你知道吗?

Excel 在管理和分析数据方面具有强大的功能。用户可以使用合并计算来汇总数据,利用筛选来分析数据,使用模拟运算、单变量求解和方案功能来分析和管理数据。

应用场景

常见的期末考试成绩表、公司职工工资表等电子表格,如图 7-1 所示,这些都可以利用 Excel 2010 的数据分析与管理功能来制作。

对图书销售情况统计表中的数据进行整理、分析就可以看出各类图书的出售情况。

如图 7-2 所示,是利用 Excel 2010 的数据管理与分析功能制作的图书销售情况统计表。请读者根据本模块所介绍的知识和技能,完成这一工作任务。

图 7-1 公司职工工资表 　　　　图 7-2 图书销售情况统计表

相关文件模板

利用 Excel 2010 的数据分析功能还可以完成期末考试成绩表、公司职工工资表、产品合格情况表、产品流量表等工作任务。为方便读者,本书在配套的资料包中提供了部分常用的文件模板,具体文件路径如图 7-3 所示。

图 7-3 应用文件模板

背景知识

图书销售统计表是图书市场的晴雨表,这里没有系统发行,更没有强行摊派,一切全看读者喜不喜欢，愿不愿意掏腰包。因而这里反映的市场最为真实，它实际上是出版单位之间最为公平的竞技场。之所以将这里的竞争称为"蓝色硝烟"，不仅是因为这里的竞争静悄悄，而且还因为公平的竞争最美丽。

设计思路

在制作图书销售情况统计表的过程中，主要应用到数据的管理与分析功能，制作图书销售情况统计表的基本步骤可分解为：

Step **01** 数据清单

Step **02** 合并计算

Step **03** 排序数据

Step **04** 筛选数据

Step **05** 分类汇总数据

项目任务 7-1 数据清单

在 Excel 2010 中，数据清单是包含相关数据的一系列工作表数据行，它与数据库之间的差异不大，只是范围更广，它主要用于管理数据的结构。在 Excel 2010 中执行数据库操作命令时，把数据清单看成一个数据库。当对工作表中的数据进行排序、分类汇总等操作时，Excel 会将数据清单看成是数据库来处理。数据清单中的行被当成数据库中的记录，列被看作对应数据库的字段，数据清单中的列名称作为数据库中的字段名称。

⁂ 动手做 1 建立数据清单的准则

创建数据清单可以很方便地对数据清单中的数据进行管理和分析。为了很好地利用这些功能，用户可以在创建数据清单时根据下述准则来建立：

● 每张工作表仅使用一个数据清单：避免在一张工作表中建立多个数据清单。因为某些清单管理功能一次只能在一个数据清单中使用。

● 将相似项置于同一列：设计数据清单时，应使用同一列中的各行具有相似的数据项。

● 使清单独立：在数据清单与其他数据之间，至少留出一个空白列和一个空白行，这样在执行排序、筛选、自动汇总等操作时，便于 Excel 检测和选定数据清单。

● 将关键数据置于清单的顶部或底部：避免将关键数据放到数据清单的左右两侧，因为这些数据在筛选数据清单时可能会被隐藏。

● 显示行和列：在更改数据清单之前，请确保隐藏的行和列也被显示。如果清单中的行和列未被显示，那么数据有可能会被删除。

● 使用带格式的列标：在数据清单的第一行里建立标志，利用这些标志，Excel 可以创建报告并查找和组织数据。对于列标志应使用与清单中数据不同的字体、对齐方式、格式、图案、边框或大小写样式等。

● 使用单元格边框：如果要将标志和其他数据分开，应使用单元格边框在标志行下插入一行直线。

● 避免空行和空列：在数据清单中可以有少量的空白单元格，但不可有空行或空列。

● 不要在数据项前面或后面键入空格：单元格中，各数据项前不要加多余空格，以免影响数据处理。

⁘ 动手做 2 数据清单的创建方法

在创建数据清单时应首先完成数据清单的结构设计，然后在工作表中建立数据清单。创建“图书销售统计表”数据清单的基本操作步骤如下：

Step 01 创建一个工作簿，然后将工作簿命名为“虹桥图书大厦 2013 年度销售情况统计表”并将工作簿保存在“案例与素材\模块 07\源文件”文件夹中。

Step 02 在工作簿的底部单击插入工作表按钮 ，在工作簿中再插入两个新的工作表。按住 Ctrl 键，依次选中五个工作表，将其作为工作表组。

Step 03 在工作表组第一行中输入统计表的标题“虹桥图书大厦第一季度销售情况统计表”，然后在第三行中依次输入各个字段，如图 7-4 所示。

Step 04 输入各字段后，按照记录输入“图书编号”、“书名”、“图书类别”和“单价”字段的数据，效果如图 7-5 所示。

	A	B	C	D	E	F
1	虹桥图书大厦第一季度销售情况统计表					
2						
3	图书编号	书名	图书类别	单价	销售量（本）	销售额（元）
4						
5						
6						
7						

图 7-4 输入数据清单中的各个字段

	A	B	C	D	E	F
1	虹桥图书大厦第一季度销售情况统计表					
2						
3	图书编号	书名	图书类别	单价	销售量（本）	销售额（元）
4	JSJ0001	Excel2010入门教程	办公软件	19.00		
5	JSJ0002	Windows XP教程	操作系统	18.00		
6	JSJ0003	Windows 7 教程	操作系统	17.00		
7	JSJ0004	Excel函数大全	办公软件	45.00		
8	JSJ0005	Word提高教程	办公软件	19.00		
9	JSJ0006	Fireworks教程	图形图像	17.00		
10	JSJ0007	PowerPoint教程	办公软件	19.00		
11	JSJ0008	Java高级教程	编程语言	58.00		
12	JSJ0009	网站制作高手	其他	20.00		
13	JSJ0010	Photoshop教程	图形图像	22.00		
14	JSJ0011	Premiere教程	图形图像	19.50		
15	JSJ0012	Flash教程	图形图像	21.00		
16	JSJ0013	五笔字型入门与提高	其他	13.50		
17	JSJ0014	BASIC入门与提高	编程语言	24.00		
18	JSJ0015	ASP.NET入门教程	编程语言	53.00		
19	JSJ0016	QL Server 2008入门教程	其他	44.00		
20	JSJ0017	数据结构	其他	32.00		
21	JSJ0018	计算机操作系统	其他	30.00		
22	JSJ0019	MS Office 完全应用	办公软件	67.00		
23	JSJ0020	PHP入门教程	编程语言	41.00		
24	JSJ0021	计算机组装与维护	其他	37.00		
25	JSJ0022	J2EE应用实践教程	编程语言	35.00		
26	JSJ0023	C/C++	编程语言	59.00		
27	JSJ0024	Audition教程	编辑软件	63.00		
28	JSJ0025	Html 5 教程	编程语言	50.00		

Sheet1 Sheet2 Sheet3 Sheet4 Sheet5

图 7-5 输入数据后的工作表

Step 05 将“A1:F1”单元格区域合并，并设置标题字体为黑体，字号为 18 磅。

Step 06 设置字段行的字体颜色为白色，并为字段行添加橙色底纹，为字段行下面的各行添加橙色边框。

Step 07 在任意一个工作表标签上右击，在打开的快捷菜单中选择取消组合工作表选项，取消成组的工作表。

Step 08 将工作表 Sheet1 重命名为“第一季度”，然后在工作表中输入“销售量”和“销售额”记录。

Step 09 按照相同的方法将 Sheet2、Sheet3、Sheet4 和 Sheet5 工作表分别重命名为“第二季度”、“第三季度”、“第四季度”和“年度汇总”。

Step 10 在“第二季度”、“第三季度”和“第四季度”工作表中输入相应的“销售量”和“销售额”记录，并将标题修改为相应季度，效果如图 7-6 所示。

	A	B	C	D	E	F
1	虹桥图书大厦第二季度销售情况统计表					
2						
3	图书编号	书名	图书类别	单价	销售量（本）	销售额（元）
4	JSJ0001	Excel2010入门教程	办公软件	19.00	150	2,850.00
5	JSJ0002	Windows XP教程	操作系统	18.00	110	1,980.00
6	JSJ0003	Windows 7 教程	操作系统	17.00	100	1,700.00
7	JSJ0004	Excel函数大全	办公软件	45.00	160	7,200.00
8	JSJ0005	Word提高教程	办公软件	19.00	190	3,610.00
9	JSJ0006	Fireworks教程	图形图像	17.00	230	3,910.00
10	JSJ0007	PowerPoint教程	办公软件	19.00	86	1,634.00
11	JSJ0008	Java高级教程	编程语言	58.00	112	6,496.00
12	JSJ0009	网站制作高手	其他	20.00	186	3,720.00
13	JSJ0010	Photoshop教程	图形图像	22.00	160	3,520.00
14	JSJ0011	Premiere教程	图形图像	19.50	130	2,535.00
15	JSJ0012	Flash教程	图形图像	21.00	160	3,360.00
16	JSJ0013	五笔字型入门与提高	其他	13.50	90	1,215.00
17	JSJ0014	BASIC入门与提高	编程语言	24.00	80	1,920.00
18	JSJ0015	ASP.NET入门教程	编程语言	53.00	165	8,745.00
19	JSJ0016	SQL Server 2008入门教程	其他	44.00	107	4,708.00
20	JSJ0017	数据结构	其他	32.00	139	4,448.00
21	JSJ0018	计算机操作系统	其他	30.00	114	3,420.00
22	JSJ0019	MS Office 完全应用	办公软件	67.00	95	6,365.00
23	JSJ0020	PHP入门教程	编程语言	41.00	179	7,339.00
24	JSJ0021	计算机组装与维护	其他	37.00	132	4,884.00
25	JSJ0022	J2EE应用实践教程	编程语言	35.00	124	4,340.00
26	JSJ0023	C/C++	编程语言	59.00	157	9,263.00

第一季度 第二季度 第三季度 第四季度 年度汇总

图 7-6 完整的数据清单

项目任务 7-2 合并计算

图书销售统计表一般是按照月度或季度进行统计的，为了对年度销售情况进行全面了解，就要将这些分散的数据进行合并，从而得到一份完整的销售统计表。利用 Excel 2010 所提供的合并计算功能，就可以很容易完成这些汇总工作。

※ 动手做 1 建立合并计算

所谓合并计算，是指用来汇总一个或多个源区域中的数据的方法。Excel 2010 提供了两种合并计算数据的方法。一是按位置合并计算，即将源区域中相同位置的数据汇总；二是按分类合并计算，当源区域中没有相同的布局时，则采用分类方式进行汇总。

在前面创建的图书销售统计表工作簿中 4 个季度的销售情况统计表已经输入全部数据，而年度汇总表中还没有输入具体的销售数据。

这 5 个工作表具有相同的结构，只是销量和销售额不同，此时可以利用 Excel 2010 合并计算的功能将 4 个季度的销量和销售额汇总到年度销售统计工作表中。

利用合并计算汇总数据的具体操作步骤如下：

Step 01 切换到年度汇总工作表中，并将鼠标定位在 E4 单元格中，如图 7-7 所示。

图 7-7 年度汇总工作表

Step 02 切换到数据选项卡，在数据工具组中单击合并计算按钮，打开合并计算对话框，如图 7-8 所示。

Step 03 在函数下拉列表中选择求和选项。

Step 04 在引用位置文本框中输入源引用位置，或者单击引用位置文本框右边的折叠按钮，打开一个区域引用的对话框，单击"第一季度"工作表，然后在工作表中选中要引用的数据区域"E4:F39"，如图 7-9 所示。

Step 05 再次单击折叠按钮，返回到合并计算对话框，单击添加按钮，则引用的位置被添加到所有引用位置列表中。

Step 06 继续单击引用位置文本框右边的折叠按钮，打开区域引用对话框，单击"第二季"工作表，然后在工作表中选中要引用的数据区域"E4:F39"。单击折叠按钮，返回到合并计算对话框，单击添加按钮，则引用的位置被添加到所有引用位置列表中。

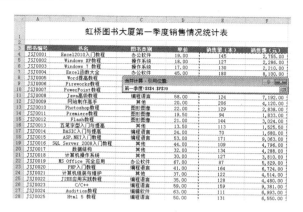

图 7-9　引用数据区域

图 7-8　合并计算对话框

Step **07**　继续单击引用位置文本框右边的折叠按钮，打开区域引用对话框，单击"第三季"度工作表，然后在工作表中选中要引用的数据区域"E4:F39"。单击折叠按钮，返回到合并计算对话框，单击添加按钮，则引用的位置被添加到所有引用位置列表中。添加了 3 个季度的引用位置后，合并计算对话框如图 7-10 所示。

Step **08**　在标签位置区域不要选中首行和最左列选项，单击确定按钮，则得到合并计算的结果，如图 7-11 所示。

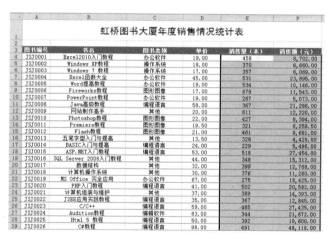

图 7-11　合并计算的结果

图 7-10　添加了引用位置的合并计算对话框

教你一招

　　在合并计算时还可以分类合并计算数据，分类合并是指当多重来源区域包含相似的数据却以不同的方式排列时，可以不同分类进行数据的合并计算。在合并计算对话框的标签位置区域选中首行选项，则以引用区域的首行进行分类合并计算，如果选中最左列选项，则以引用区域的最左列进行分类合并计算。

提示

如果用户希望当数据改变时，Excel 会自动更新合并计算表。这时用户只要在合并计算对话框中选中创建指向源数据的链接复选框。这样，当源数据改变时合并计算的结果将自动更新。

当源区域和目标区域在同一张工作表时，是不能够建立链接的。此外，如果包含目标区域的工作表同时也包含一个分级显示或被用于一个链接的合并计算，如果用户没有移去分级显示和链接公式，那么目标工作表会被破坏。因此，在建立链接之前要检查合并计算，先进行一个无链接的合并计算，再进行链接的合并计算。

※ 动手做 2　编辑合并计算

对于一个建立合并计算的工作表文件，还可以进一步编辑。在执行编辑操作前应注意，仅当没有建立源区域的链接时，才可以调整源区域并在目的区域中重新合并计算。因此，如果建立了到源区域的链接，则在执行调整合并计算的编辑操作之前，先要删除合并计算的结果并移去分级显示。

例如，刚才在进行合并计算时忘记了合并第四季度的数据，此时用户可以利用添加数据源的方式将其添加，具体操作步骤如下：

Step 01 在年度汇总工作表中选中 E4 单元格。

Step 02 切换到数据选项卡，在数据工具组中单击合并计算按钮，打开合并计算对话框。

Step 03 单击引用位置文本框右边的折叠按钮，打开区域引用的对话框，单击"第四季度"工作表，然后在工作表中选中要引用的数据区域"E4:F39"。

Step 04 再次单击折叠按钮，返回到合并计算对话框，单击添加按钮，则新引用的位置被添加到所有引用位置列表中。

Step 05 单击确定按钮，则得到合并计算的结果，如图 7-12 所示。

	A	B	C	D	E	F
1			虹桥图书大厦年度销售情况统计表			
2						
3	图书编号	书名	图书类别	单价	销售量（本）	销售额（元）
4	JSJ0001	Excel2010入门教程	办公软件	19.00	627	11,913.00
5	JSJ0002	Windows XP教程	操作系统	18.00	555	9,990.00
6	JSJ0003	Windows 7 教程	操作系统	17.00	493	8,381.00
7	JSJ0004	Excel函数大全	办公软件	45.00	706	31,770.00
8	JSJ0005	Word提高教程	办公软件	19.00	727	13,813.00
9	JSJ0006	Fireworks教程	图形图像	17.00	942	16,014.00
10	JSJ0007	PowerPoint教程	办公软件	19.00	361	6,859.00
11	JSJ0008	Java高级教程	编程语言	58.00	530	30,740.00
12	JSJ0009	网络制作高手	其他	20.00	895	17,900.00
13	JSJ0010	Photoshop教程	图形图像	22.00	561	12,342.00
14	JSJ0011	Premiere教程	图形图像	19.50	474	9,243.00
15	JSJ0012	Flash教程	图形图像	21.00	624	13,104.00
16	JSJ0013	五笔字型入门与提高	其他	13.50	434	5,859.00
17	JSJ0014	BASIC入门与提高	编程语言	24.00	323	7,752.00
18	JSJ0015	ASP.NET入门教程	编程语言	53.00	682	36,146.00
19	JSJ0016	SQL Server 2008入门教程	其他	44.00	505	22,220.00
20	JSJ0017	数据结构	其他	32.00	548	17,536.00
21	JSJ0018	计算机操作系统	其他	30.00	544	16,320.00
22	JSJ0019	MS Office 完全应用	办公软件	67.00	373	24,991.00
23	JSJ0020	PHP入门教程	编程语言	41.00	671	27,511.00
24	JSJ0021	计算机组装与维护	其他	37.00	527	19,499.00
25	JSJ0022	J2EE应用实践教程	编程语言	35.00	535	18,725.00
26	JSJ0023	C/C++	编程语言	59.00	637	37,583.00
27	JSJ0024	Audition教程	编程软件	63.00	483	30,429.00
28	JSJ0025	Html 5 教程	编程语言	50.00	538	26,900.00

图 7-12　添加数据源区域合并计算的结果

教你一招

如果合并计算工作表文件中所包含的数据区域中有不再需要的数据时，用户可以从合并计算区域中删除源区域，在合并计算对话框中的在所有引用位置列表中选择要删除的源区域，单击删除按钮，然后单击确定按钮。

项目任务 7-3 排序数据

在实际应用中，在工作表中建立数据清单输入数据时，人们一般是按照数据获得的先后顺序输入的。但是，当用户要直接从数据清单中查找所需的信息时，很不直观。为了提高查找效率，需要重新整理数据，对此最有效的方法就是对数据进行排序。对数据清单中的数据进行排序是 Excel 最常见的应用之一。

排序是指按照一定的顺序重新排列数据清单中的数据，通过排序，可以根据某特定列的内容来重新排列数据清单中的行。排序并不改变行的内容，当两行中有完全相同的数据或内容时，Excel 会保持它们的原始顺序。

所谓的数据清单就是包含相关数据的一系列工作表数据行，数据清单中的字段即工作表中的列，每一列中包含一种信息类型，该列的列标题就叫字段名，它必须由文字表示。数据清单中的记录，即工作表中的行，每一行都包含着相关的信息。

∷ 动手做 1 默认的排序方式

Excel 可以根据数字、字母、日期等顺序排列数据，排序有递增和递减两种。按递增方式排序时 Excel 使用顺序如下所示（在按降序排序时，除了空格总是在最后外，其他的排序顺序反之）：

- 数字：数字从最小的负数到最大的正数排序。
- 按字母先后顺序：在按字母先后顺序对文本进行排序时，Excel 2010 从左到右一个字符一个字符地进行排序。例如，如果一个单元格含有文本 "B6"，则这个单元格将排在含有 "B5" 的单元格的后面，含有 "B7" 单元格的前面。
- 文本以及包含数字的文本，按下列顺序排序：先是数字 0 到 9，然后是字符 "' - (空格) ! " # $ % & ( ) * , . / : ; ? @ " \ " ^ _ ` { | } ~ + < = > "，最后是字母 A 到 Z。
- 逻辑值：在逻辑值中，FALSE 排在 TRUE 之前。
- 错误值：所有错误值的优先级等效。
- 空格：空格排在最后。

∷ 动手做 2 按单列进行排序

对数据记录进行排序时，主要利用 "排序" 工具按钮和 "排序" 对话框来进行排序。如果想快速地根据某一列的数据进行排序，则可使用数据选项卡下的排序和筛选组中的排序按钮：

- 升序按钮 ↕↓ ：单击此按钮后，系统将按字母表顺序、数据由小到大、日期由前到后等默认的排列顺序进行排序。
- 降序按钮 ↓↕ ：单击此按钮后，系统将按反字母表顺序、数据由大到小、日期由后到前等顺序进行排序。

例如，将年度汇总工作表中 "销量" 列的数据按降序进行排列，具体操作步骤如下：

Step 01 在 "年度汇总" 工作表 "销量" 列中选中任意一个单元格。

Step 02 单击数据选项卡中排序和筛选选项组中的降序按钮，则 "销量" 列的数据按由大到小排列，排序后的结果如图 7-13 所示。

提示

在进行排序时，也可利用开始选项卡中编辑选项组中排序和筛选按钮下拉列表中的排序按钮。

动手做 3　按多列排序

利用排序按钮进行排序虽然方便快捷，但是只能按某一字段名的内容进行排序，如果要按两个或两个以上字段的内容进行排序时可以在“排序”对话框中进行。

例如，在年度汇总工作表中先按“图书类别”降序排列，再按“销量”降序排列，具体操作步骤如下：

Step 01 将鼠标定位在数据清单中或选中单元格区域“A3：F39”。

Step 02 单击数据选项卡中排序和筛选选项组中的排序按钮，打开排序对话框。

Step 03 在主要关键字下拉列表中选中图书类别，在排序依据列表中选择数值，在次序列表中选中降序。

Step 04 单击添加条件按钮，在次要关键字下拉列表中选中销售量，在排序依据列表中选择数值，在次序列表中选中降序，如图 7-14 所示。

虹桥图书大厦年度销售情况统计表

图书编号	书名	图书类别	单价	销售量（本）	销售额（元）
JSJ0006	Fireworks教程	图形图像	17.00	942	16,014.00
JSJ0009	网站制作高手	其他	20.00	895	17,900.00
JSJ0029	管理信息系统	其他	21.00	768	16,128.00
JSJ0005	Word提高教程	办公软件	19.00	727	13,813.00
JSJ0004	Excel函数大全	办公软件	45.00	706	31,770.00
JSJ0033	After Effects 高级教程	编辑软件	87.00	699	60,813.00
JSJ0015	ASP.NET入门教程	编程语言	53.00	682	36,146.00
JSJ0020	PHP入门教程	编程语言	41.00	671	27,511.00
JSJ0036	Visual FoxPro教程	其他	36.00	667	24,012.00
JSJ0026	C#教程	编程语言	98.00	659	64,582.00
JSJ0034	计算机应用基础	其他	29.00	657	19,053.00
JSJ0023	C/C++	编程语言	59.00	637	37,583.00
JSJ0001	Excel2010入门教程	办公软件	19.00	627	11,913.00
JSJ0012	Flash教程	图形图像	21.00	624	13,104.00
JSJ0032	计算机组成原理与系统结构	其他	46.00	611	28,106.00
JSJ0027	电子商务概论	其他	34.00	577	19,618.00
JSJ0035	Illustrator 初级教程	编辑软件	73.00	570	41,610.00
JSJ0010	Photoshop教程	图形图像	22.00	561	12,342.00
JSJ0002	Windows XP教程	操作系统	18.00	555	9,990.00
JSJ0017	数据结构	其他	32.00	548	17,536.00
JSJ0018	计算机操作系统	其他	30.00	544	16,320.00
JSJ0025	Html 5 教程	编程语言	50.00	538	26,900.00
JSJ0022	J2EE应用实践教程	编程语言	35.00	535	18,725.00
JSJ0008	Java高级教程	编程语言	58.00	530	30,740.00
JSJ0021	计算机组装与维护	其他	37.00	527	19,499.00
JSJ0016	SQL Server 2008入门教程	其他	44.00	505	22,220.00

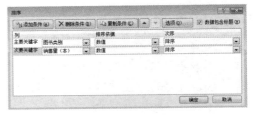

图 7-13　将“销量”列降序排列后的结果

图 7-14　排序对话框

Step 05 单击确定按钮，按多列进行排序后的结果如图 7-15 所示。

> **提示**
>
> 在排序对话框中选中数据包含标题复选框则表示在排序时保留数据清单的字段名称行，字段名称行不参与排序。取消数据包含标题复选框的选中状态则表示在排序时删除数据清单中的字段名称行，字段名称行中的数据也参与排序。

虹桥图书大厦年度销售情况统计表

图书编号	书名	图书类别	单价	销售量（本）	销售额（元）
JSJ0031	计算机网络技术与应用	网络安全	27.50	469	12,897.50
JSJ0030	网络信息检索	网络安全	28.00	366	10,248.00
JSJ0006	Fireworks教程	图形图像	17.00	942	16,014.00
JSJ0012	Flash教程	图形图像	21.00	624	13,104.00
JSJ0010	Photoshop教程	图形图像	22.00	561	12,342.00
JSJ0011	Premiere教程	图形图像	19.50	474	9,243.00
JSJ0009	网站制作高手	其他	20.00	895	17,900.00
JSJ0029	管理信息系统	其他	21.00	768	16,128.00
JSJ0036	Visual FoxPro教程	其他	36.00	667	24,012.00
JSJ0034	计算机应用基础	其他	29.00	657	19,053.00
JSJ0032	计算机组成原理与系统结构	其他	46.00	611	28,106.00
JSJ0027	电子商务概论	其他	34.00	577	19,618.00
JSJ0017	数据结构	其他	32.00	548	17,536.00
JSJ0018	计算机操作系统	其他	30.00	544	16,320.00
JSJ0021	计算机组装与维护	其他	37.00	527	19,499.00
JSJ0016	SQL Server 2008入门教程	其他	44.00	505	22,220.00
JSJ0013	五笔字型入门与提高	其他	13.50	434	5,859.00
JSJ0002	Windows XP教程	操作系统	18.00	555	9,990.00
JSJ0003	Windows 7 教程	操作系统	17.00	493	8,381.00
JSJ0033	After Effects 高级教程	编辑软件	87.00	699	60,813.00
JSJ0035	Illustrator 初级教程	编辑软件	73.00	570	41,610.00
JSJ0024	Audition教程	编辑软件	63.00	483	30,429.00
JSJ0015	ASP.NET入门教程	编程语言	53.00	682	36,146.00
JSJ0020	PHP入门教程	编程语言	41.00	671	27,511.00
JSJ0026	C#教程	编程语言	98.00	659	64,582.00
JSJ0023	C/C++	编程语言	59.00	637	37,583.00

图 7-15　按多列进行排序的效果

筛选是查找和处理数据清单中数据子集的快捷方法，筛选清单仅显示满足条件的行，该条件由用户针对某列指定。筛选与排序不同，它并不重排数据清单，而只是将不必显示的行暂时隐藏。用户可以使用"自动筛选"或"高级筛选"功能将那些符合条件的数据显示在工作表中。Excel 2010 在筛选行时，可以对清单子集进行编辑、设置格式、制作图表和打印，而不必重新排列或移动。

动手做 1　自动筛选

自动筛选是一种快速的筛选方法，用户可以通过它快速地访问大量数据，从中选出满足条件的记录并将其显示出来，隐藏那些不满足条件的数据，此种方法只适用于条件较简单的筛选。

例如，利用"自动筛选"功能，将图书销售统计表工作簿"第一季度"工作表中"图书类别"为"办公软件"的记录显示出来，具体的操作步骤如下：

Step 01 在"第一季度"工作表中将鼠标定位在数据清单的任意单元格中，或选中单元格区域"A3：F39"。

Step 02 单击数据选项卡中排序和筛选组中的筛选按钮，则在选中区域的标题行中文本的右侧出现一个下三角箭头，效果如图 7-16 所示。

Step 03 单击图书类别右侧的下三角箭头打开一个列表，在列表的数字筛选下面的列表中取消全选的选中状态，然后选择办公软件，如图 7-16 所示。

Step 04 单击确定按钮，自动筛选后的效果，如图 7-17 所示。

图 7-16　筛选列表

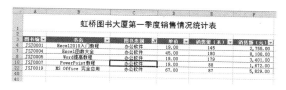

图 7-17　筛选图书类别为办公软件的效果

教你一招

在进行数据筛选后如果要取消筛选，单击排序和筛选组中的清除按钮即可。

动手做 2　自定义筛选

在使用"自动筛选"命令筛选数据时，还可以利用"自定义"的功能来限定一个或两个筛选条件，以便于将更接近条件的数据显示出来。

例如，在"第一季度"工作表中筛选出"销售量"大于或等于"150"的图书，具体操作步骤如下：

Step 01 在"第一季度"工作表中单击排序和筛选组中的清除按钮，清除刚才的筛选结果。

Step 02 单击销售量右侧的下三角箭头打开一个列表，然后指向数字筛选出现一个子菜单，如图 7-18 所示。

Step 03 在列表中选择大于或等于选项，打开自定义自动筛选方式对话框，如图 7-19 所示。

图 7-18 数字筛选菜单

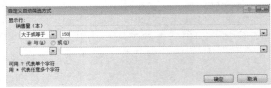

图 7-19 自定义自动筛选方式对话框

Step 04 在左上部的比较操作符下拉列表中选择"大于或等于"，在其右边的文本框中输入"150"。

Step 05 单击确定按钮，自定义筛选后的结果如图 7-20 所示。

⁛ 动手做 3 筛选前 10 个

如果用户要筛选出最大或最小的几项，用户可以在筛选列表中使用"前 10 个"命令来完成。例如，将"第二季度"工作表中单价最小的后八名显示出来，具体操作步骤如下：

Step 01 在"第二季度"工作表中将鼠标定位在数据清单的任意单元格中，或选中单元格区域"A3：F39"。

Step 02 单击数据选项卡中排序和筛选选项组中的筛选按钮。

Step 03 单击销售量右侧的下三角箭头打开一个列表，然后指向数字筛选出现一个子菜单，选择 10 个最大的选项，打开自动筛选前 10 个对话框，如图 7-21 所示。

图 7-20 按"销售量"字段自定义筛选的效果

图 7-21 自动筛选前 10 个对话框

Step 04 在对话框中的最左边的下拉列表中选择最小项，在中间的文本框中选择或输入 8，在最后边的下拉列表中选择项。

Step 05 单击确定按钮，按单价字段自动筛选出最小值后八名的效果如图 7-22 所示。

⁛ 动手做 4 多条件筛选

在实际操作中，常常涉及更复杂的筛选条件，此时用户可以使用多条件筛选。

例如，在"第三季度"工作表中筛选出图书类别为编程语言，销售量大于 100 本的记录，具体操作步骤如下：

Step 01 在"第三季度"工作表中将鼠标定位在数据清单的任意单元格中，或选中单元格区域"A3：F39"。

Step 02 单击数据选项卡中排序和筛选选项组中的筛选按钮。

Step 03 单击图书类别右侧的下三角箭头打开一个列表，在列表的数字筛选下面的列表中取消全选的选中状态，然后选择编程语言，单击确定按钮。

Step 04 单击销售量右侧的下三角箭头打开一个列表，然后指向数字筛选出现一个子菜单，选择大于或等于选项，打开自定义自动筛选方式对话框。

Step 05 在左上部的比较操作符下拉列表中选择大于或等于，在其右边的文本框中输入 100。

Step 06 单击确定按钮，多条件筛选的效果如图 7-23 所示。

图 7-22　筛选单价最小值后八名的效果　　　　　图 7-23　多条件筛选的效果

项目任务 7-5　分类汇总数据

分类汇总是对数据清单上的数据进行分析的一种常用方法，Excel 2010 可以使用函数实现分类和汇总值计算，汇总函数有求和、计算、求平均值等多种。使用汇总命令，可以按照用户选择的方式对数据进行汇总，自动建立分级显示，并在数据清单中插入汇总行和分类汇总行。在插入分类汇总时，Excel 2010 会自动在数据清单的底部插入一个总计行。

❯❯ 动手做 1　创建分类汇总

分类汇总是将数据清单中的某个关键字段进行分类，相同值分为一类，然后对各类进行汇总。在进行自动分类汇总之前，应对数据清单进行排序，将要分类字段相同的记录集中在一起，并且数据清单的第一行里必须有列标记。利用自动分类汇总功能可以对一项或多项指标进行汇总。

例如，在销售统计表工作簿"第四季度"工作表中，按"图书类别"对销售量进行最大值汇总，具体操作步骤如下：

Step 01 在"第四季度"工作表中将鼠标定位在"图书类别"一列中，单击数据选项卡中排序和筛选选项组中的升序按钮，将图书类别字段按升序进行排列，使相同图书类别的记录集中在一起。

Step 02 单击数据选项卡中分级显示选项组中的分类汇总按钮，打开分类汇总对话框。

Step 03 在分类字段下拉列表中选择图书类别；在汇总方式下拉列表中选择最大值；在选定汇总项列表中选中销售量，如图 7-24 所示。

Step 04 选中汇总结果显示在数据下方复选框，则将分类汇总的结果放在本类数据的最后一行。

Step 05 单击确定按钮，对销售量进行分类汇总后的结果，如图 7-25 所示。

提示

如果选中替换当前分类汇总复选框则表示按本次要求进行汇总；如果选中每组数据分页复选框，则将每一类分页显示。

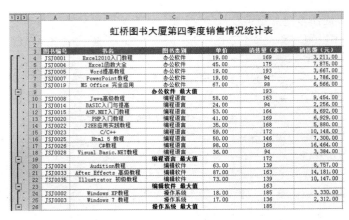

图 7-24　分类汇总对话框　　　　　　　　　　　图 7-25　进行分类汇总后的结果

动手做 2　分级显示数据

工作表中的数据进行分类汇总后，将会使原来的工作表显得有些庞大，如果用户要想单独查看汇总数据或查看数据清单中的明细数据，最简单的方法就是利用 Excel 2010 提供的分级显示功能。

在对工作表数据进行分类汇总后，汇总后的工作表在窗口处将出现"1"、"2"、"3"的数字，还有"―"、大括号等，这些符号在 Excel 2010 中称为分级显示符号。

符号 ― 是"隐藏明细数据"按钮，+ 是"显示明细数据"按钮。

- 单击 ― 可以隐藏该级及以下各级的明细数据。
- 单击 + 则可以展开该级明细数据。

例如，现在只需要显示"最大值"的各项记录，则可以将其他内容都隐藏，效果如图 7-26 所示。

图 7-26　隐藏数据的效果

项目拓展——模拟分析

模拟分析是在单元格中更改值，查看这些更改影响工作表中公式结果的过程。

Excel 附带了三种模拟分析工具：模拟运算表、单变量求解和方案。方案和模拟运算表可获取一组输入值并确定可能的结果。模拟运算表仅可以处理一个或两个变量，但可以接受这些变量的众多不同的值。一个方案可具有多个变量，但它最多只能容纳 32 个值。单变量求解与方案和模拟运算表的工作方式不同，它获取结果并确定生成该结果的可能的输入值。

动手做 1　单变量模拟运算

如果用户中有一个人使用一个或两个变量的公式或用户均使用一个通用变量的多个公式，则可以使用模拟运算表在一个位置查看所有结果。使用模拟运算表可以轻松查看一系列可能性，模拟运算表分为单变量模拟运算表和双变量模拟运算表。

单变量模拟运算表的结构特点是，其输入数值被排列在一列中（列引用）或一行中（行引用）。单变量模拟运算表中使用的公式必须引用输入单元格。所谓输入单元格，就是将被替换的含有输入数据的单元格。

在日常工作与生活中，用户经常会遇到要计算某项投资的未来值的情况，此时利用 Excel 函数 FV 进行计算后，可以帮助用户进行一些有计划、有目的、有效益的投资。

例如，赵某的子女三年后将进入大学学习，到时需要一笔比较大的学习费用支出，赵某计划从现在起每月初存入 1000 元，如果按年利 2.5%，按月计息 2.5%/12，那么三年以后该账户的存款额会是多少？此时用户可以利用 FV 函数计算出三年后的存款额。如果将每月的存款额进行改变，那么三年后的最终存款额又将是多少？一个月存款额对应一个最终存款额，一组月存款额对应一组最终存款额，此时用户也可以利用 FV 函数分别进行计算得到对应的存款额。

虽然使用 FV 函数分别进行计算能得到对应的结果，但看起来不直观，此时可以利用单变量模拟运算来计算，这样能得到直观的结果。

利用单变量模拟运算进行计算的具体操作方法如下：

Step 01 新建一个工作簿，在工作表中输入如图 7-27 所示的有关数据。

Step 02 在"E5"单元格中输入公式"=FV(B6/12,B7,B5,0,1)"，输入公式后按回车键，计算出结果，如图 7-28 所示。

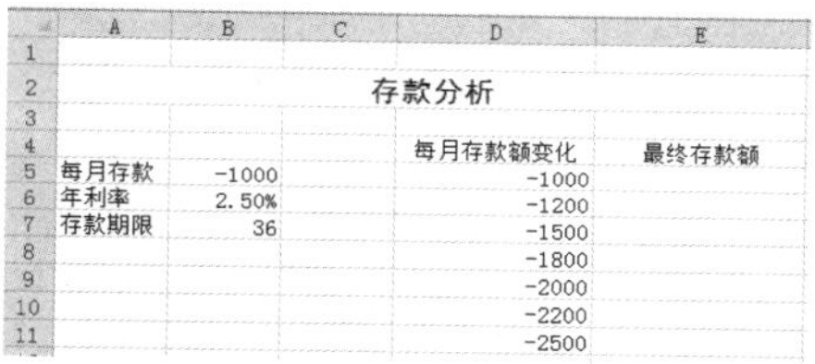

图 7-27 在工作表中输入有关数据

图 7-28 在单元格中输入公式

Step 03 选择包含公式和替换值的单元格区域"D5:E11"，如图 7-29 所示。

Step 04 在数据选项卡中，单击数据工具组中的模拟分析按钮，在列表中选择模拟运算表命令，打开模拟运算表对话框，如图 7-30 所示。

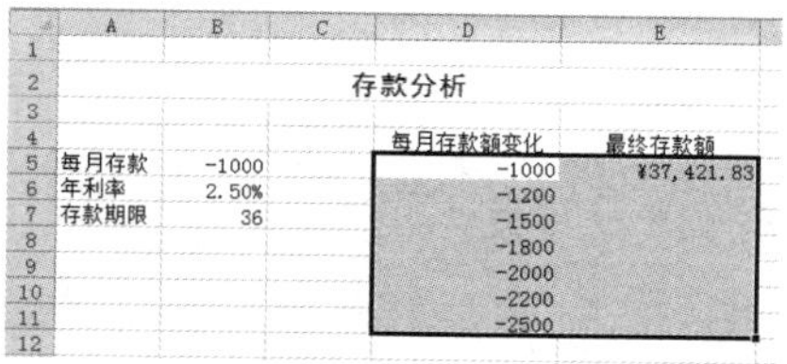

图 7-29 选择包含公式和替换值的单元格区域

图 7-30 输入引用列的单元格

Step 05 在输入引用列的单元格后的编辑框中输入"B5"。

Step 06 单击确定按钮，运用单变量模拟运算后的结果如图 7-31 所示。

动手做 2 双变量模拟运算

在日常生活中往往可变化的因素很多，同时有两个因素在变化的情况更是普遍，例如，在前面的例子中如果每月存款额发生变化，存款的期限也发生变化，那么最终存款额又会怎样呢？

这种情况下使用的双变量模拟运算就非常方便了。Excel 2010 面对两组变化的数据，利用交叉表给出每种

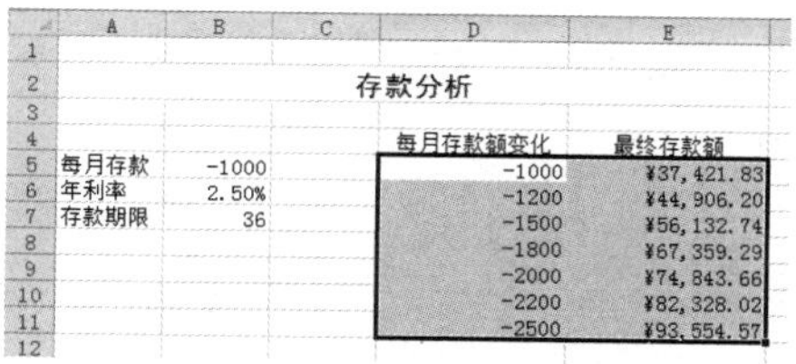

图 7-31 运用单变量模拟运算后的结果

组合的不同结果，可以从中找出最佳组合作为决策的依据。

在存款的期限和每月存款额发生变化的前提下求最终存款额的具体操作方法如下：

Step 01 在工作表中输入如图 7-32 所示的有关数据。

Step 02 在 "E5" 单元格中输入公式 " =FV(B7/12,B8,B6,0,1)"，输入公式后按回车键，计算出结果，如图 7-33 所示。

图 7-32　在工作表中输入双变量模拟运算有关数据　　　　图 7-33　在单元格中输入公式

Step 03 选择包含公式和替换值的单元格区域 "E5:H13"，如图 7-34 所示。

Step 04 在数据选项卡中，单击数据工具组中的模拟分析按钮，在列表中选择模拟运算表命令，打开模拟运算表对话框。

Step 05 在输入引用行的单元格后的编辑框中输入 "B8"，在输入引用列的单元格后的编辑框中输入 "B6"，如图 7-35 所示。

图 7-34　选择模拟运算区域　　　　　　　图 7-35　输入引用行和列的单元格

Step 06 单击确定按钮，运用双变量模拟运算后的结果，如图 7-36 所示。

图 7-36　运用双变量模拟运算后的结果

☆ 动手做 3　单变量求解

单变量求解是 Excel 提供的一种对数据进行逆运算的工具，利用此工具可以根据数据的结果来倒推其原因，即具有处理（If）需要得到的结果，那么原因会是什么（What）问题的功能。

一般用公式计算时，是根据变量求结果。若先确定结果值，再求变量值，就是单变量求解要解决的问题。它是正常运算的逆运算，在实际工作中有很大的实用价值。但是，值得注意的是，用单变量求解一次只能求一个变量。

例如，一个销售员工的年终奖金是全年销售额的 10%，前三个季度的销售额已经知道了，该员工想知道第四季度的销售额为多少时，才能保证年终奖金为 30 000 元。

这时用户就可以利用 Excel 2010 提供的单变量求解来计算，具体操作方法如下：

Step 01 在工作表中输入相关数据，如图 7-37 所示。

Step 02 在"D4"单元格中输入计算公式"=(B3+B4+B5+B6)*10%"，按回车键即可得到计算结果，如图 7-38 所示。

图 7-37　在工作表中输入相关数据

图 7-38　在单元格中输入计算公式

Step 03 在数据选项卡中，单击数据工具组中的模拟分析按钮，在列表中选择单变量求解命令，打开单变量求解对话框，如图 7-39 所示。

Step 04 在目标单元格编辑框中输入引用的目标单元格"D4"，在目标值文本框中输入目标值"30000"，在可变单元格编辑框中输入引用的单元格"B6"。

Step 05 单击确定按钮，打开单变量求解状态对话框，如图 7-40 所示。

图 7-39　单变量求解对话框

图 7-40　单变量求解状态对话框

Step 06 单击确定按钮，"B6"单元格即是单变量求解后的结果，如图 7-41 所示。

在利用单变量求解工具进行运算时，还需要遵守以下原则：

图 7-41　运用单变量求解后的结果

- 在可变单元格或目标单元格编辑框中输入单元格的引用位置或名字。
- 在可变单元格编辑框中的单元格引用必须包含在目标单元格内的公式中。
- 可变单元格不能包含公式。
- 若要中断求解操作，可单击暂停按钮。
- 如果单击暂停按钮后，要想单步执行，可单击单步执行按钮，如果单击继续执行按钮，可以继续执行原来的操作。
- 当单变量求解完成后，Excel 2010 会把结果显示在工作表及单变量求解状态对话框中，单击确定按钮，可以把求出的结果存入工作表，单击取消按钮可恢复为初值。

∷ 动手做 4　方案管理器

在 Excel 中方案管理器可以方便地同时创建大量的数据运算公式，把繁复的模拟分析运算工作交给计算机，而用户则可以轻松地查看自己所需要的运算结果。方案是一组称为可变单元格的输入值，并按用户指定的名字保存起来。每个可变单元格的集合代表一组假设分析的前提，可以将其用于一个工作簿模型，以便观察它对模型其他部分的影响。可以为每个方案定义多达 32 个可变单元格，也就是说对一个模型我们可以使用多达 32 个变量来进行模拟分析。

下面就以房贷为例，分析如何利用 Excel 方案管理器进行贷款方案决策。

小李马上就要结婚了，他打算购买一套房子总价约 60 万元，但是由于资金的问题，他只能拿出 30 万左右作为首付，还需要向银行贷款 30 万元左右。经过了解，有四家银行愿意为小李提供贷款，但这四家银行的贷款金额、贷款利率和偿还年限都不一样，贷款条件如图 7-42 所示。

粗略一看，四家银行的贷款额都可以作为房贷，其中 A 银行提供贷款的年利率最小，但同时偿还年限也最短，那么如何选择呢？下面我们就借助 Excel 2010 的方案管理功能进行分析，帮助小李确定最优贷款方案。

利用方案管理功能进行分析贷款方案的具体操作步骤如下：

Step 01 新建一个工作簿，在工作表中输入有关数据，创建一个分析模型。该模型是假设不同的贷款额、贷款利率和偿还年限，对每月偿还额的影响。在该模型中有三个可变量：贷款金额、贷款利率和偿还年限；一个因变量：月偿还额。如图 7-43 所示。

图 7-42　各银行提供的贷款情况　　　　图 7-43　创建一个分析模型

Step 02 选中"B6"单元格，然后输入公式"=PMT(B3/12,B4*12,B2)"，回车确认。由于相关数据还没输入，暂时会显示一个错误信息。

Step 03 在数据选项卡中，单击数据工具组中的模拟分析按钮，在列表中选择方案管理器命令，打开方案管理器对话框，如图 7-44 所示。

Step 04 单击添加按钮，打开编辑方案对话框，如图 7-45 所示。在方案名文本框中输入方案名"A银行"。在可变单元格文本框中输入单元格的引用，在这里输入"B3:B5"，选中防止更改选项。

图 7-44　方案管理器对话框　　　　　　图 7-45　编辑方案对话框

Step 05 单击确定按钮，打开方案变量值对话框，如图 7-46 所示。编辑每个可变单元格的值，在这里依次输入 A 银行贷款方案中的贷款总额、贷款利率、偿还年限，即依次为 250000、6.1%、20。

Step 06 单击添加按钮，继续添加 B 银行、C 银行、D 银行方案。在添加了 D 银行方案后，单击确定按钮，返回方案管理器对话框，在方案列表中显示添加的方案，如图 7-47 所示。

Step 07 单击摘要按钮，打开方案摘要对话框，如图 7-48 所示。

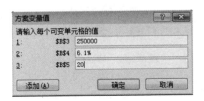

图 7-46　方案变量值对话框

图 7-47　方案列表

图 7-48　方案摘要对话框

Step08　在结果单元格文本框中输入 B6，单击确定按钮，Excel 就会把方案摘要表放在单独的工作表中，如图 7-49 所示。

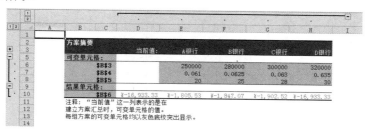

图 7-49　方案摘要

　　根据摘要就可以分析四家银行提供贷款的优劣了。从方案摘要中可以看出 D 银行提供的贷款方案，每月所需偿还额最小，而且贷款额也较 A、B、C 银行提供的金额大，所以小李应该选择 D 银行的贷款方案。

知识拓展

　　通过前面的任务主要学习了创建数据清单、合并计算、排序数据、筛选数据、分类汇总数据等操作，另外，还有一些关于数据管理与分析公式的操作在前面的任务中没有运用到，下面就介绍一下。

动手做 1　利用记录单增加记录

　　在 Excel 2010 的数据清单中，主要有两种管理数据的方法，一种是直接在单元格中对其进行编辑，另一种是利用记录单的功能来输入、查看、修改、添加、删除及浏览记录。

　　如当用户需要在数据清单中增加一条记录时，可以直接在工作表中增加一个空行，然后在相应的单元格中输入数据，也可以利用记录单来增加记录。

　　在 Excel 2010 中记录单命令没有被显示在功能区中，用户可以将其添加。这里将记录单命令添加到快速访问栏中，具体操作步骤如下：

Step01　单击快速访问栏右侧的下三角按钮，在列表中选择其他命令选项，打开 Excel 选项对话框。
Step02　在从下列位置选择命令中选择所有命令选项，在列表中选中记录单，单击添加按钮，将其添加到快速访问工具栏中，如图 7-50 所示。
Step03　单击确定按钮。

图 7-50　添加记录单命令

例如，这里利用记录单的功能在图书销售情况统计表中增加记录，具体操作步骤如下：

Step 01　单击数据清单区域中的任意一个单元格。

Step 02　在快速访问栏中单击记录单选项，打开记录单对话框，如图 7-51 所示。

Step 03　在记录单对话框中，左边显示了该数据清单的字段名，并显示了当前的记录。单击新建按钮，打开一个空白的记录单，用户可以在相应的字段中输入新的数据，如图 7-52 所示。

Step 04　输入完数据后，单击新建按钮可以继续添加其他的记录。

Step 05　单击关闭按钮，新添加的数据将显示在数据清单的底部。

图 7-51　记录单对话框

图 7-52　增加记录

动手做 2　利用记录单查找记录

当数据清单比较大时，要找到数据清单中的某一记录就非常麻烦。在 Excel 2010 中用户可以利用"记录单"的功能快速地查找数据。使用记录单可以对数据清单中的数据设置查找条件，在记录单中所设置的条件就是比较条件。

例如，利用记录单查找总工资大于"1000"的记录，具体操作方法如下：

Step 01　单击数据清单区域中的任意一个单元格。

Step 02　在快速访问栏中单击记录单选项，打开记录单对话框。

Step 03　单击条件按钮，打开一个空白记录单，此时条件按钮变成了表单按钮。

Step 04　在对话框中的"图书类别"文本框中输入"编程语言"，如图 7-53 所示。

Step 05　单击"表单"按钮，即可打开符合查找条件的记录。单击上一条按钮或者下一条按钮进行查找，可以依次找到满足查找条件的记录。

Step **06** 单击关闭按钮。

图 7-53　设置查找条件　　　　图 7-54　显示符合条件的记录

⁝ 动手做 3　利用记录单修改记录

用户不但可以利用记录单输入记录内容，而且还可以修改记录，具体操作方法如下：

Step **01** 单击数据清单区域中的任意一个单元格。

Step **02** 在快速访问栏中单击记录单选项，打开记录单对话框。

Step **03** 利用查找记录的方式找到需要修改的记录，也可以直接单击下一条按钮或上一条按钮或用鼠标拖动垂直滚动条找到需要修改的记录。

Step **04** 对记录进行修改。

Step **05** 单击关闭按钮。

⁝ 动手做 4　利用记录单删除记录

对于记录单中无用的记录可以将其删除，具体操作方法如下：

Step **01** 单击数据清单区域中的任意一个单元格。

Step **02** 在快速访问栏中单击记录单选项，打开记录单对话框。

Step **03** 利用查找记录的方式找到需要删除的记录，用户也可以直接单击下一条按钮或上一条按钮或用鼠标拖动垂直滚动条找到需要删除的记录。

Step **04** 单击删除按钮，此时打开警告框，提醒用户该记录将被删除。

Step **05** 单击确定按钮，记录就被删除。

Step **06** 单击关闭按钮，完成删除操作。

⁝ 动手做 5　自定义排序

用户除了可以使用内置的排序次序，还可以根据需要建立自定义的排序序列，并按自定义的序列进行排序。

例如，在图书销售情况统计表中以"图书类别"为关键字段，然后按照"操作系统、办公软件、图形图像、网络安全、编辑软件、编程语言、其他"的顺序进行排序，具体操作步骤如下：

Step **01** 切换到文件选项卡，在列表中选择"选项"选项，打开 Excel 选项对话框。

Step **02** 在左侧的列表中选择高级选项，然后在右侧的常规区域单击编辑自定义列表按钮（如图 7-55 所示），打开自定义序列对话框。

Step **03** 在输入序列文本框中输入要自定义的序列顺序"操作系统，办公软件，图形图像，网络安全，编辑软件，编程语言，其他"，如图 7-56 所示。

Step **04** 单击添加按钮，将此序列添加到左侧的自定义序列中。

Step **05** 单击确定按钮。

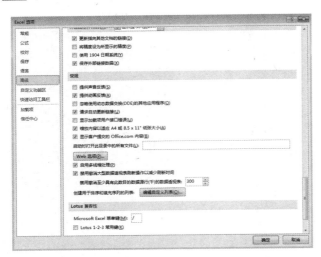

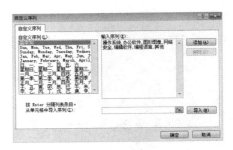

图 7-55　单击编辑自定义列表按钮

图 7-56　自定义序列

Step06　在工作表中的数据区域单击任意单元格。

Step07　单击数据选项卡中排序和筛选选项组中的排序按钮，打开排序对话框。

Step08　在主要关键字下拉列表中选中图书类别，在排序依据列表中选择数值，在次序列表中选中自定义排序，如图 7-57 所示。

Step09　单击添加条件按钮，在次要关键字下拉列表中选中销售量，在排序依据列表中选择数值，在次序列表中选中自定义序列（如图 7-57 所示），打开自定义序列对话框。

Step09　在自定义序列对话框的自定义序列列表中选中创建的自定义序列，单击确定按钮，返回到排序对话框。

Step10　单击确定按钮，则按自定义的序列进行排序，效果如图 7-58 所示。

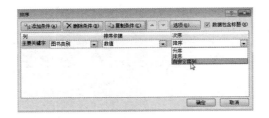

图 7-57　选择自定义序列

虹桥图书大厦年度销售情况统计表

图书编号	书名	图书类别	单价	销售量（本）	销售额（元）
JSJ0003	Windows 7 教程	操作系统	17.00	493	8,381.00
JSJ0002	Windows XP教程	操作系统	18.00	555	9,990.00
JSJ0007	PowerPoint教程	办公软件	19.00	361	6,859.00
JSJ0019	MS Office 完全应用	办公软件	67.00	373	24,991.00
JSJ0001	Excel2010入门教程	办公软件	19.00	627	11,913.00
JSJ0004	Excel函数大全	办公软件	45.00	706	31,770.00
JSJ0005	Word提高教程	办公软件	19.00	727	13,813.00
JSJ0011	Premiere教程	图形图像	19.50	474	9,243.00
JSJ0010	Photoshop教程	图形图像	22.00	561	12,342.00
JSJ0012	Flash教程	图形图像	21.00	624	13,104.00
JSJ0006	Fireworks教程	图形图像	17.00	942	16,014.00
JSJ0030	网络信息检索	网络安全	28.00	366	10,248.00
JSJ0031	计算机网络技术与应用	网络安全	27.50	469	12,897.50
JSJ0024	Audition教程	编辑软件	63.00	483	30,429.00
JSJ0035	Illustrator 初级教程	编辑软件	73.00	570	41,610.00
JSJ0033	After Effects 高级教程	编辑软件	87.00	699	60,813.00
JSJ0014	BASIC入门与提高	编程语言	24.00	323	7,752.00
JSJ0028	Visual Basic.NET教程	编程语言	36.00	332	11,952.00
JSJ0008	Java高级教程	编程语言	58.00	530	30,740.00
JSJ0022	J2EE应用实践教程	编程语言	35.00	535	18,725.00
JSJ0025	Html 5 教程	编程语言	50.00	538	26,900.00
JSJ0023	C/C++	编程语言	59.00	637	37,583.00
JSJ0026	C#教程	编程语言	98.00	659	64,582.00
JSJ0020	PHP入门教程	编程语言	41.00	671	27,511.00
JSJ0015	ASP.NET入门教程	编程语言	53.00	682	36,146.00
JSJ0013	五笔字型入门与提高	其他	13.50	434	5,859.00

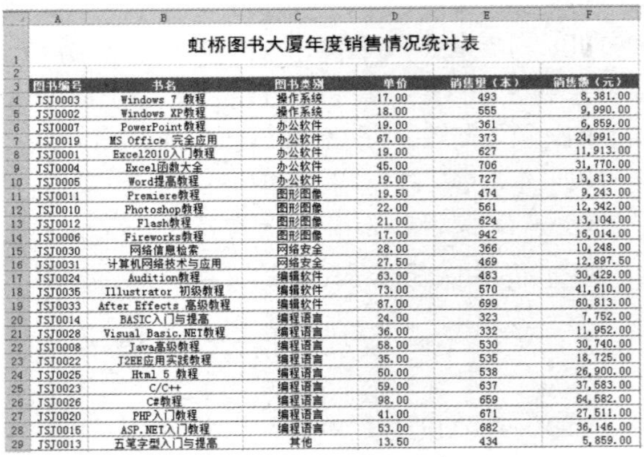

图 7-58　按自定义序列排序的效果

动手做 6　消除分级显示数据

如果要取消部分分级显示，可先选定有关的行或列，然后单击数据选项卡中的分级显示组中的取消组合按钮打开一个下拉列表，在下拉列表中选择清除分级显示按钮即可，如图 7-59 所示。

图 7-59　取消组合下拉菜单

当创建了分类汇总后，如果不再需要时，用户还可以将其删除掉。首先在分类汇总数据清单区域单击任意一个单元格，单击数据

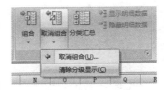

选项卡中分级显示组中的分类汇总按钮，打开分类汇总对话框。在分类汇总对话框中单击全部删除按钮，最后单击确定按钮，关闭对话框。

课后练习与指导

一、选择题

1. 关于排序下列说法正确的是（   ）。
   A. 在逻辑值中，TRUE 排在 FALSE 之前
   B. 空格排在最后
   C. 在排序时数字排在字母之后
   D. 所有错误值的优先级等效

2. 关于数据筛选下列说法正确的是（   ）。
   A. 在筛选时如使用"自动筛选前 10 个"选项，只能筛选最大或最小的前十个数据
   B. 在进行数据筛选后如果要取消筛选，单击"排序和筛选"组中的"清除"按钮
   C. 筛选与排序不同，它也重排数据清单同时将不必显示的行暂时隐藏
   D. 自定义筛选可以限定一个或两个筛选条件

3. 关于合并计算下列说法错误的是（   ）。
   A. 在合并计算后，如果源数据发生变动，合并计算的数据也会自动更新
   B. 在按照分类进行合并计算时可以按照最左列或首行进行分类
   C. 在进行合并计算后只能添加数据源而不能删除数据源
   D. 在进行合并计算时只能引用不同工作表中的数据，不能引用同一工作表中的数据

4. 关于数据库清单下列说法错误的是（   ）。
   A. 在数据库清单中可以有空行和空列
   B. 在数据库清单的第一行应建立列标志
   C. 在数据库清单中用户可以利用记录单的功能查询数据
   D. 在数据库清单中用户可以利用记录单的功能修改数据但无法添加、删除数据

二、填空题

1. 在"排序"对话框中选中"数据包含标题"复选框则表示在排序时保留数据清单的字段名称行，字段名称行_____。

2. 在"数据"选项卡中，单击_____组中的"筛选"按钮，可以对数据进行筛选的操作。

3. 在进行自动分类汇总之前，应对数据清单进行排序将要分类字段相同的记录_____，并且数据清单的第一行里_____。

4. 单击"数据"选项卡的_____组中的"分类汇总"按钮，可以打开_____对话框。

5. 如果用户要筛选出最大或最小的 3 项，用户可以在筛选列表中使用_____命令来完成。

6. 所谓合并计算，是指用来汇总一个或多个源区域中的数据的方法，Excel 2010 提供了_____和_____两种合并计算的方法。

7. 在"数据"选项卡下，单击_____组中的_____按钮，在列表中选择_____命令，打开"模拟运算表"对话框。

8. 在"数据"选项卡下，单击_____组中的_____按钮，在列表中选择_____命令，打开"单变量求解"对话框。

9．在“数据”选项卡中，单击________组中的________按钮，在列表中选择________命令，打开“方案管理器”对话框。

10．在“排序和筛选”组中单击________按钮后，系统将按字母表顺序、数据由小到大、日期由前到后等默认的排列顺序进行排序。

三、简答题

1．如果要按两个或两个以上字段的内容进行排序应该如何操作?
2．建立数据清单的原则有哪些?
3．如果要限定两个筛选条件来筛选数据应该如何操作?
4．如何消除分级显示数据?
5．数据默认的排序顺序是什么?
6．如何对一组数据进行自定义排序?
7．如何利用记录单管理数据?
8．如何删除分类汇总?

四、实践题

制作公司日常费用表。

1．数据排序：使用 Sheet1 工作表中的数据，以“费用类别”为主要关键字升序排列，以“金额”为次要关键字降序排序，效果如图 7-60 所示。

公司日常费用表

序号	时间	员工姓名	所属部门	费用类别	金额	备注
008	2014/2/27	杨　晨	后勤部	办公费	800.00	办公书柜
016	2014/3/21	杨　晨	后勤部	办公费	700.00	打扫卫生工具
001	2014/1/3	刘小莉	办公室	办公费	350.00	打印机墨盒
010	2014/3/5	张小麦	办公室	办公费	350.00	打印机墨盒
011	2014/3/10	刘小莉	办公室	办公费	350.00	打印纸
002	2014/1/4	刘小莉	办公室	办公费	250.00	打印纸
004	2014/1/29	张小麦	办公室	办公费	60.00	办公用笔
006	2014/2/18	章子明	销售部	差旅费	2,500.00	上海
009	2014/2/19	李　丽	销售部	差旅费	2,500.00	北京
014	2014/3/15	李梓鸣	研发部	差旅费	2,500.00	深圳
003	2014/1/14	王　庆	销售部	差旅费	2,100.00	广州
013	2014/3/3	李　映	销售部	差旅费	2,100.00	湖北
018	2014/3/20	李　丽	销售部	差旅费	2,000.00	郑州
020	2014/3/22	王　庆	销售部	差旅费	1,600.00	北京
005	2014/2/1	王　庆	销售部	差旅费	1,300.00	江苏
015	2014/3/20	胡林涛	研发部	差旅费	1,200.00	西安
012	2014/3/1	许　可	办公室	宣传费	1,300.00	广告费
007	2014/2/27	杜　帆	销售部	招待费	1,000.00	中州宾馆
019	2014/3/19	许　可	办公室	招待费	900.00	开源商务宾馆
017	2014/3/1	张　磊	办公室	招待费	500.00	中州宾馆

图 7-60　排序的效果

2．筛选数据：使用 Sheet2 工作表中的数据，筛选出办公室的招待费用，效果如图 7-61 所示。

公司日常费用表

序号	时间	员工姓名	所属部门	费用类别	金额	备注
017	2014/3/1	张　磊	办公室	招待费	500.00	中州宾馆
019	2014/3/19	许　可	办公室	招待费	900.00	开源商务宾馆

图 7-61　筛选的效果

3．分类汇总：使用 Sheet3 工作表中的数据，对“所属部门”的“金额”进行求和汇总，并且只显示汇总的数据，效果如图 7-62 所示。

公司日常费用表

序号	时间	员工姓名	所属部门	费用类别	金额	备注
			办公室 汇总		4,060.00	
			后勤部 汇总		1,500.00	
			销售部 汇总		15,100.00	
			研发部 汇总		3,700.00	
			总计		24,360.00	

图 7-62　分类汇总的效果

素材位置：案例与素材\模块 07\素材\公司日常费用表（初始）
效果位置：案例与素材\模块 07\源文件\公司日常费用表

模块 08

图表的应用——制作员工销售业绩表

Excel 2010 提供的图表功能,可以将系列数据以图表的方式表达出来,使数据更加清晰易懂,使数据表示的含义更形象、更直观,并且用户可以通过图表直接了解到数据之间的关系和变化的趋势。

应用场景

人们平常会见到图表,如图 8-1 所示,这些都可以利用 Excel 2010 的图表功能来制作。

在对销售人员的销售情况进行分析时,往往需要对保存在 Excel 中的大量数据进行分析和总结,以发现数据的趋势和意义,如何快速展现各个员工在不同月份的销售对比情况呢?利用员工销售业绩表,上面的问题都可以轻松解决。如图 8-2 所示,就是利用 Excel 2010 制作的员工销售业绩图表,请读者根据本模块所介绍的知识和技能,完成这一工作任务。

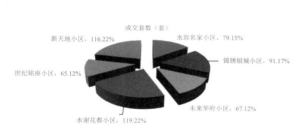

图 8-1　Excel 2010 中的图表

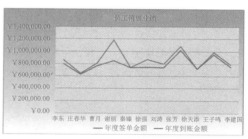

图 8-2　员工销售业绩图表

相关文件模板

利用 Excel 2010 的公式功能还可以完成产出柱状图表、库存明细账报表图表、楼房销售统计图表、生产误差散点图、图书销售情况图表、损益分析表图表、公司日常费用数据透视表、商品销售数据透视表等工作任务。

为方便读者,本书在配套的资料包中提供了部分常用的文件模板,具体文件路径如图 8-3 所示。

图 8-3　应用文件模板

 Excel 2010案例教程

背景知识

利用员工销售业绩图表，可帮助销售人员简化数据分析的步骤，而不需要编写函数、公式或程序，就可以迅速了解销售数据的分布趋势。员工销售业绩表一般包括以下几点：员工编号、姓名、销售额等。

设计思路

在制作员工销售业绩图表的过程中，首先要创建图表，然后对图表进行编辑，最后对图表进行格式化的操作，制作员工销售业绩图表的基本步骤可分解为：

Step 01 创建图表

Step 02 编辑图表

Step 03 格式化图表

项目任务 8-1 图表概述

在 Excel 2010 应用程序中，系统共提供了十几种不同类型的平面图和立体图，如折线图、直方图、柱形图等。而每种类型的图表又包括了许多子类型、丰富的图表及简单的绘图方法，给用户绘制各种图表带来了极大的便利。

Excel 2010 可以根据工作表中的数据创建图表，并且用户可以选择将创建的图表作为嵌入图表插入在活动工作表中，或将创建的图表单独作为一个图表工作表，将枯燥无味的数字转化为图表，从而使数据之间的关系一目了然。

⚙ 动手做 1 了解图表类型

在 Excel 2010 中，系统提供了多种图表类型，如面积图、柱形图、条形图、饼图等。而各个不同的图表在工作中分别有各自的特点，合理地应用图表来分析工作表中的数据，可提高分析的力度。

1．柱形图

柱形图又称直方图，是一种最为常用的图表。利用柱形图，可以显示一段时间内数据的变化或者描述各项数据之间的差异。通过水平组织分类和垂直组织值可以强调说明一段时间内的变化情况；而堆积柱形图显示了单个项目与整体之间的关系；三维透视系数柱形图则在两个轴上对数据点进行比较，具有透视效果。

柱形图与条形图大致相同，但更强调随时间的变化。如图 8-4 所示，为柱形图示例。

2．条形图

条形图是用来显示特定时间内各项时间的变化情况，或者比较各项时间之间的差别，它是柱形图旋转 90 度后得到的效果。其纵轴表示分类，横轴表示值。条形图一般不太适合表示序列随时间的变化，而适用于进行数据间的比较，尤其是单一序列用该类图表示是很清楚的。其堆积条形图显示了单个项目与整体的关系，比较相交于类别轴上的每一数值所占总数值的大小，如图 8-5 所示。

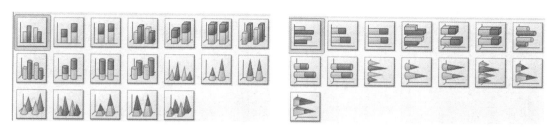

图 8-4　柱形图　　　　　　　　　　　　图 8-5　条形图

3．面积图

面积图又称区域图，它是将每一序列的数据用直线段连起，并将每条线以下的区域用不同的颜色填充。显示的是一个多序列的图形，是一个序列的图在另一个序列上的叠加。它强调幅度随时间的变化，并且反映了各序列之和。因此面积图也可显示部分相对于整体的关系，如图 8-6 所示。

4．折线图

折线图是将同一序列的数据在图中表示的点用直线连接起来的一种图表。是以等间隔来显示数据的变化趋势。折线图特别适用于 X 轴为时间轴的情况下，反映数据的变动情况及变化趋势。它强调的是随时间的变化速率，而不是变化量，如图 8-7 所示。

图 8-6　面积图　　　　　　　　　　　　图 8-7　折线图

5．饼图

饼图只显示数据系列中每一项该系列数值总和的比例关系，只能显示一个序列，如果多个序列被选中，它只选中其中的第一个。这种图最适合反映配比，强调某个元素重要，如图 8-8 所示。

图 8-8　饼图

6．圆环图

圆环图显示了整体和部分的关系，它与饼图类似，其区别在于圆环图可以含有多个数据系列，它的每一环代表一个序列的数据。而饼图只表示一组数据，如图 8-9 所示。

7．雷达图

在雷达图中，每个分类都拥有自己的数值坐标轴，这些坐标轴由中点向外辐射，并由折线将同一系列中的值连接起来，如图 8-10 所示。雷达图可以用来比较若干数据系列的总和值。在远东地区，这种图的使用比较广泛。

图 8-9　圆环图　　　　　　　　　　　　图 8-10　雷达图

8．气泡图

气泡图是一种特殊类型的 XY 散点图，用数据标记大小表示出数据中第三个变量的值。在组织数据组时，将 X 值放于一行或列中，然后在相邻的行或列中输入相关的 Y 值和气泡大小，如图 8-11 所示。

9. 股价图

股价图是用来描述股票价格走势的。另外，这种图也可以用于科学数据，例如，随温度变化的数据。但在生成这种图形时，必须注意以正确的顺序组织数据，如图 8-12 所示。

图 8-11　气泡图

图 8-12　股价图

10. XY 散点图

XY 散点图是用几种不同颜色的点，代表几种不同的序列，其图中 X、Y 轴都表示数据，且没有分类。利用 XY 散点图不仅可以比较几个数据系列中的数值，而且可将两组数值显示为 XY 坐标系中的一个系列，如图 8-13 所示。它可以按不等间距显示出数据，有时也称为簇。XY 散点图多用于科学数据。在组织数据时，将 X 值放置于一行或列中，然后在相邻的行或列中输入相关的 Y 值。

11. 曲面图

曲面图类似于拓扑图形，它适用于寻找两组数据之间的最佳组合。曲面图的颜色和图案用来指示出在同一个取值范围内的区域，如图 8-14 所示。

图 8-13　XY 散点图

图 8-14　曲面图

⁙ 动手做 2　了解图表结构

在 Excel 2010 中，图表是由多个部分组成的。其中每一部分就是一个图表项，如标题、坐标轴，而有的图表是成组的，如图例、数据系列等。下面以图 8-15 所示的二维图表柱形图为例对图表的结构进行简要的说明。

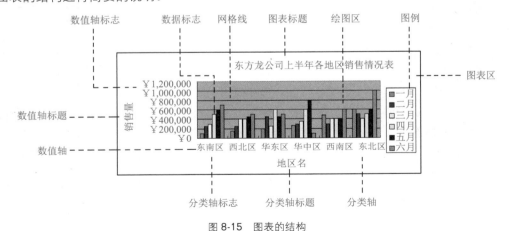

图 8-15　图表的结构

1. 数据系列

在数据区域中，同一列（行）数值数据的集合构成一组数据，它是绘制在图表中的一组相关数据点。图表中的每一数据系列都具有特定的颜色或图案，并在图表的图例中进行了描述。在一张图表中可以绘制一个或多个数据系列，但是在饼图中只能有一组数据系列。

2．图例

图例是一个方框，它指明图表中各个独立的分类，用于标识图表中为数据系列或分类所指定的图案或颜色。图例项代表与图例标志对应的数据系列的名称。

3．坐标轴

标示数值大小及分类的水平线和垂直线，位于图形区域边缘，为图形提供计量和比较的参照框架。一般情况下，X 轴表示数据的分类，即分类轴；Y 轴表示数据值的大小，即数值轴。

4．数据标记

工作表的数据在图表中以数据标志显示，并以图形方式显示出来，如柱形、面积、圆点或其他符号。根据图表的类型不同，数据标志的表示方法也不同，一个数据标志对应一个单元格的数值，图表中相关的数据标志构成了数据系列。

5．网格线

标示坐标轴的刻度记号向上（对于 X 轴）或向右（对于 Y 轴）延伸到整个绘图区的直线。可使用户更清楚数据对于坐标轴的相对位置，从而更容易估计图表上数据标志的实际数值。

⋙ 动手做 3　掌握绘制图表原则

用软件 Excel 为工作表中的数据绘制图表，则必须遵循以下一些基本原则：

● 数据源取值原则：用户在绘制图表之前必须选择一个有效的表格数据区域，然后才能绘制图表，否则将无法进行图表的绘制工作。

● 含头取值原则：在选择表格数据区域的过程中，用户必须遵循"含头取值的原则"，即必须包括"上表头"、"左表头"（或者其中一组表头的）信息。舍弃表头信息后的绘图结果，将无法有效地表现出工作表中数据之间的关系。

● 取值目标性原则：取值目标性原则是指根据管理目标合理地选择数据区域。因为表格数据区域存放的数据并不一定完全用于绘图分析，随意在表格中抓取数据区域绘制的图表，将不能达到预期的效果。

项目任务 8-2 ▷ 创建图表

在建立图表时，图表与生成它们的工作表上的源数据建立了链接，这就意味着当更新工作表数据时，同时也会更新图表。

例如，在员工销售业绩表中插入销售业绩统计表，具体操作步骤如下：

Step 01　打开"案例与素材\模块 08 \素材"文件夹中名称为"员工销售业绩表（初始）"文件，如图 8-16 所示。

Step 02　在工作表中选择要绘制图表的数据区域，这里选择"姓名"、"年度签单金额"与"年度到账金额"字段的单元格区域。

Step 03　单击插入选项卡中图表组中的折线图按钮，弹出一个下拉列表，如图 8-17 所示。

Step 04　在下拉列表中选择折线图按钮即可插入图表，创建图表的效果如图 8-18 所示。

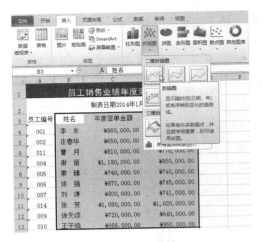

图 8-16　员工销售业绩表素材　　　　　　　　图 8-17　折线图下拉菜单

> **提示**
>
> 　　如果插入选项卡中图表组中的各个图表按钮，不能满足用户要求，用户可以单击图表组右下角的对话框启动器，打开插入图表对话框，如图 8-19 所示。用户可以在对话框中挑选合适的图表，然后单击确定按钮。

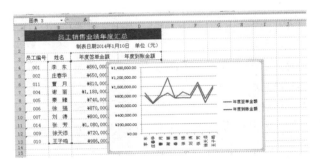

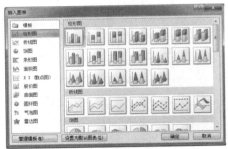

图 8-18　创建图表的效果　　　　　　　　　　图 8-19　插入图表对话框

项目任务 8-3　编辑图表

　　建立的图表在插入到工作表中之后，可以将图表的大小及位置进行适当调整，以便于看起来更整洁、美观，方便用户查阅数据。

≫ 动手做 1　选定图表对象

　　在对图表及图表中的各个对象进行操作时，用户首先应将其选中，然后才能对其进行编辑操作。

　　在选定整个图表时，只需将鼠标指向图表中的空白区域，当出现图表区的屏幕提示时单击鼠标即可选定它。选定后整个图表四周将出现八个句柄，此时就表示图表被选定。被选定之后用户就可以对整个图表进行移动、缩放等编辑操作了。

在选定图表中的对象时，用户可以将鼠标指向图表中的对象，如将鼠标指向绘图区，当出现绘图区字样时单击鼠标即可选定绘图区，此时图表的绘图区四周出现八个句柄，如图 8-20 所示。

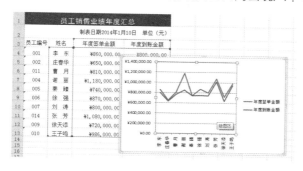

图 8-20　选定图表对象

⁂ 动手做 2　更改图表布局

在插入图表后，如果图表的整体布局不符合自己的要求，用户可以对图表的布局进行更改，具体操作步骤如下：

Step 01 将鼠标指向创建的图表，当出现图表区的屏幕提示时单击鼠标选中图表。

Step 02 选择图表工具中的设计选项卡。

Step 03 单击图表布局组中布局列表中的布局 3，则图表的整体布局被更改，更改布局的效果如图 8-21 所示。

Step 04 将鼠标指向图表标题文本，当出现图表标题的屏幕提示时单击鼠标选定图表标题，在图表标题中单击鼠标，将鼠标定位在图表标题中。

Step 05 删除"图表标题"文本，然后输入"员工销售业绩"文本，效果如图 8-22 所示。

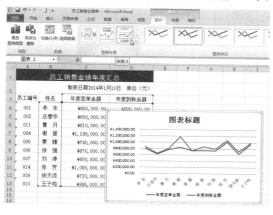

图 8-21　更改图表布局的效果

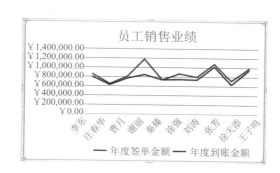

图 8-22　添加图表标题的效果

⁂ 动手做 3　调整图表的大小

通过对图表的大小进行调整，可以使图表中的数据更清晰、图表更美观，调整上面创建的图表大小的具体操作步骤如下：

Step 01 将鼠标指向创建的图表，当出现图表区的屏幕提示时单击鼠标选中图表。

Step 02 将鼠标移动至图表各边中间的控制手柄上，当鼠标变成 ⇔ 或 ⇕ 形状时，拖动鼠标可以改变图表的宽度和高度，虚线框表示图表的大小，调整到合适位置后松开鼠标。

Step 03 将鼠标移动至四角的控制手柄上，当鼠标变成 ⬔ 或 ⬕ 形状时拖动鼠标可以将图表等比放缩，虚线框表示图表的大小，调整到合适大小后松开鼠标，如图 8-23 所示。

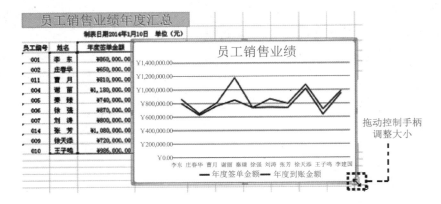

图 8-23　调整图表大小时的效果

∷ 动手做 4　调整图表的位置

移动图表的位置非常简单，只需将鼠标移动到图表区的空白处，按下鼠标左键当鼠标变成
⊕ 形状时拖动鼠标，实线框表示图表的位置，当到达合适位置后松开鼠标即可。

∷ 动手做 5　向图表中添加数据

图表建立后，根据需要还可以对图表中的数据进行添加、删除、修改等操作。由于图表中的数据和工作表中的数据是互相关联的，所以在修改工作表中的数据时，Excel 2010 会自动在图表中做相应地更新。

用户可以利用鼠标拖动直接向嵌入式的图表中添加数据，这种方式适用于要添加的新数据区域与源数据区域相邻的情况。

例如，由于工作人员的疏忽，使得李建国的销售业绩忘记输入，因此需要在工作表的最后添加上李建国的记录，这时改变了工作表中的数据，因此就需要向图表中添加数据，具体操作步骤如下：

Step 01 在工作表中输入李建国的记录。

Step 02 单击插入的图表，将其选中在图表的数据周围出现蓝色、绿色、紫色框。

Step 03 将鼠标移到选定框右下角的选定柄上，当鼠标变为双向箭头时，拖动选定柄使源数据区域包含要添加的数据，选定后，新增加的数据就自动加入到图表中，如图 8-24 所示。

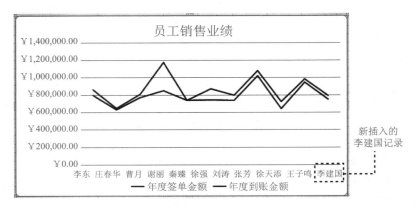

图 8-24　用鼠标拖动向图表中添加数据

教你一招

用户也可以首先将要添加的数据先进行复制，然后选中图表，在图表上右击，在打开的快捷菜单中选择"粘贴"命令，则数据被添加到图表中。这种方法对于添加任何数据区域的数据都是通用的，特别适用于要添加的新数据区域与源数据区域是不相邻的情况。

动手做 6 更改图表中的数据

图表中的数值是链接在创建该图表的工作表上的。当更改其中一个数值时，另一个也会改变，更改图表中的数据可以直接在工作表单元格中更改数值。

例如，徐天添的年度到账金额为"640000"，他的年度到账金额实际应为"720000"，这里对其更改，具体操作步骤如下：

Step 01 选中"徐天添"的"年度到账金额"单元格"D12"。

Step 02 将原数据修改为"720000"。

Step 03 按回车键，或单击编辑栏中的输入按钮 即可更改单元格内容。此时图表中的数值也随之发生变化，效果如图 8-25 所示。

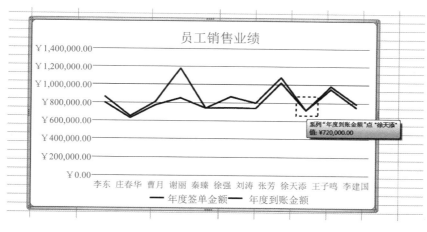

图 8-25 更改数值后的效果

项目任务 8-4 格式化图表

在 Excel 2010 中建立图表后，还可以通过修改图表的图表区格式、绘图区格式、图表的坐标轴格式等来美化图表。

动手做 1 设置图表区的格式

可以通过为图表区添加边框、设置图表中的字体、填充图案等来修饰图表。

例如，在"员工销售业绩表"工作表中设置"员工销售业绩"图表区的格式，具体操作步骤如下：

Step 01 将鼠标指向图表的图表区，当出现图表区的屏幕提示时单击鼠标即可选定图表区。

Step 02 切换到绘图工具中的格式选项卡，在当前所选内容组中单击设置所选内容格式按钮打开设置图表区域格式对话框。

Step03 在对话框左侧列表中选择填充，在右侧的填充区域选择渐变填充单选按钮，显示出渐变填充的一些设置按钮。

Step04 单击预设颜色按钮，弹出一个下拉列表，这里选择雨后初晴，如图 8-26 所示。

Step05 在类型下拉列表中选择线性；在方向列表中选择线性向下；在角度列表中设置角度为 90°。

Step06 在渐变光圈的颜色列表中选择第 2 个色块，设置光圈 2 的结束位置为 40%，在渐变光圈的颜色列表中选择第 3 个色块，设置光圈 3 的结束位置为 80%，如图 8-27 所示。

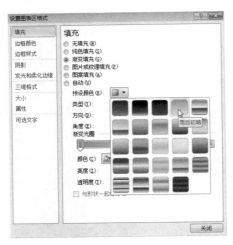
图 8-26　设置图表区格式对话框

图 8-27　设置渐变填充的效果

Step07 在对话框左侧列表中选择边框颜色，在右侧的边框颜色区域选择实线，然后在颜色按钮中选择合适的颜色，这里选择深蓝，文字 2，淡色 40%，如图 8-28 所示。

Step08 在对话框左侧列表中选择边框样式，在右侧的边框样式区域的宽度区设置宽度为 3 英镑，如图 8-29 所示。

图 8-28　设置边框颜色

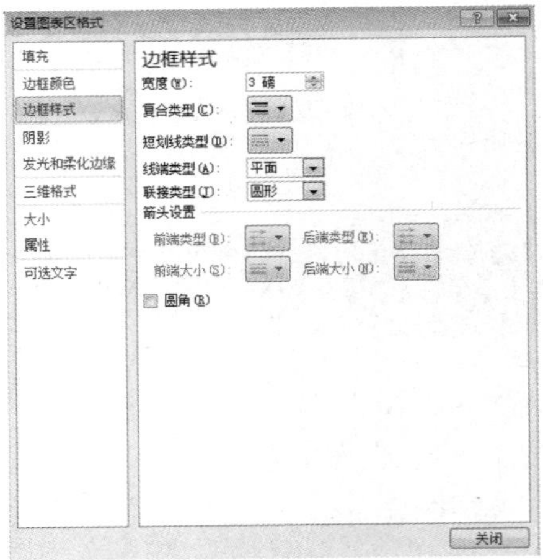

图 8-29　设置边框样式

Step09 单击关闭按钮，关闭设置图表区格式对话框。

设置图表格式后的效果，如图 8-30 所示。

教你一招

用户在选中图表区域后在图表区域右击，弹出一个快捷菜单。在快捷菜单中选择设置图表区域格式命令，也可打开设置图表区格式对话框。

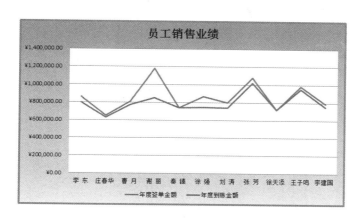

图 8-30　设置图表区格式后的效果

动手做 2　设置绘图区格式

在绘图区中，底纹在默认情况下为白色，可以根据需要对其进行更改。例如，在员工销售业绩表中设置绘图区填充效果，具体操作步骤如下：

Step 01　将鼠标指向图表的绘图区，当出现绘图区的屏幕提示时单击鼠标即可选定图表绘图区。

Step 02　在格式选项卡中的当前所选内容组中单击设置所选内容格式或在绘图区上右击，在快捷菜单中选择设置绘图区格式命令，均可打开设置绘图区格式对话框。

Step 03　在对话框左侧列表中选择填充，在右侧的填充区域选择图案填充单选按钮。在图案列表中选择 40%，在背景色列表中选择橙色，强调文字颜色 6，如图 8-31 所示。

Step 04　单击关闭按钮，关闭设置绘图区格式对话框。

设置绘图区格式后的效果，如图 8-32 所示。

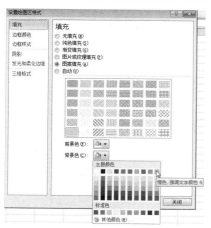

图 8-31　设置绘图区格式对话框

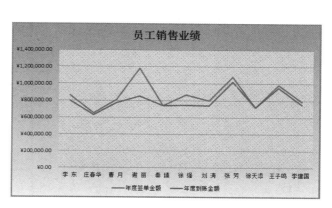

图 8-32　设置绘图区格式后的效果

动手做 3　设置网格线格式

在默认情况下，网格线是灰色的，用户可以设置网格线的颜色和线条粗细使网格线更加醒目。例如，在员工销售业绩表中设置"员工销售业绩"图表中网格线格式，具体操作步骤如下：

Step 01　将鼠标指向图表的网格线，当出现垂直（值）轴 主要网格线的屏幕提示时单击鼠标即可选定网格线。

Step 02　切换到图表工具中的格式选项卡，在形状样式组中单击形状或线条的外观样式右侧的下三角箭头，打开形状或线条的外观样式列表，如图 8-33 所示。

Step 03　在列表中选择细线-强调颜色 2，设置网格线格式后的效果如图 8-33 所示。

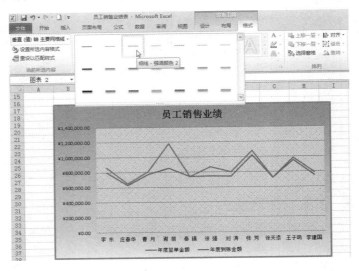

图 8-33　设置网格线格式后的效果

教你一招

可以利用图表工具下的格式选项卡设置图表中各个对象的形状样式。在图表中选中哪个对象，即可对哪个对象进行格式设置。例如，若要设置绘图区，只要先用鼠标单击绘图区，然后在格式选项卡中的形状样式组中的各个按钮即可设置其填充、轮廓及效果，如图 8-34 所示。

图 8-34　利用格式选项卡设置形状样式

动手做 4　设置图表标题格式

在图表区中的字体默认为"宋体、10、黑色"，标题字体默认为"宋体、18、黑色"，可以根据需要对其字体格式及标题文本进行更改。

例如，为员工销售业绩表中的"员工销售业绩"图表标题设置字体格式，具体操作步骤如下：

Step 01 将鼠标指向图表标题，当出现图表标题的屏幕提示时单击鼠标即可选中图表标题对象。

Step 02 将鼠标定位在标题中，按住鼠标左键拖动选中标题文本。

Step 03 在开始选项卡中的字体组中设置字体为黑体，字号为 16，颜色为白色。

设置图表标题字体格式的效果，如图 8-35 所示。

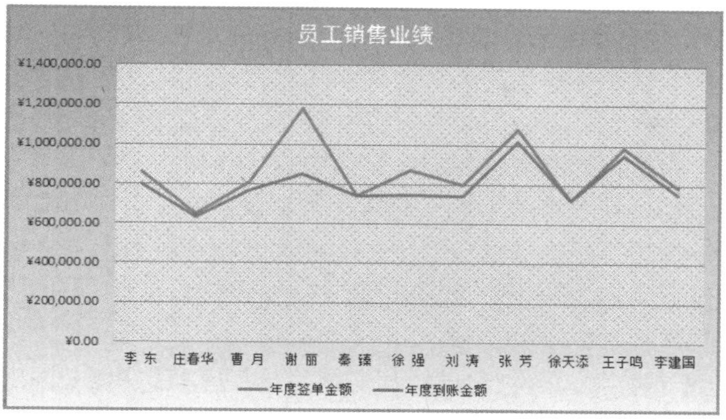

图 8-35 设置图表标题字体格式的效果

项目拓展——制作连锁超市饮料销售情况统计表（数据透视表）

超市有专业人员对每天的销售情况进行统计，从而对超市的盈利进行综合分析。利用 Excel 2010 的数据透视表来分析超市的销售情况更加一目了然，如图 8-36 所示的就是一个连锁超市饮料销售情况的数据透视表。

	A	B	C	D	E
1	所在区域	莲湖区			
2					
3		列标签			
4		华润万家北关店		华润万家莲湖店	
5	行标签	求和项:数量	求和项:销售额（元）	求和项:数量	求和项:销售额（元）
6	百事可乐(2L)	30	195	77	500.5
7	百事可乐(600ml)	29	81.2	32	89.6
8	袋装王老吉	45	90	49	98
9	芬达橙汁	31	86.8	60	168
10	罐装百事可乐	42	105	68	170
11	罐装可口可乐	28	70	35	87.5
12	罐装王老吉	23	80.5	67	234.5
13	罐装雪碧	21	52.5	85	212.5
14	红牛	30	150	15	75
15	康师傅冰红茶	45	126	35	98
16	康师傅绿茶	85	238	40	112
17	康师傅茉莉清茶	50	150	8	24
18	康师傅鲜橙多	95	266	32	89.6
19	可口可乐(2L)	32	217.6	45	306
20	可口可乐(600ml)	33	92.4	30	84
21	统一鲜橙多	85	238	25	70
22	娃哈哈营养快线	60	240	55	220
23	总计	764	2479	758	2639.2

图 8-36 连锁超市饮料销售情况数据透视表

设计思路

在制作连锁超市饮料销售情况数据透视表的过程中，首先应创建数据透视表，然后在数据透视表中对数据进行筛选，制作连锁超市饮料销售情况数据透视表的基本步骤可分解为：

Step 01 制作数据透视表

Step 02 筛选数据

动手做 1　了解数据透视表

数据透视表是一种对大量的数据快速汇总和建立交叉列表的交互式表格，通过数据透视表可以更加容易地对数据进行分类汇总和数据的筛选，可以有效、灵活地将各种以流水方式记录的数据，在重新进行组合与添加算法的过程中，快速地进行各种目标的统计和分析。

Excel 2010 提供的数据透视表，是由 7 个部分组成的，它们的功能和名称如下：

- 页字段：数据透视表中被指定为页方向的源数据库或者表格中的字段。
- 页字段项：源数据库或表格中的每一个字段，列标记或数字都成为页字段列表中的一项。
- 数据字段：含有数据的源数据库或者表格中的字段项。
- 行字段：在数据透视表中被指定为行方向的源数据库或表格中的字段。
- 列字段：在数据透视表中被指定为列方向的源数据库或表格中的字段。
- 数据区域：是含有汇总数据的数据透视表中的一部分。
- 数据项：数据透视表中的各个数据。

数据透视表的功能很强大，但创建过程却非常简单，基本上是 Excel 2010 自动完成，用户只需在“创建数据透视表”中指定用于创建的原始数据区域、数据透视表的存放位置，并指定页字段、行字段、列字段和数据字段即可。

在建立数据透视表前，应做好创建前的一些数据准备工作，因为只有完整、规范的数据表才能够为其建立数据透视表，而不符合条件的数据表是不能够利用数据透视表工具来建立数据透视表的。如果要利用 Excel 2010 提供的数据透视表技术和工具来为数据建立数据透视表时，其工作表中的数据应当满足以下一些条件：

- 完整的表体结构。完整的表体结构是指 Excel 2010 表中的记录以流水方式记录，表头各字段内容应为文本型，而且不存在空白单元格。
- 规范的列向数据。规范的列向数据是指同一列中的数据应具有相同的格式，各列中不允许存在空白的单元格。

动手做 2　制作数据透视表

制作连锁超市饮料销售情况数据透视表的具体操作步骤如下：

Step 01 打开“案例与素材\模块 08\素材”文件夹中名称为“华润万家连锁店饮料销售情况表（初始）”文件，如图 8-37 所示。

华润万家连锁店饮料销售情况表

销售日期	所在区域	店名	饮料名称	数量	单位	进价（元）	售价（元）	销售额（元）	毛利润（元）
2014/6/12	雁塔区	华润万家雁塔路店	康师傅冰红茶	19	瓶	2.20	2.80	53.2	11.4
2014/6/12	雁塔区	华润万家雁塔路店	康师傅绿茶	56	瓶	2.20	2.80	156.8	33.6
2014/6/12	雁塔区	华润万家雁塔路店	康师傅茉莉清茶	64	瓶	2.40	3.00	192	38.4
2014/6/12	雁塔区	华润万家雁塔路店	康师傅鲜橙多	66	瓶	2.20	2.80	184.8	39.6
2014/6/12	雁塔区	华润万家雁塔路店	统一鲜橙多	84	瓶	2.10	2.80	235.2	58.8
2014/6/12	雁塔区	华润万家雁塔路店	娃哈哈营养快线	69	瓶	3.00	4.00	276	69
2014/6/12	雁塔区	华润万家雁塔路店	芬达橙汁	81	瓶	2.20	2.80	226.8	48.6
2014/6/12	雁塔区	华润万家雁塔路店	红牛	96	罐	3.50	5.00	480	144
2014/6/12	雁塔区	华润万家雁塔路店	可口可乐(600ml)	89	瓶	2.35	2.80	249.2	40.05
2014/6/12	雁塔区	华润万家雁塔路店	百事可乐(600ml)	98	瓶	2.35	2.80	274.4	44.1
2014/6/12	雁塔区	华润万家雁塔路店	可口可乐(2L)	98	瓶	5.80	6.80	666.4	98
2014/6/12	雁塔区	华润万家雁塔路店	百事可乐(2L)	60	瓶	5.50	6.50	390	60
2014/6/12	雁塔区	华润万家雁塔路店	罐装百事可乐	73	罐	2.10	2.50	182.5	29.2
2014/6/12	雁塔区	华润万家雁塔路店	罐装可口可乐	76	罐	2.10	2.50	190	30.4
2014/6/12	雁塔区	华润万家雁塔路店	罐装雪碧	89	罐	2.00	2.50	222.5	44.5
2014/6/12	雁塔区	华润万家雁塔路店	罐装王老吉	86	罐	2.10	3.50	301	120.4
2014/6/12	雁塔区	华润万家雁塔路店	袋装王老吉	49	袋	1.00	2.00	98	49
2014/6/12	雁塔区	华润万家南二环店	康师傅冰红茶	55	瓶	2.20	2.80	154	33
2014/6/12	雁塔区	华润万家南二环店	康师傅绿茶	60	瓶	2.20	2.80	168	36
2014/6/12	雁塔区	华润万家南二环店	康师傅茉莉清茶	15	瓶	2.40	3.00	45	9
2014/6/12	雁塔区	华润万家南二环店	康师傅鲜橙多	30	瓶	2.20	2.80	84	18
2014/6/12	雁塔区	华润万家南二环店	统一鲜橙多	32	瓶	2.10	2.80	89.6	22.4

图 8-37　华润万家连锁店饮料销售情况表（初始）文件

Step 02 将鼠标定位在销售情况表的数据区域中的任意一个单元格中。

Step 03 单击插入选项卡中表格组中的数据透视表按钮，打开创建数据透视表对话框，如图 8-38 所示。

Step 04 在选择一个表或区域查看创建数据透视表的区域是否正确，如果不正确单击右侧的折叠按钮，在工作表中选择要建立数据透视表的数据源区域，在选择放置数据透视表的位置选中新工作表单选按钮，单击确定按钮，打开如图 8-39 所示的新工作表。

图 8-38　创建数据透视表对话框

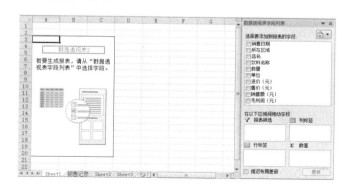

图 8-39　创建的新工作表

Step 05 在右侧的选择要添加到报表的字段列表中选中饮料名称字段，然后在饮料名称字段上右击，在快捷菜单中选择添加到行标签命令，或用鼠标将饮料名称字段拖到行标签区域。

Step 06 在右侧的选择要添加到报表的字段列表中选中店名字段，然后在店名字段上右击，在快捷菜单中选择添加到列标签命令，或用鼠标将店名字段直接拖到列标签区域。

Step 07 在右侧的选择要添加到报表的字段列表中选中数量字段，然后在数量字段上右击，在快捷菜单中选择添加到值命令，或用鼠标将数量字段直接拖到数值区域。

Step 08 在右侧的选择要添加到报表的字段列表中选中销售额字段，然后在销售额字段上右击，在快捷菜单中选择添加到值命令，或用鼠标将销售额字段直接拖到数值区域。

Step 09 在右侧的选择要添加到报表的字段列表中选中所在区域字段，然后在所在区域字段上右击，在快捷菜单中选择添加报表筛选命令，或用鼠标将所在区域字段直接拖到报表筛选区域。创建数据透视表的效果，如图 8-40 所示。

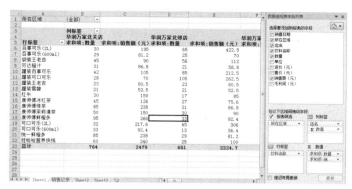

图 8-40　创建数据透视表的效果

动手做 3　筛选数据

创建数据透视表后使用数据透视表中的页字段、行字段和列字段，可以很方便地筛选出要求的数据，以便快速地查阅数据。

例如，现在仅想查看"莲湖区"可乐的销售情况，具体操作步骤如下：

Step 01 在数据透视表中单击所在区域中全部后的下三角箭头，打开一个下拉列表，如图 8-41 所示。

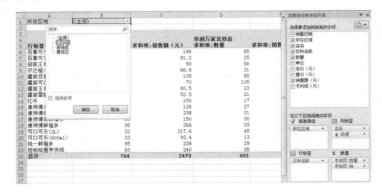

图 8-41　筛选所在区域

Step 02 在打开的下拉列表中，取消全选的选中状态，然后仅选择莲湖区选项，单击确定按钮。筛选后的效果如图 8-42 所示。

所在区域	莲湖区							
	列标签							
	华润万家北关店		华润万家莲湖店		华润万家太华路店		求和项:数量汇总	求和项:销售额（元）汇总
行标签	求和项:数量	求和项:销售额（元）	求和项:数量	求和项:销售额（元）	求和项:数量	求和项:销售额（元）		
百事可乐(2L)	30	195	77	500.5	70	455	177	1150.5
百事可乐(600ml)	29	81.2	32	89.6	80	224	141	394.8
袋装王老吉	45	90	49	98	88	176	182	364
芬达橙汁	31	86.8	60	168	80	224	171	478.8
罐装百事可乐	42	105	68	170	70	175	180	450
罐装可口可乐	28	70	35	87.5	80	200	143	357.5
罐装王老吉	23	80.5	67	234.5	78	273	168	588
罐装雪碧	21	52.5	85	212.5	68	170	174	435
红牛	30	150	15	75	68	340	113	565
康师傅冰红茶	45	126	35	98	70	196	150	420
康师傅绿茶	85	238	40	112	80	224	205	574
康师傅茉莉清茶	50	150	8	24	56	168	114	342
康师傅鲜橙多	95	266	32	89.6	78	218.4	205	574
可口可乐(2L)	32	217.6	45	306	76	516.8	153	1040.4
可口可乐(600ml)	33	92.4	30	84	90	252	153	428.4
统一鲜橙多	85	238	25	70	90	252	200	560
娃哈哈营养快线	60	240	55	220	60	240	175	700
总计	**764**	**2479**	**758**	**2639.2**	**1282**	**4304.2**	**2804**	**9422.4**

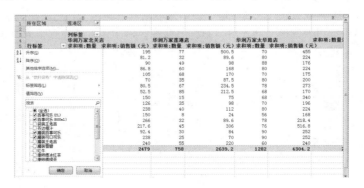

图 8-42　筛选所在区域的效果

Step 03 在数据透视表中单击行标签后的下三角箭头，打开一个下拉列表，如图 8-43 所示。

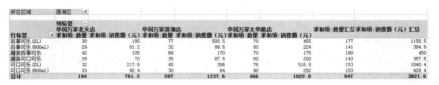

图 8-43　筛选行标签

Step 04 在打开的下拉列表中，取消全选的选中状态，然后仅选择可乐选项，单击确定按钮。筛选后的效果如图 8-44 所示。

所在区域	莲湖区							
	列标签							
	华润万家北关店		华润万家莲湖店		华润万家太华路店		求和项:数量汇总	求和项:销售额（元）汇总
行标签	求和项:数量	求和项:销售额（元）	求和项:数量	求和项:销售额（元）	求和项:数量	求和项:销售额（元）		
百事可乐(2L)	30	195	77	500.5	70	455	177	1150.5
百事可乐(600ml)	29	81.2	32	89.6	80	224	141	394.8
罐装百事可乐	42	105	68	170	70	175	180	450
罐装可口可乐	28	70	35	87.5	80	200	143	357.5
可口可乐(2L)	32	217.6	45	306	76	516.8	153	1040.4
可口可乐(600ml)	33	92.4	30	84	90	252	153	428.4
总计	**194**	**761.2**	**287**	**1237.6**	**466**	**1822.8**	**947**	**3821.6**

图 8-44　筛选行标签的效果

🔅 动手做 4　制作数据透视图

有了满足用户需求的数据透视表后，有时还需要将数据透视结果进行图形化显示与分析。此时若使用数据透视图就能从数据清单中的特定字段中概括出信息，从而方便从各种角度查看数据。它既具有数据透视表的数据交互式汇总特点，又具有图表的可视性优点，可以实现"一张图表、多个视图"的功能。

制作连锁超市饮料销售情况数据透视图的步骤如下：

Step 01　将鼠标定位在销售情况表的数据区域中的任意一个单元格中。

Step 02　单击插入选项卡中表组中的数据透视图按钮，打开创建数据透视表及数据透视图对话框，如图 8-45 所示。

Step 03　在选择一个表或区域查看创建数据透视表的区域是否正确，如果不正确单击右侧的折叠按钮，在工作表中选择要建立数据透视表的数据源区域，在选择放置数据透视表及数据透视图的位置选择新工作表单选按钮，单击确定按钮，打开如图 8-46 所示的新工作表。

图 8-45　创建数据透视表及数据透视图对话框　　　　图 8-46　　创建的新工作表

Step 04　在右侧的选择要添加到报表的字段列表中选中饮料名称字段，然后在饮料名称字段上右击，在快捷菜单中选择添加到轴字段（分类）命令，或用鼠标将饮料名称字段拖到轴字段（分类）区域。

Step 05　在右侧的选择要添加到报表的字段列表中选中数量字段，然后在数量字段上右击，在快捷菜单中选择添加到值命令，或用鼠标将数量字段直接拖到数值区域。

Step 06　在右侧的选择要添加到报表的字段列表中选中所在区域字段，然后在所在区域字段上右击，在快捷菜单中选择添加报表筛选命令，或用鼠标将所在区域字段直接拖到报表筛选区域。创建数据透视图的效果，如图 8-47 所示。

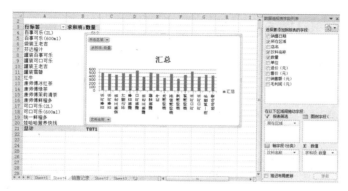

图 8-47　创建数据透视图的效果

Step 07 在数据透视表中单击所在区域中全部后的下三角箭头，在打开的下拉列表中，取消全选的选中状态，然后仅选择莲湖区，单击确定按钮。进行数据筛选后的数据透视图，如图 8-48 所示。

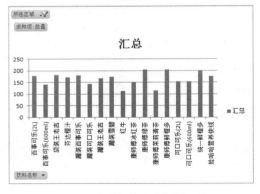

图 8-48　进行数据筛选后的数据透视图

知识拓展

通过前面的任务主要学习了创建图表、调整图表的大小和位置、设置图表区的格式、设置绘图区格式、设置图标标题格式、设置图例格式、创建数据透视表、在数据透视表中筛选数据等操作，另外还有一些关于图表和数据透视表的操作在前面的任务中没有运用到，下面就介绍一下。

动手做 1　移动图表的位置

在创建图表后还可以移动图表的位置，首先选中图表，然后在设计选项卡的位置组中单击移动图表按钮，则打开移动图表对话框，如图 8-49 所示。在对话框中可以选择将图表移动到的位置，选择新工作表则创建一个图表工作表；选择对象位于则可以移动到工作簿的现有工作表中。

图 8-49　移动图表对话框

动手做 2　设置图表数据系列格式

在图表数据系列上右击，在快捷菜单中选择数据系列格式命令，打开设置数据系列格式对话框，如图 8-50 所示。在对话框中可以对数据系列的格式进行设置。

动手做 3　设置图表坐标轴格式

在图表坐标轴上右击，在快捷菜单中选择坐标轴格式命令，打开设置坐标轴格式对话框，如图 8-51 所示。在对话框中可以对坐标轴的格式进行设置。

动手做 4　添加趋势线

趋势线是指用图形的方式来显示数据的预测趋势，它可用于对数据进行预测分析，也称回归分析。利用回归分析，可以在图表中扩展趋势线，根据实际数据预测未来数据。

例如，为如图 8-52 所示的销售数据中的系列"集团总部"添加趋势线，具体操作步骤如下：

Step 01 在数据系列"集团总部"上单击鼠标选中该数据系列。

Step 02 切换到图表工具中的布局选项卡，在分析组中单击趋势线按钮，打开趋势线列表，如图 8-51

所示。

图 8-50 设置数据系列格式对话框

图 8-51 设置坐标轴格式对话框

Step03 在列表中选择一种趋势线，如选择双周期移动平均，则添加趋势线的效果如图 8-53 所示。

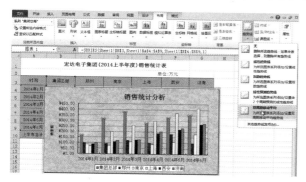

图 8-52 趋势线列表

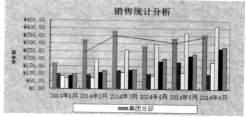

图 8-53 添加趋势线的效果

动手做 5 添加误差线

误差线是指以图形方式来表示数据系列中每个数据标记的可能误差量，它反映出了一组数据的可信程度。

例如，为如图 8-54 所示的销售数据中的系列"集团总部"添加误差线，具体操作步骤如下：

Step01 在数据系列"集团总部"上单击鼠标选中该数据系列。

Step02 切换到图表工具中的布局选项卡，在分析组中单击误差线按钮，打开误差线列表，如图 8-54 所示。

Step03 在列表中选择一种趋势线，如选择标准误差误差线，则添加误差线的效果如图 8-55 所示。

动手做 6 更改透视表中的数据

创建好数据透视表，还可以对数据透视表中的数据进行更改。由于数据透视表是基于数据清单的，它与数据清单是链接关系，所以在改变透视表中的数据时，必须要在数据清单中进行，而不能直接在数据透视表中进行更改。

在工作表中直接对单元格中的数据进行修改，修改完成后切换到需要更新的数据透视表中，在数据透视表工具的选项选项卡下的数据组中单击全部刷新按钮，此时可看到当前数据透视表闪动一下，数据透视表中的数据将自动被更新。

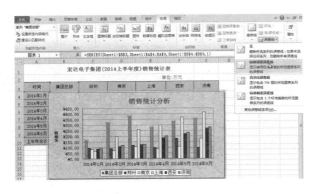

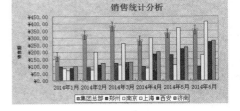

图 8-54　误差线列表　　　　　　　　　　　图 8-55　添加误差线的效果

动手做 7　添加和删除数据字段

当数据透视表建立完成后，由于有的数据项没有被添加到数据透视表中，或者数据透视表中的某些数据项无用，还需要再次向数据透视表中添加或删除一些数据记录。此时用户可以根据需要随时向数据透视表中添加或删除字段，步骤如下：

Step 01　单击数据透视表中数据区域的任意单元格，在工作表的右侧将显示出数据透视表字段列表。

Step 02　在数据透视表字段列表中选择要添加的字段，然后直接将字段拖到在以下区域间拖动字段区域中需要添加到的区域。

Step 03　如果用户要删除数据透视表中的数据记录，可在以下区域间拖动字段区域中先选定要删除的数据记录，然后拖动到数据透视表字段列表中。

动手做 8　更改汇总方式

在 Excel 2010 的数据透视表中，系统提供了多种汇总方式，包括求和、计数、平均值、最大值、最小值、乘积、数值计数等，可以根据需要选择不同的汇总方式来进行数据的汇总。在数据透视表的数值区域右击，在快捷菜单中选中值字段设置选项，打开值字段设置对话框，在值字段汇总方式列表框中选择一种汇总方式，如图 8-56 所示。

图 8-56　值字段设置对话框

也可以在数据透视表工具的选项选项卡下的活动字段组中单击字段设置按钮打开值字段设置对话框。

动手做 9　设置数据透视表的样式

建立好数据透视表后，为了使数据透视表更加美观，还可以对它的样式进行设置。在设置其格式时，最简单、快速的方法就是使用 Excel 2010 提供的数据透视表外观样式，具体操作方法如下：

Step 01　选中数据透视表中的任意单元格。

Step 02　切换到数据透视表工具下的设计选项卡。

Step 03　在数据透视表样式组中的数据透视表外观样式列表中选择一种外观样式即可，如图 8-57 所示。

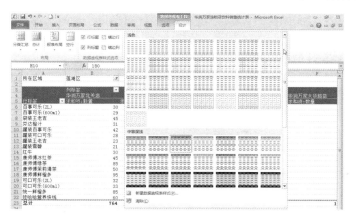

图 8-57　设置数据透视表的样式

课后练习与指导

一、选择题

1. 关于创建图表下列说法正确的是（　　　）。
   A. 用户在绘制图表之前必须选择一个有效的表格数据区域
   B. 图表中的每一数据系列都具有特定的颜色或图案
   C. 柱形图与条形图大致相同，但更强调随幅度随时间的变化
   D. 折线图特别适用于 Y 轴为时间轴的情况下，反映数据的变动情况及变化趋势

2. 关于图表的编辑下列说法错误的是（　　　）。
   A. 在创建图表后用户还可以更改图表类型
   B. 在创建图表后用户不能向图表中添加记录
   C. 创建图表后用户可以将其移到另外的一个工作表中
   D. 在创建图表后用户不能更改图表中的数据

3. 关于图表的格式化下列说法正确的是（　　　）。
   A. 用户可以设置图表区的边框样式和颜色
   B. 用户只能对图表标题的文本格式进行设置，不能调整标题的位置
   C. 设置绘图区的格式会影响数据系列的格式
   D. 用户不但可以设置图例的位置，还可以设置图例的文本格式

4. 关于数据透视表下列说法错误的是（　　　）。
   A. 用户可以更改数据透视表的汇总方式
   B. 在数据透视表中用户只可以在列字段进行筛选数据
   C. 数据透视表在创建后用户可以随意添加或删除字段
   D. 创建数据透视表后，如果用户在工作表中直接对单元格中的数据进行修改，那么数据透视表中引用该单元格的数据将会自动更新

二、填空题

1. 饼图只显示数据系列中每一项该系列数值总和的比例关系，只能_____，如果多个序列被选中，它只选中其中的第一个。这种图最适合_____，强调某个元素重要。

2. 图例是一个方框，它指明图表中各个独立的分类，用于标识图表中_____或_____所指定的图案或颜色，图例项代表与图例标志对应的数据系列的名称。

3．单击_____选项卡中"图表"组右下角的"对话框启动器"，打开_____对话框。

4．用户在选中图表区域后在_____选项卡的_____组中单击"设置所选内容格式"按钮可打开"设置图表区域格式"对话框。

5．用户可以在"图表工具"中"格式"选项卡的在形状样式组中设置网格线的格式。

6．切换到"图表工具"中的"布局"选项卡，在_____组中单击_____按钮，用户可以为图表设置趋势线。

7．切换到"图表工具"中的"布局"选项卡，在_____组中单击_____按钮，用户可以为图表设置误差线。

8．单击_____选项卡中_____组中的"数据透视表"按钮，打开"创建数据透视表"对话框。

9．在_____选项卡的_____组中单击"移动图表"按钮，则打开"移动图表"对话框。

10．在"数据透视表工具"下_____选项卡的_____组中，用户可以设置数据透视表的外观样式。

三、简答题

1．叙述一下你所知道的图表类型。

2．如何调整图表的大小和位置？

3．向图表中添加数据有哪几种方法？

4．如何选定图表中的对象？

5．简述一下设置图表区格式的方法。

6．如何更新数据透视表中的数据？

7．如何在数据透视表中添加字段？

8．如何更改数据透视表的汇总方式？

四、实践题

在工程支出表工作簿中创建图表和数据透视表。

1．根据工作表 Sheet1 中的数据创建 3 月 15 日德银工程支出金额图表，图表类型为分离型三维饼图，如图 8-58 所示。

2．三维饼图显示数值，将创建的图表放在 Chart1 工作表中。

3．根据工作表 Sheet1 中的数据创建数据透视表，数据透视表放置在新工作表中，报表筛选字段为日期，行标签字段为原料，列标签字段为项目工程，数值字段为金额，汇总方式为求和，如图 8-59 所示。

4．在数据透视表中筛选出 3 月 16 日，银河剧院工程项目的数据。

素材位置：案例与素材\模块 08\素材\工程支出表（初始）

效果位置：案例与素材\模块 08\源文件\工程支出表

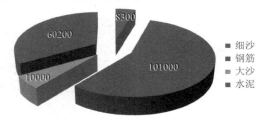

图 8-58　三维饼图图表

图 8-59　数据透视表

模块 09 工作表的打印——打印日历

你知道吗？

在日常工作中，很多情况下需要将数据报表打印在纸张上，以供他人查看和使用。因此还需要对建立和编辑好的工作表以报表的形式打印出来。Excel 2010 提供了非常强大的打印功能，充分利用这些功能可以打印出符合要求的工作表。

应用场景

在日常工作中，人们会见到报名表、订货单等电子表格，如图 9-1 所示，这些都可以利用 Excel 2010 软件来制作。

在平时的生活中经常使用日历来记载日期，如图 9-2 所示就是利用 Excel 2010 制作的日历，请读者根据本模块所介绍的知识和技能，将其打印出来。

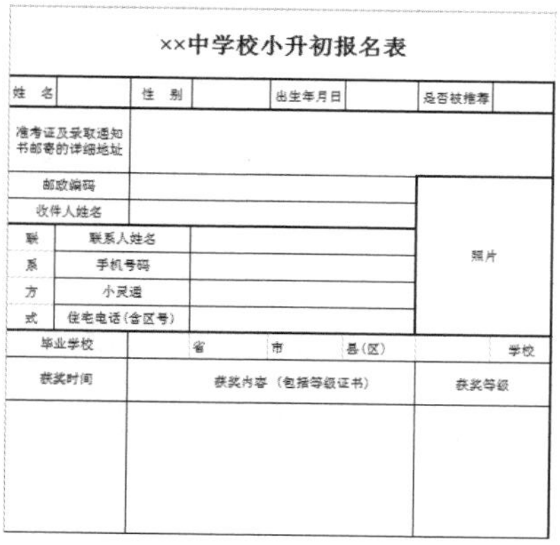

图 9-1 报名表

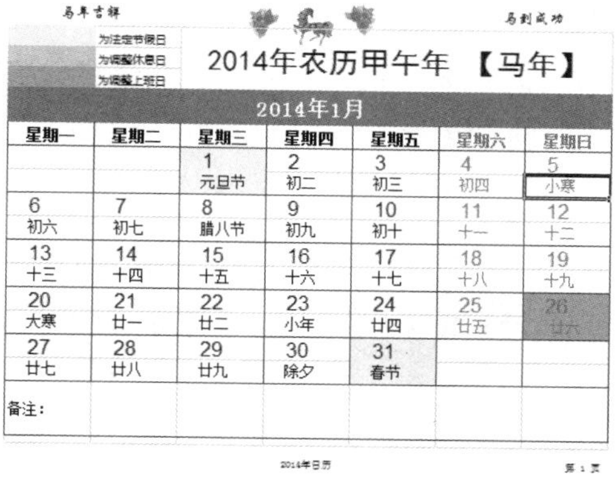

图 9-2 员工销售业绩表

相关文件模板

利用 Excel 2010 的公式功能还可以完成报名表、订货单、毕业设计（论文）答辩一览表、财务管理（本）专业教学计划表、招聘岗位说明表、项目评审报告等工作任务。

为方便读者，本书在配套的资料包中提供了部分常用的文件模板，具体文件路径如图 9-3 所示。

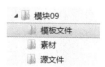

图 9-3 应用文件模板

日历是一种日常使用的出版物，用于记载日期。每页显示一日的称为日历，每页显示一个月的称为月历，每页显示全年的称为年历。有多种形式，如挂历、座台历、年历卡等，如今又有电子日历。

设计思路

在打印日历的过程中，首先要对日历的页眉进行设置，然后为日历添加页眉和页脚，最后对日历进行打印，打印日历的基本步骤可分解为：

Step**01** 页面设置

Step**02** 添加页眉和页脚

Step**03** 打印工作表

项目任务 9-1 页面设置

在打印之前需要对工作表进行必要的设置，如设置打印范围、打印纸尺寸等。

动手做 1 设置工作表的显示比例

如果表格中的内容太多或内容字体太小，需要缩小或放大工作表的显示比例来查看工作表中的内容。打开"案例与素材\模块 09\素材"文件夹中名称为"2014 年日历（初始）"文件，如图 9-4 所示。

当发现在屏幕上不能全部显示工作表的内容时，可以采用缩小比例的方法使工作表的内容更多地显示在屏幕上，具体操作步骤如下：

Step**01** 切换到视图选项卡下，在显示比例组中单击显示比例选项，打开显示比例对话框，如图 9-5 所示。

图 9-4 日历初始文件　　　　　　　　　　　　图 9-5 显示比例对话框

Step**02** 在缩放区域选择 75%，单击确定按钮，则缩放比例的效果如图 9-6 所示。

教你一招

用户也可以在工作表左下角的显示比例区域单击缩小按钮[—]或放大按钮[+]来调整缩放比例。

⁂ 动手做 2　设置页面选项

页面选项主要包括纸张的大小、打印方向、缩放、起始页码等选项，通过对这些选项的选择，可以完成纸张大小、起始页码、打印方向等的设置工作。

例如，在打印日历工作表时，需要将其打印到 A4 纸张上横向打印，具体设置步骤如下：

Step 01　切换到页面布局选项卡，单击页面设置组右下角的对话框启动器，打开页面设置对话框，单击页面选项卡，如图 9-7 所示。

图 9-6　缩放比例的效果　　　　图 9-7　设置页面选项

Step 02　在方向区域选择横向。横向是指打印纸水平放置，即纸张宽度大于高度，纵向则是指打印纸垂直放置，即纸张高度大于宽度。

Step 03　在纸张大小下拉列表框中选择 A4，纸张大小的选择取决于实际工作和所用打印机的打印能力。

Step 04　在起始页码文本框中输入要打印的工作表起始页号，如果使用默认的自动设置则是从当前页开始打印。

Step 05　设置完毕，单击确定按钮。

教你一招

　　　● ● ●

在设置纸张大小时可以在页面布局选项卡下单击页面设置组中的纸张大小按钮，打开纸张大小列表，在列表中用户也可以快速选择纸张大小，如图 9-8 所示。在设置纸张方向时可以在页面布局选项卡下单击页面设置组中的纸张方向按钮，打开纸张方向列表，在列表中用户也可以快速选择纸张方向，如图 9-9 所示。

图 9-8　纸张大小列表　　　　图 9-9　纸张方向列表

☼ 动手做 3　设置页边距

页边距是指在纸张上开始打印内容的边界与纸张边沿的距离，设置页边距的具体操作步骤如下：

Step 01　切换到页面布局选项卡，单击页面设置组右下角的对话框启动器，打开页面设置对话框，单击页边距选项卡，如图 9-10 所示。

Step 02　在左、右、上、下文本框中输入或选择各边距的具体值为 1.5、1.5、1.5、1.5，在页眉和页脚文本框中输入或选择页眉和页脚距页边的距离为 0.5。

Step 03　在居中方式区域选中水平和居中两个复选框。

Step 04　设置完毕，单击确定按钮。

教你一招

在设置页边距时用户可以在页面布局选项卡下单击页面设置组中的页边距按钮，打开页边距列表，在列表中用户也可以快速选择页边距，如图 9-11 所示。

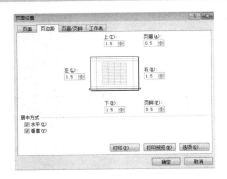

图 9-10　设置页边距

图 9-11　页边距列表

☼ 动手做 4　设置打印标题

当打印一个较长的工作表时，常常需要在每一页上都打印行或列标题，这样可以使打印后每一页上都包含行或列标题。

例如，设置打印日历是在每一页都打印最上面的三行，具体操作步骤如下：

Step 01　切换到页面布局选项卡，单击页面设置组中的打印标题按钮，打开页面设置对话框并切换到工作表选项卡，如图 9-12 所示。

Step 02　在打印标题区域的顶端标题行文本框中可以将某行区域设置为顶端标题行。可以在顶端标题行文本框中单击折叠按钮 ，然后利用鼠标选定指定的标题行，也可以直接输入作为标题行的行号。

Step 03　设置完毕，单击确定按钮。

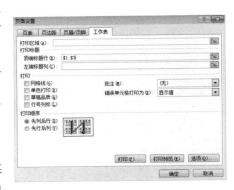

图 9-12　设置打印标题行

教你一招   ● ● ●

在"左端标题列"文本框中可以将某列区域设置为左端标题列。当某个区域设置为标题列后，在打印时每页左端都会打印标题列内容。可以在"左端标题列"文本框单击按钮，然后利用鼠标选定指定的标题列，也可以直接输入作为标题列的列标。

⁝⁝ 动手做 5　在页面布局视图中调整工作表

在 Excel 2010 中含三种视图模式，即"普通视图"、"页面布局视图"和"分页预览"。"普通视图"是 Excel 的默认视图，适用于对表格进行设计和编辑。但在该视图中无法查看页边距、页眉和页脚，仅在打印预览或切换到其他视图后各页面之间会出现一条虚线来分隔各页。而"页面布局视图"是 Excel 2010 中新增的视图，它兼有打印预览和普通视图的优点。打印预览时，虽然可以看到页边距、页眉和页脚，但无法对表格进行编辑。而在"页面布局视图"中，既能对表格进行编辑修改，也能查看和修改页边距、页眉和页脚。同时"页面布局视图"中还会显示水平和垂直标尺，这对于测量和对齐对象十分有用。

切换到视图选项卡，单击工作簿视图组中的页面布局按钮，进入页面布局视图，如图 9-13 所示。

在页面布局视图中可以发现日历的一个月份不在一页中，此时可以对日历的行高和列宽进行微调，使日历的一个月份显示在一页中。

使用鼠标同时选中 A 到 G 列的列标，将鼠标移动至 G 列的列标右侧的边框线处，当鼠标变成 ✛ 形状时向左拖动鼠标适当减少列宽，直至在一页内能显示全部列。按照相同的方法对日历中各行的行高进行调整，使日历的一个月份显示在一页中，对日历进行调整后的效果如图 9-14 所示。

图 9-13　页面布局视图 　　　　　　　　　　　　图 9-14　调整后的日历

项目任务 9-2 ▶ 设置页眉和页脚

页眉和页脚分别位于打印页的顶端和底端，用来打印页号、表格名称、作者名称或时间等，设置的页眉页脚不显示在普通视图中，只有在页面布局和打印预览视图中可以看到，在打印时能被打印出来。可以使用 Excel 内置的页眉或页脚，也可以自定义页眉或页脚。

❖ 动手做 1　设置页眉

在日历中设置页眉的具体操作步骤如下：

Step 01　切换到插入选项卡，在文本组中单击页眉和页脚按钮，则进入页眉和页脚编辑模式，鼠标自动定位在页眉编辑区，如图 9-15 所示。

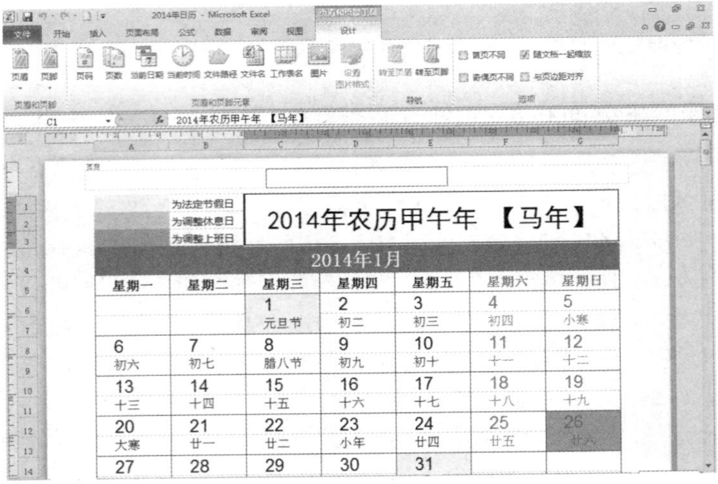

图 9-15　页眉和页脚编辑模式

Step 02　在页眉区域共分为三个单元格，可以在各个单元格中分别进行编辑。默认情况下，在中间单元格输入的页眉文字位于页面顶端居中位置，在左侧单元格输入的页眉文字位于页面顶端居左位置，在右侧单元格输入的页眉文字位于页面顶端居右位置。

Step 03　将鼠标定位在最左边的单元格中然后输入文本"马年吉祥"。

Step 04　选中"马年吉祥"文本，切换到开始选项卡，在字体组的字体列表中选中华文行楷，在字号列表中选择 18。将鼠标定位在文本的前面，然后利用空格键使文本向右移动到单元格的中间位置。

Step 05　将鼠标定位在最右边的单元格中然后输入文本"马到成功"。

Step 06　选中"马到成功"文本，切换到开始选项卡，在字体组的字体列表中选中华文行楷，在字号列表中选择 18。将鼠标定位在文本的后面，然后利用空格键使文本向右移动到单元格的中间位置。在页眉区域编辑文本的效果，如图 9-16 所示。

Step 07　将鼠标定位在中间的单元格中，切换到页眉和页脚工具的设计选项卡，在页眉和页脚元素组中单击图片按钮，打开插入图片对话框，如图 9-17 所示。

图 9-16　在页眉区域编辑文本的效果　　　　　　图 9-17　插入图片对话框

Step 08 在对话框中选择素材文件夹中的"日历图片"图片文件，单击插入按钮，则图片被插到页眉中，此时在单元格中并不是显示插入的图片，而是显示出"&[图片]"字样。如图 9-18 所示。

Step 09 在工作表区域的其他单元格中单击鼠标，则显示出插入的图片，如图 9-19 所示。

图 9-18　在页眉中插入图片 　　　　　　　　　图 9-19　在页眉中显示插入的图片

Step 10 很显然插入的图片较大，不符合要求。将鼠标重新定位在页眉的图片单元格中，切换到页眉和页脚工具的设计选项卡，在页眉和页脚元素组中单击设置图片格式按钮，打开设置图片格式对话框，如图 9-20 所示。

Step 11 在对话框的比例区域选中锁定纵横比和相对原始图片大小复选框，然后在高度文本框中输入或选择 20%，单击确定按钮。则设置页眉的最终效果如图 9-21 所示。

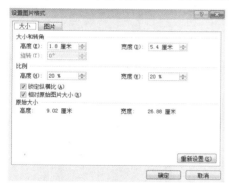

图 9-20　设置图片格式对话框 　　　　　　　　图 9-21　设置页眉的最终效果

动手做 2　设置页脚

在日历中设置页脚的具体操作步骤如下：

Step 01 如果鼠标定位在页眉编辑区，在设计选项卡的导航组中单击转至页脚按钮，则进入页脚编辑区，如图 9-22 所示。

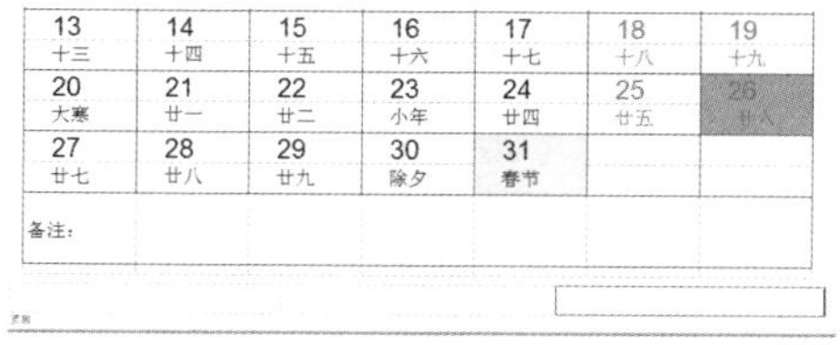

Step 02 在页脚区域共分为三个单元格，可以在各个单元格中分别进行编辑。默认情况下，在中间单元格输入的页眉文字位于页面顶端居中位置，在左侧单元格输入的页眉文字位于页面顶端居左位置，在右侧单元格输入的页眉文字位于页面顶端居右位置。

图 9-22　页脚编辑区

Step 03 将鼠标定位在任意单元格中，在设计选项卡下的页眉和页脚组中单击页脚按钮，打开页脚列表，如图 9-23 所示。

Step 04 在列表中选择"2014 年日历，第 1 页"，则插入页脚的效果如图 9-24 所示。

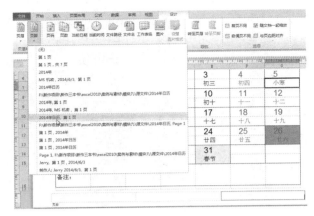

图 9-23 页脚列表

图 9-24 插入页脚的效果

项目任务 9-3 打印工作表

对日历设置完毕后，就可以将日历打印出来了，Excel 2010 提供了多种打印方式，包括打印多份文档、选择打印范围、快速打印文档等功能。

❯❯ 动手做 1 一般打印

一般情况下，默认的打印设置不一定能够满足用户的要求，此时可以对打印的具体方式进行设置。

例如，要将制作的日历打印 20 份，具体操作步骤如下：

Step 01 在文档中单击文件选项卡，在打开的菜单中选择打印选项，显示打印窗口。在该窗口的左侧是打印设置选项，在右侧则是打印预览效果，如图 9-25 所示。

Step 02 单击打印机右侧的下三角箭头，选择要使用的打印机。

Step 03 在份数文本框中选择或者输入 20。

Step 04 在预览区域预览打印效果，确定无误后单击打印按钮完成打印。

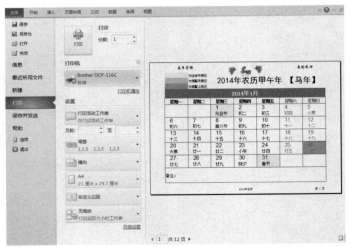

图 9-25 打印文档

提示

如果文档的页数比较多，用户可以选则一页页的打印还是一份份的打印。单击调整右侧的下三角箭头，选中调整选项将完整打印第 1 份后再打印后续几份；选中取消排序选项则完成第一页打印后再打印后续页码。

⚙ 动手做 2 选择打印的范围

Excel 2010 打印文档时，既可以打印全部的工作表，也可以打印工作表的一部分。可以在打印窗口中的打印活动工作表区域设置打印的范围。

在打印窗口中单击打印活动工作表右侧的下三角箭头，打开一个下拉列表，如图 9-26 所示，在列表中选择下面几种打印范围：

- 选择打印活动工作表选项，就是打印当前工作表。
- 选择打印整个工作簿选项，就是打印工作簿中的所有工作表。
- 选择打印选定区域选项，则只打印当前工作表中选中的内容，但事先必须在工作表中选中了一部分内容才能使用该选项。

如果打印的范围包含多页，则用户还可以在页数文本框中输入要打印的页数，如图 9-27 所示。

提示

有时我们会在页面设置对话框的工作表选项卡中的打印区域文本框中设置了打印区域，如图 9-28 所示。在设置了打印区域后，在打印工作表时选择打印活动工作表选项就会打印设置的打印区域，而不是选择打印选定区域选项来打印设置的打印区域。

图 9-26 选择打印的范围 　　　图 9-27 输入要打印的页码 　　　图 9-28 设置打印区域

 ## 项目拓展——打印准考证

准考证就是主考部门发给符合条件考生的允许考试凭证。考生可持此证在规定时间，规定地点参加规定考试。准考证一般印有考生姓名、照片、考生号、考试时间、考试地点等。

现在很多大型的考试都需要网上自己打印准考证考试表，然后根据准考证上面的考点去参加考试，如图 9-29 所示就是环境影响评价工程师执业资格考试的准考证。

第 1 页，共 1 页

2014年度环境影响评价工程师执业资格考试

准 考 证

准考证号 491134114010010324
姓　　名 王建国
性　　别 男
身份证号 41272719750117
报考级别 考全科
报考专业 环境影响评价工程师
考　　点 华北水利水电职业学院（郑州市花园路186号）

照片

考试日期	考试时间	考场号	考试科目
2014年-05-28	9：00-12:00	26	环境影响评价法律法规
2014年-05-28	9：00-12:00	32	环境影响评价技术导则
2014年-05-28	9：00-12:00	12	环境影响评价技术方法
2014年-05-28	9：00-12:00	08	环境影响评价案例分析

考生须知

1、凭准考证和身份证（军人身份证）入场，对号入座
2、考生在考试前20分钟进入考场，并对号入座，将准考证和身份证放在桌子右上角，以备核查。
3、考生在开考30分钟后不得进入考场，开考60分钟内不得退出考场。
4、考生进入考场只能携带铅笔、橡皮、水性笔、钢笔、无声无编程功能的计算器等必备工具，禁止携带任何书籍、报纸、稿纸、笔记本及其它纸质材料。不得携带电子记事本、手机等进入考场，已带的要与其他物品一同存放在指定物品放置处，不得带至座位。
5、考生必须严格遵守考场纪律，须保持考场安静，禁止吸烟，严禁交头接耳、左顾右盼、窥视他人试卷答案或交换试卷，考试中不得以任何方式作弊，违者将按有关规定处罚。
6、提前交卷的考生，必须离场，不得在考场附近逗留、大声喧哗和使用手机，否则按违纪处理。
7、考生交卷时，必须将试卷、答题卡、答题纸、草稿纸交到监考人员手中，经监考员检查、清点、收卷并准许后，方可离开考场，不得将试卷、答题纸及草稿纸等带出考场，否则按违纪处理。
8、请妥善保管准考证，以备发证时核查。
9、成绩查询网址 www.hnrsks.gov.cn

提示：考试时须携带2B铅笔、橡皮以及蓝、黑墨水的钢笔或签字笔、计算器。

请使用A4纸打印，彩色或黑白打印均可！　　河南省人事考试中心

ttp://www.hnrsks.com/qbwsbm/webregister/card/exampb.aspx?id=83　　2014/6/3

图 9-29　准考证

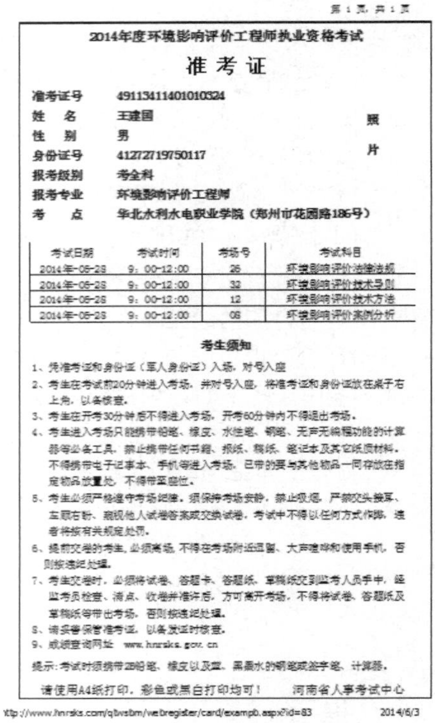

设计思路

在打印准考证的过程中，首先应对准考证的页面进行设置，然后再为准考证添加页眉和页脚，打印准考证的基本步骤可分解为：

Step 01　缩放页面

Step 02　设置页眉和页脚

Step 03　打印准考证

动手做 1　缩放页面

可以对要打印的工作表进行缩放，使其更适合打印页面。例如，缩小准考证工作表的大小，具体操作步骤如下：

Step 01　打开“案例与素材\模块 09\素材”文件夹中名称为“准考证（初始）”的文件。

Step 02　切换到视图选项卡，单击工作簿视图组中的分页预览按钮，进入分页预览视图，此时会发现准考证共分为两页，第 2 页中只有一行，如图 9-30 所示。

Step 03　切换到页面布局选项卡，单击页面设置组右下角的对话框启动器，打开页面设置对话框，单击页面选项卡。

Step 04　在缩放区域选择调整为单选按钮，然后在后面的文本框中选择或输入 1 页宽和 1 页高，如图 9-31 所示。

Step 05　单击确定按钮，则工作表中第 2 页里面的那一行进入到第 1 页，两页变为一页。

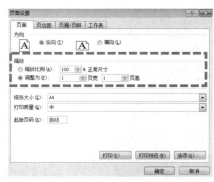

第 1 页

考生须知

1、凭准考证和身份证（军人身份证）入场，对号入座
2、考生在考试前20分钟进入考场，并对号入座，将准考证和身份证放在桌子右上角，以备核查。
3、考生在开考30分钟后不得进入考场，开考60分钟内不得退出考场。
4、考生进入考场只能携带铅笔、橡皮、水性笔、钢笔、无声无编程功能的计算器等必备工具，禁止携带任何书籍、报纸、稿纸、笔记本及其它纸质材料。不得携带电子记事本、手机等进入考场，已带的要与其他物品一同存放在指定物品放置处，不得带至座位。
5、考生必须严格遵守考场纪律，须保持考场安静，禁止吸烟，严禁交头接耳、左顾右盼、窥视他人试卷答案或交换试卷，考试中不得以任何方式作弊，违者将按有关规定处罚。
6、提前交卷的考生，必须离场，不得在考场附近逗留、大声喧哗和使用手机，否则按违纪处理。
7、考生交卷时，必须将试卷、答题卡、答题纸、草稿纸交到监考人员手中，经监考员检查、清点、收卷并准许后，方可离开考场，不得将试卷、答题纸及草稿纸等带出考场，否则按违纪处理。
8、请妥善保管准考证，以备发证时核查。
9、成绩查询网址 www.hnrsks.gov.cn

提示：考试时须携带2B铅笔、橡皮以及蓝、黑墨水的钢笔或签字笔、计算器。

请使用A4纸打印，彩色或黑白打印均可！　　河南省人事考试中心

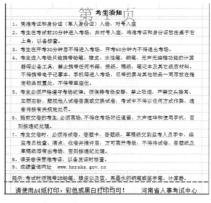

图 9-30　分页预览

图 9-31　设置缩放

动手做 2　设置页眉页脚

为准考证设置页眉页脚的具体步骤如下：

Step 01　切换到视图选项卡，单击工作簿视图组中的页面布局按钮，进入页面布局视图。

Step 02 此时在准考证的上面显示"单击可添加页眉"字样，单击"单击可添加页眉"选项则进入页眉编辑状态。切换到设计选项卡，在页眉和页脚组中单击页眉按钮，打开页眉列表，如图9-32所示。

Step 03 在列表中选择"第1页，共？页"，则在页眉的中间插入页眉"第1页，共1页"，如图9-33所示。

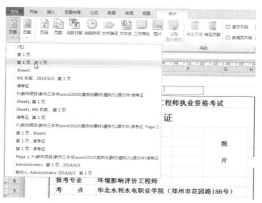

图9-32　页眉列表

图9-33　插入页眉的效果

Step 04 单击插入的页眉，此时页眉被选中而且显示"第 &[页码] 页，共 &[总页数] 页"字样，按下 Ctrl+X 快捷键将页眉剪切。

Step 05 将鼠标定位在页眉最右边的单元格中，按下 Ctrl+V 快捷键将页眉复制，设置页眉的最终效果，如图9-34所示。

Step 06 在页面布局视图的页脚区域单击页脚区最左边的单元格，然后输入一个网址"http://www.hnrsks.com/qtwsbm/webregister/card/exampb.aspx?id=83"。

Step 07 将鼠标定位在页脚最右边的单元格中，切换到设计选项卡，在页眉和页脚元素组中单击当前日期按钮，则在页脚区插入当前日期。

设置页脚的最终效果，如图9-35所示。

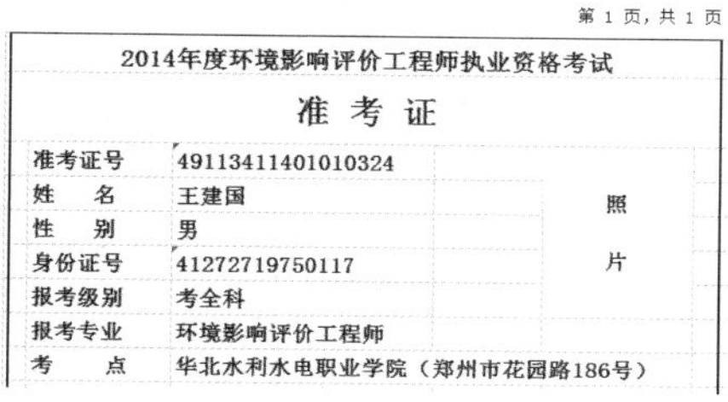

图9-34　设置页眉的最终效果

图9-35　设置页脚的效果

∷ 动手做3　打印准考证

因为准考证打印一份即可，而且准考证已经设置完善，用户可以直接单击快速访问工具栏上的快速打印按钮 🖶 ，这样就可以将准考证直接打印出来。

提示

如果快速工具栏中没有快速打印按钮，则用户可以单击快速访问工具栏右侧的下三角箭头，打开自定义快速访问工具栏列表，在下拉列表中选中快速打印命令。

知识拓展

通过前面的任务主要学习了页面设置、设置页眉和页脚、打印工作表等操作，另外还有一些关于打印的操作在前面的任务中没有运用到，下面就介绍一下。

动手做 1　插入分页符

如果用户不想按系统提供的分页符进行分页，Excel 允许人为插入分页符，即可以通过插入水平分页符改变页面上数据行的数量，或通过插入垂直分页符改变页面上数据列的数量。

选择某个单元格，在页面布局选项卡的页面设置组中单击分隔符按钮，在分隔符下拉列表中选择插入分页符选项，则 Excel 将在该单元格的上方和左侧插入水平分页符和垂直分页符。如果选中的是行则在行的上方插入分页符，如果选中的是列则在列的左侧插入分页符。

在设置了分页符之后，如果不再需要时，还可以将其删除。如果要删除垂直的分页符，应先选定垂直分页符右面的第一列任意单元格，然后在分隔符下拉列表中选择删除分页符选项。如果要删除水平分页符，则应先选定水平分页符下面的第一行任意单元格，然后在分隔符下拉列表中选择删除分页符选项。如果要删除全部插入的分页符然后在分隔符下拉列表中选择重设所有分页符选项。

动手做 2　在分页预览视图中改变打印区域

切换到视图选项卡，单击工作簿视图组中的分页预览按钮，进入分页预览视图，如图 9-36 所示。在分页预览视图中蓝色框线就是 Excel 自动产生的分页符，分页符包围的区域就是系统根据工作表的内容自动产生的打印区域。如果要改变打印区域，只要用鼠标向里或向外拖动分页符就可选定新的打印区域。

动手做 3　设置打印效果

在打印工作表时，使用"打印"选项可以设置出一些特殊的打印效果，在页面设置对话框中选择工作表选项卡，在打印区域用户可以对打印效果进行设置，如图 9-37 所示，主要有下面一些设置：

图 9-36　分页预览视图

- 网格线复选框：可以设置是否显示描绘每个单元格轮廓的线，不含网格线的工作表的打印速度较快。
- 单色打印复选框：可以指定在打印中忽略工作表的颜色，即便用户使用彩色打印机。
- 草稿品质复选框：一种快速的打印方法，打印过程中不打印网格线、图形和边界。
- 行号列标复选框：可以设置是否打印窗口中的行号列标，通常情况下这些信息是不打印的。
- 批注列表框：可以设置是否对批注进行打印，并且还可以设置批注打印的位置。
- 错误单元格打印为列表框：可以设置在打印工作表时是打印错误的值还是以"<空

白>"、"--"或"#N/A"替换错误的值。

动手做 4　设置打印顺序

当需要打印的工作表太大而无法在一页中展现时，可以选择打印顺序。在页面设置对话框中选择工作表选项卡，打印顺序区域可控制页码的编排和打印次序，它包括：

- 选择先列后行表示先打印每一页的左边部分，然后再打印右边部分。
- 选择先行后列表示在打印下一页的左边部分之前，先打印本页的右边部分。

图 9-37　设置打印效果

动手做 5　设置首页不同页眉和页脚

设置首页不同页眉和页脚的基本步骤如下：

Step 01　切换到插入选项卡，在文本组中单击页眉和页脚按钮，进入页眉和页脚编辑模式。

Step 02　在设计选项卡的选项组中选中首页不同复选框。

Step 03　可以编辑首页不同的页眉或页脚。

必须在选中首页不同复选框后再编辑页眉或页脚内容，如果编辑页眉或页脚内容后再选中该选项无效。

动手做 6　设置奇偶页不同页眉和页脚

设置奇偶页不同页眉和页脚的基本步骤如下：

Step 01　切换到插入选项卡，在文本组中单击页眉和页脚按钮，进入页眉和页脚编辑模式。

Step 02　在设计选项卡的选项组中选中奇偶页不同复选框。

Step 03　可以编辑奇偶页不同的页眉或页脚。

必须在选中奇偶页不同复选框后再编辑页眉或页脚内容，如果编辑页眉或页脚内容后再选中，该选项无效。

动手做 7　打印图表

为了使用方便，经常会将 Excel 图表嵌在相关数据的旁边，这样看起来会比较直观。但有时在打印时，只想单独打印这张图表，此时只要用鼠标选中图表的任何一部分，然后再执行打印的操作即可。

在选中图表后，再次打开页面设置对话框，此时工作表选项卡变为图表选项卡，在图表选项卡中用户可以设置图表的打印质量，如图 9-38 所示。

图 9-38　图表选项卡

📎 课后练习与指导

一、选择题

1. 关于工作表的打印下列说法正确的是（　　　）。

　　A. 用户可以将工作表中的数据压缩打印到一页中

B．页面的上边距就是页眉的边距

C．在打印时可以在每页都显示左端标题列

D．设置了工作表的显示比例就是设置了工作表的打印比例

2．关于页眉和页脚下列说法错误的是（　　）。

A．页眉区域共有一行，用户可以在该行的各个单元格中分别进行编辑

B．在页眉中插入图片后用户可以移动图片的位置

C．在页眉和页脚中用户可以直接插入内置的页眉页脚

D．在页眉和页脚区域输入的文本不能设置对齐格式

3．下列说法错误的是（　　）。

A．在工作表中用户可以插入分页符对工作表进行分页

B．在打印时用户可以打印窗口中的行号列标

C．在 Excel 2010 中图表不能单独打印

D．在打印工作表时，用户可以只打印选中的部分

二、填空题

1．在_____选项卡中的_____组中单击_____选项，打开"显示比例"对话框。

2．在_____选项卡中单击_____组中的_____按钮，可以设置纸张大小。

3．在_____选项卡中单击_____组中的_____按钮，可以设置纸张方向。

4．在_____选项卡中单击_____组中的_____按钮，可以设置打印标题。

5．在_____选项卡中单击_____组中的_____按钮，进入"页面布局"视图。

6．在_____选项卡中单击_____组中的_____按钮，则进入页眉和页脚编辑模式。

7．在_____选项卡的_____组中选中_____复选框，则可以编辑奇偶页不同的页眉或页脚。

8．在_____选项卡的_____组中单击_____按钮，在下拉列表中可以选择"插入分页符"。

三、简答题

1．设置工作表的显示比例有几种方法？

2．设置纸张大小有几种方法？

3．页面布局视图有哪些特点？

4．如何设置奇偶页不同的页眉页脚？

5．如何对工作表的批注进行打印？

6．如何将工作表中的内容缩小在一页中进行打印？

四、实践题

对职员招聘报名表进行设置，并打印。

1．设置职员招聘报名表的页边距分别为上：2.5；下：2.5；左：2；右：2。

2．设置职员招聘报名表的页眉和页脚边距分别为 1.5。

3．设置职员招聘报名表的对齐方式为垂直居中对齐和水平居中对齐。

4．为职员招聘报名表添加页眉"报名详情请登录网站 http://www.tkwscl.com"，页眉居右显示，如图 9-39 所示。

素材位置：案例与素材\模块 09 \素材\职员招聘报名表（初始）

效果位置：案例与素材\模块 09 \源文件\职员招聘报名表

报名详情请登录网站 http://www.tkwscl.com

职员招聘报名表						
				填表时间： 年 月 日		
姓 名		性 别		出生年月		相片
政治面貌		籍 贯	省 市（县）			
民 族		学 历		学位		
毕业院校及专业						
专业职称及取得时间						
身份证号码			户口所在地			
身 高		健康状况		未婚、已婚或离异		
特长						
现工作单位				户口所在地		
现 住 址				手机号码		
家庭主要成员情况	姓名	关系	工作单位及职务			政治面貌
学习简历（含在职教育、主要培训）	起 止 时 间		学校（培训机构）及专业(项目)			

图 9-39 职员招聘报名表

模块 10

Excel 2010 综合应用——制作考试成绩管理系统

Excel 2010 在日常生活中的应用非常广泛，在学习了 Excel 2010 的常用功能后应能根据工作中的要求综合应用 Excel 2010 的各种功能解决实际问题。

应用场景

某学院环境工程系为了能方便地掌握本系学生期末考试的情况，利用 Excel 2010 制作了一个简单的考试成绩管理系统。利用 Excel 2010 软件的链接、宏、窗体等高级功能，以及 Excel 2010 一些常用功能，可以非常方便地制作出效果如图 10-1 所示的考试成绩管理系统。

背景知识

成绩管理成为学校教学管理中十分重要又相当复杂的管理工作之一，单纯地采用传统的手工处理已经不符合教育和管理的要求，而计算机具有运

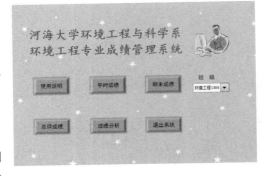

图 10-1 考试成绩管理系统

算速度快，处理能力强等特点，很自然地进入到这一应用领域中。为了保证学校的信息流畅，工作高效，学校可以设计一个学生成绩管理系统。这不但能使教务人员从复杂的成绩管理中解脱出来，而且对于推动教学的发展也起到非常重要的作用。

学生成绩管理系统的建立一般要根据各学校具体的需求使用数据库来建立，这里介绍的成绩管理系统只是使用 Excel 制作的一个用于成绩管理的工作簿。

设计思路

在制作成绩管理的过程中，首先创建成绩管理系统工作簿，然后对成绩管理系统进行设置，制作成绩管理系统的基本步骤可分解为：

Step 01 创建成绩管理系统

Step 02 设置工作表

Step 03 添加超链接

Step 04 为对象附加宏

项目任务 10-1 ▶ 创建成绩管理系统工作簿

在制作成绩管理系统之前，应首先规划一下在成绩管理系统中所包括的大致内容及所实现的功能，如成绩管理系统工作簿中所需的工作表个数、对学生成绩如何进行管理等，这样在创作过程中就不会出现混乱，做到了心中有数。

动手做 1 创建成绩管理系统工作簿

创建成绩管理系统工作簿的具体操作步骤如下：

Step 01 单击开始按钮，打开开始菜单，在开始菜单中执行 Microsoft Office → Microsoft Office Excel 2010 命令，启动 Excel 2010。

Step 02 单击快速访问栏上的保存按钮，或者按 Ctrl+S 组合键，或者在文件选项卡下选择保存选项，打开另存为对话框。

Step 03 选择合适的文件保存位置，这里选择"案例与素材\模块 10 \源文件"，在文件名文本框中输入所要保存文件的文件名，这里输入"成绩管理系统"。

Step 04 单击保存按钮，即可创建成绩管理系统工作簿。

动手做 2 复制工作表

在成绩管理系统工作簿中需要有各班学生的期末考试成绩和各班学生的平时成绩，而这些工作表只是存在于别的工作簿中，此时用户可以将它们从其他的工作簿中复制到成绩管理系统工作簿中，具体操作步骤如下：

Step 01 打开存放在"案例与素材\模块 10\素材"文件夹中名称为"环境工程专业期末考试成绩"的工作簿，在该工作簿中包含了环境工程专业各班学生的期末考试成绩。

Step 02 在"环境工程 1301 班期末考试成绩"工作表标签上右击，打开一个快捷菜单，如图 10-2 所示。

Step 03 在快捷菜单中选择移动或复制选项，打开移动或复制工作表对话框，如图 10-3 所示。

Step 04 在将选定工作表移至工作簿下拉列表框中选定"成绩管理系统"。

Step 05 选定建立副本复选框。

Step 06 单击确定按钮即可将工作表从工作簿"环境工程专业期末考试成绩"中复制到"成绩管理系统"工作簿中。

Step 07 按照相同的方法复制"环境工程专业期末考试成绩"工作簿中其他班级的期末考试成绩工作表到"成绩管理系统"工作簿中。

Step 08 按照相同的方法复制"环境工程专业平时考试成绩"工作簿中各班级的平时考试成绩工作表到"成绩管理系统"工作簿中。

图 10-2 工作表标签右键菜单　　　　图 10-3 移动或复制工作表对话框

动手做 3 重命名工作表

在"成绩管理系统"工作簿中第一个工作表应为封面，这里将"Sheet1"工作表重命名为封面，具体操作步骤如下：

Step 01 使用鼠标双击"Sheet1"工作表标签，此时工作表标签呈反白显示。

Step 02 输入新工作表的名字"封面"。

Step 03 使用鼠标双击"Sheet2"工作表标签，然后输入新工作表的名字"使用说明"。

Step 04 使用鼠标双击"Sheet2"工作表标签，然后输入新工作表的名字"成绩分析"。

动手做 4 插入工作表

在"成绩管理系统"工作簿还应有五个班的总评成绩，因此还需要在工作簿中插入工作表，具体操作步骤如下：

Step 01 单击"环境工程 1301 班期末考试成绩"工作表标签。

Step 02 在开始选项卡中单击单元格组中插入选项右侧的下三角箭头，打开插入列表。

Step 03 在插入列表中选中插入工作表选项，即可在"环境工程 1301 班期末考试成绩"工作表前插入一个新的工作表。

Step 04 将新插入的工作表命名为"环境工程 1301 班总评成绩"。

Step 05 按照相同的方法再插入四个工作表，并分别重命名为"环境工程 1302 班总评成绩"、"环境工程 1303 班总评成绩"、"环境工程 1304 班总评成绩"和"环境工程 1305 班总评成绩"。

项目任务 10-2 设置工作表

工作簿中基本的工作表创建完成后就应该对各个工作表进行设置。

动手做 1 在封面中插入艺术字

为了强调封面的效果，可以在封面插入艺术字作为标题，具体操作步骤如下：

Step 01 切换"封面"工作表为当前工作表，单击插入选项卡中文本组中的艺术字按钮，打开艺术字样式下拉列表。

Step 02 在艺术字样式下拉列表中单击第三行第四列艺术字样式后，在文档中会出现一个请在此放置您的文字编辑框。

Step 03 在编辑框中输入文字"河海大学环境工程与科学系"，按下回车键继续输入"环境工程专业成绩管理系统"，插入艺术字的效果如图 10-4 所示。

Step 04 用鼠标拖动选中输入的文字，切换到开始选项卡，然后在字体下拉列表中选择楷体，在字号下拉列表中选择 28 号字。

Step 05 在艺术字上单击鼠标左键，则显示出艺术字编辑框。将鼠标移动至艺术字编辑框边框上，当鼠标呈现 ⁛ 形状时，按下鼠标左键拖动鼠标移动艺术字编辑框。编辑框到达合适位置后，松开鼠标，则调整艺术字的效果如图 10-5 所示。

Step 06 选中艺术字编辑框中的艺术字，切换到格式选项卡。

Step 07 单击艺术字样式组中文字效果按钮右侧的下三角箭头，打开下拉列表。在下拉列表中选择棱台选项中棱台中的角度选项，如图 10-6 所示。

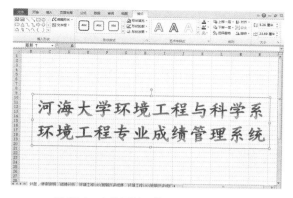

图 10-4　在封面插入艺术字的效果

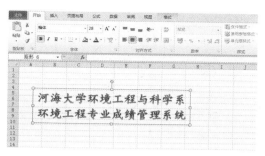

图 10-5　调整艺术字的效果

图 10-6　设置艺术字的棱台效果

≫ 动手做 2　在封面中插入图形

在封面中插入自选图形的具体操作步骤如下：

Step 01　单击插入选项卡中插图组中的形状按钮，打开形状下拉列表。

Step 02　在形状列表中的基本形状区域中单击棱台按钮，此时鼠标变为 十 字形状，在文档中拖动鼠标，即可绘制出棱台图形，如图 10-7 所示。

Step 03　在绘制的图形上单击鼠标，选中绘制的图形。按下 Ctrl+D 组合键复制一个相同的图形，然后再按四次 Ctrl+D 组合键再复制四个相同的图形。

Step 04　分别选中复制的图形，利用鼠标拖动将复制的图形拖动到适当的位置，如图 10-8 所示。

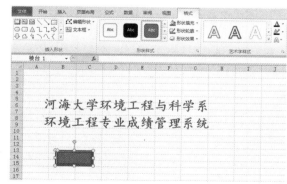

图 10-7　绘制棱台图形

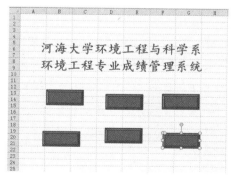

图 10-8　复制并移动图形

Step 05 在第一个自选图形上右击，打开一快捷菜单。在快捷菜单中单击编辑文字命令，此时鼠标自动定位在自选图形中，输入文本"使用说明"。

Step 06 用鼠标拖动选中自选图形中的文本，单击开始选项卡，在字体组中的字体列表中选择黑体，在字号列表中选择 12，在字体组中单击字体颜色按钮，选择字体颜色为黑色。在对齐方式组中分别单击水平居中按钮和垂直居中按钮。

Step 07 按照相同的方法在其他的自选图形中添加文字，最终效果如图 10-9 所示。

Step 08 在"使用说明"图形上单击鼠标选中"使用说明"图形，然后按住 Ctrl 键依次选中"平时成绩"和"期末成绩"图形。单击格式选项卡，在排列组中单击对齐按钮，打开对齐列表，在列表中选择底端对齐。

Step 09 分别选中"总评成绩"、"成绩分析"和"退出系统"图形。单击格式选项卡，在排列组中单击对齐按钮，打开对齐列表，在列表中选择底端对齐。

Step 10 分别选中"使用说明"和"总评成绩"图形。单击格式选项卡，在排列组中单击对齐按钮，打开对齐列表，在列表中选择水平对齐。分别选中"平时成绩"和"成绩分析"图形。单击格式选项卡，在排列组中单击对齐按钮，打开对齐列表，在列表中选择水平对齐。分别选中"期末成绩"和"退出系统"图形。单击格式选项卡，在排列组中单击对齐按钮，打开对齐列表，在列表中选择水平对齐。设置对齐图形的效果如图 10-10 所示。

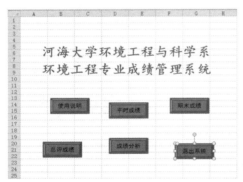 

图 10-9　在图形中添加文字　　　　图 10-10　对齐图形的效果

Step 11 在"使用说明"图形上单击鼠标选中"使用说明"图形，然后按住 Ctrl 键依次选中其他的图形。

Step 12 切换到格式选项卡，在形状样式组中单击形状填充按钮，打开形状填充列表，在主题颜色区域选择白色，背景 1，深色 35%选项，如图 10-11 所示。

Step 13 在形状样式组中单击形状轮廓按钮，打开形状轮廓列表，在列表中选择无轮廓颜色，如图 10-12 所示。

Step 14 在形状样式组中单击形状效果按钮，打开形状效果列表，在列表中选择发光选项，然后在发光选项中选择紫色，5pt 发光，强调文字颜色 4，如图 10-13 所示。

动手做 3　在封面中插入剪贴画

在封面中插入剪贴画的具体操作步骤如下：

Step 01 将鼠标定位在要插入剪贴画的位置，单击插入选项卡插图组中剪贴画按钮，打开剪贴画任务窗格。

Step 02 在剪贴画任务窗格搜索文字文本框中输入要插入剪贴画的主题，这里输入人物。单击搜索按钮，出现如图 10-14 所示的任务窗格。

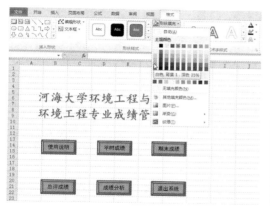

图 10-11 设置形状填充

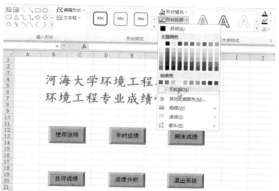

图 10-12 设置形状轮廓

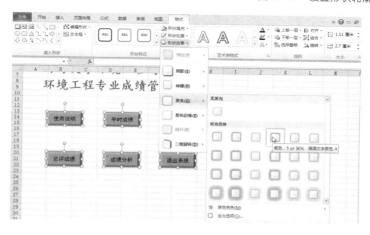

图 10-13 设置形状效果

Step**03** 在列表中找到要插入的剪贴画，单击剪贴画即可将其插入到文档中，如图 **10-15** 所示。

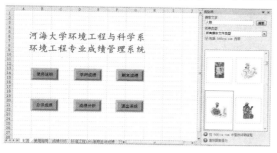

图 10-14 剪贴画任务窗格

图 10-15 插入剪贴画的效果

Step**04** 选中插入的剪贴画，切换到格式选项卡，在排列组中单击旋转按钮，打开旋转列表，在列表中选择水平翻转。

Step**05** 选中插入的剪贴画，移动鼠标到图片右下角的控制点上，当鼠标变成 ⬎ 形状时，按下鼠标左键并向内拖动鼠标，此时会出现一个虚线框，表示调整图片后的大小，当图片的大小适中后松开鼠标。

Step**06** 将鼠标移动至图片上，当鼠标变成 ✛ 形状时，按下鼠标左键并拖动鼠标。到达合适的位置时松开鼠标即可，调整图片位置后的效果如图 10-16 所示。

动手做 4　在封面中创建组合框

在成绩管理系统中，由于是对环境工程专业所有班级学生的成绩进行管理的，并不仅仅是针对某一班级。所以在此系统中除具有以上功能外，还需要设置对班级进行选择的组合框。通过这些组合框，可以任意选择班级进行操作，使系统的管理更为全面。

在封面中创建组合框的具体操作步骤如下：

Step 01 切换到文件选项卡，单击选项选项，打开 Excel 选项对话框，如图 10-17 所示。

Step 02 选择自定义功能区选项，在自定义功能区列表中选择主选项卡，然后在列表中选择开发工具复选框。

Step 03 单击确定按钮，则在功能区将显示出开发工具选项卡。

图 10-16　插入剪贴画的最终效果　　　　图 10-17　Excel 选项对话框

Step 04 切换到开发工具选项卡，在控件组中，单击插入按钮，打开插入列表，如图 10-18 所示。

Step 05 在列表中选择表单控件区域的组合框，然后在工作表的适当位置处拖动鼠标，绘制一组合框。

Step 06 将鼠标到组合框上，然后右击，此时组合周围出现八个控制柄，在控制柄上按住鼠标左键，拖动鼠标即调整其大小。

Step 07 将鼠标移动至组合框上，当鼠标变为 ✛ 形状时按下鼠标拖动即可移动组合框的位置。

Step 08 在组合框的上面单元格中输入"课程"，并设置"字体"为"黑体"，"字号"为"12"，效果如图 10-19 所示。

图 10-18　Excel 选项对话框

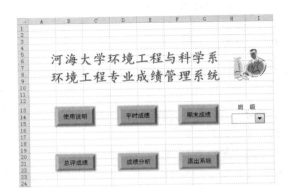

图 10-19　插入组合框的效果

Step 09 在单元格区域 L15:L19 区域中输入"环境工程 1301"、"环境工程 1302"、"环境工程

1303"、"环境工程 1304"、"环境工程 1305"。

Step 10 在组合框上右击选定"班级"组合框,在开发工具选项卡的控件组中单击属性按钮,打开设置控件格式对话框,如图 10-20 所示。

Step 11 单击数据源区域右侧的折叠按钮,选择数据区域 L15:L19,然后再次单击设置控件格式选择数据对话框中的折叠按钮,返回到设置控件格式对话框中。

Step 12 单击单元格链接右侧的折叠按钮,选择链接单元格 L14,然后再次单击设置控件格式选择数据对话框中的折叠按钮,返回到设置控件格式对话框中。

Step 13 在下拉显示项数文本框中选择 5。

Step 14 单击确定按钮,班级组合框的最终效果如图 10-21 所示。

图 10-20 设置控件格式对话框

图 10-21 组合框的最终效果

⁂ 动手做 5 设置封面背景

在封面工作表中设置背景的具体操作步骤如下:

Step 01 将插入点定位在封面工作表中。

Step 02 单击页面布局选项卡中页面设置组中的背景按钮,打开工作表背景对话框。

Step 03 在对话框中找到放置文件的文件夹"案例与素材\模块 10\素材",选定背景文件。

Step 04 单击打开按钮,添加工作表背景的效果如图 10-22 所示。

图 10-22 设置背景的效果

Step 05 选中 L 列,在开始选项卡的单元格组中单击格式按钮,打开格式列表。

Step 06 在格式列表的可见性区域选择隐藏和取消隐藏选项,打开隐藏和取消隐藏列表,在列表中选择隐藏列选项,则第 L 列被隐藏,如图 10-23 所示。

Step 07 切换到文件选项卡,然后单击选项,打开 Excel 选项对话框。

Step 08 在左侧的列表中选择高级选项,在右侧的此工作表的选项区域取消显示网格线复选框的选中状态。单击确定按钮，则工作表的网格线被关闭，效果如图 10-24 所示。

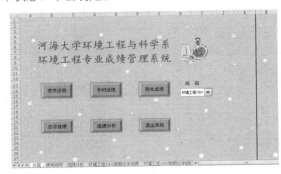

图 10-23　隐藏列的效果

图 10-24　关闭网格线的效果

动手做 6　设置使用说明工作表

设置使用说明工组表的具体操作步骤如下：

Step 01　切换到"使用说明"工作表，将插入点定位在 A1 单元格中，然后输入文本"使用说明"。

Step 02　将插入点定位在 A2 单元格中，然后输入相应文本，效果如图 10-25 所示。

图 10-25　在 A2 单元格中输入文本的效果

Step 03　将鼠标移动至 A 列右侧的边框线处，当鼠标变成 ✛ 形状时向右拖动鼠标，当列宽大小合适时松开鼠标。

Step 04　选中 A2 单元格，在开始选项卡的对齐方式组中单击自动换行按钮，则 A2 单元格中的文本自动换行。

Step 05　按照相同的方法在 A3、A4、A5 单元格中输入相应的文本，并设置自动换行，效果如图 10-26 所示。

Step 06　选中 A1 单元格，切换到开始选项卡，在字体组中字体的下拉列表中选择楷体，在字号的下拉列表中选择 28。选中 A2:A5 单元格区域，在字体组中字体的下拉列表中选择楷体，在字号的下拉列表中选择 18。

Step 07　选中 A1 单元格，在对齐方式组中单击水平居中按钮和垂直居中按钮。

Step 08　将鼠标移到第 1 行的下边框线上，当鼠标变为 ✛ 形状时向下拖动鼠标，当行高适当时松开鼠标，按相同的方法设置其他行的行高。

使用说明工作表最终的效果，如图 10-27 所示。

动手做 7　设置总评成绩工作表

设置总评成绩工作表的具体操作步骤如下：

Step 01　首先单击"环境工程 1301 班总评成绩"工作表标签，按住 Ctrl 键然后再依次单击"环境工程 1302 班总评成绩"、"环境工程 1303 班总评成绩"、"环境工程 1304 班总评成绩"、"环境工程 1305 班总评成绩"工作表标签，将五个工作表设定为工作组。

Step 02　在工作组中输入基本的数据，如图 10-28 所示。

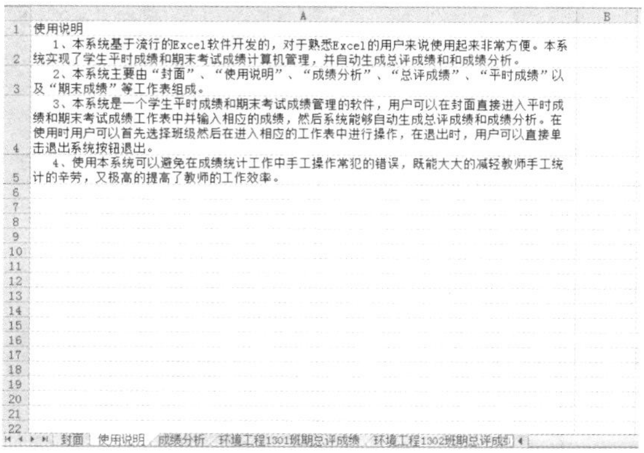

图 10-26　输入全部文本的效果 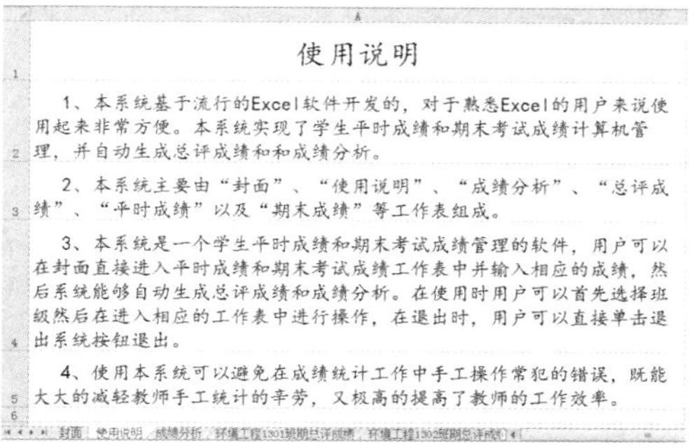　　　　　　　图 10-27　使用说明工作表最终的效果

图 10-28　利用工作组输入基本数据

Step 03　在"环境工程 1301 班总评成绩"工作表标签上右击，在打开的快捷菜单中选择取消组合工作表选项，取消工作表组。

Step 04　切换到"环境工程 1301 班总评成绩"工作表，将鼠标定位在 A4 单元格中，然后输入公式"=环境工程 1301 班平时成绩!A4"，按回车键或单击编辑栏中的输入按钮确认公式的输入。

Step 05　将鼠标定位在 B4 单元格中，然后输入公式"=环境工程 1301 班平时成绩!B4"，按回车键或单击编辑栏中的输入按钮确认公式的输入。

Step 06　将鼠标定位在 C4 单元格中，然后输入公式"=环境工程 1301 班平时成绩!E4"，按回车键或单击编辑栏中的输入按钮确认公式的输入。

Step 07　将鼠标定位在 D4 单元格中，单击编辑栏上的插入函数按钮，打开插入函数对话框。在或选择类别下拉列表中选择查找与引用选项，在选择函数列表框中选择 **VLOOKUP**。单击确定按钮，打开函数参数对话框，如图 10-29 所示。

Step 08　在 Lookup_value 参数框中选择或输入 A4，在 Table_array 参数框中选择或输入环境工程 1301 班期末考试成绩!A4:H16，在 Col_index_num 参数框中输入 8，在 Range_lookup 参数框中输入 FALSE，单击确定按钮，则应用函数的效果如图 10-30 所示。

图 10-29 函数参数对话框

图 10-30 应用 **VLOOKUP** 函数的效果

Step 09 将鼠标定位在 E4 单元格中，在公式选项卡中的数据库组中单击自动求和函数右侧的下三角箭头，在自动求和列表中单击求和选项，则在 "E4" 单元格中出现求和函数语法 "=SUM(C4:D4)"，单击编辑栏上的输入按钮。

Step 10 选中 "A4" 单元格的填充柄向下拖动鼠标，复制公式。按相同的方法复制 "B4"、"C4"、"E4" 单元格中的公式。

Step 11 选中 "D4" 单元格的填充柄向下拖动鼠标，复制公式，此时用户会发现复制公式出现错误，如图 10-31 所示。

Step 12 选中 "D5" 单元格，发现该单元格的公式为 "=VLOOKUP(A5,环境工程 1301 班期末考试成绩!A5:H17,8,FALSE)"，这里引用的区域发生了相对变化，在该公式中引用区域始终应为 "A4:H16" 区域，在编辑栏中将该列公式中的引用区域全部修改为 "A4:H16"，修改后的效果如图 10-32 所示。

图 10-31 复制公式出现错误 　　　　图 10-32 修改公式的效果

Step 13 将鼠标定位在 F4 单元格中，单击编辑栏上的插入函数按钮，打开插入函数对话框。在或选择类别下拉列表中选择统计选项，在选择函数列表框中选择 RANK.EQ。单击确定按钮，打开函数参数对话框。在 Number 参数框中输入 E4，在 Ref 参数框中输入 E4:E16。单击确定按钮即可在 "F4" 单元格中得到名次结果。

Step 14 选中 "F4" 单元格的填充柄向下拖动鼠标，复制 RANK 函数。复制函数后用户会发现排名结果不正确，单击 "F5" 单元格，会发现函数的参数 Ref 为 "E5:E17"，很显然这是不正确的，正确的 Ref 参数应为 "E4:E16"，在编辑栏中将该列公式的 Ref 参数全部修改为 "E4:E16"，得到的最终排名结果如图 10-33 所示。

Step 15 选中 "G4" 单元格，在编辑栏上直接输入函数 " =IF(E4>=540,"优",IF(E4>=420, "良",IF(E4>=360,"中",IF(E4<360, "差"))))"，单击编辑栏上的输入按钮，即可在 "G4" 单元格中得到评价等级。

Step 16 选中 "G4" 单元格的填充柄向下拖动鼠标，复制 IF 函数的结果如图 10-34 所示。

Step 17 选中 "A3:G16" 单元格区域，切换开始选项卡，在对齐方式组中单击水平居中按钮和垂直居中按钮。

Step 18 在字体组中单击边框按钮，在列表中选择所有框线，为选中区域添加边框，设置总评成绩工作表的最终效果如图 10-35 所示。

环境工程1301班总评成绩

姓名	性别	平时成绩	期末考试成绩	总评成绩	名次
唐庆	男	60	345	405	12
赵立华	男	60	434	494	8
董敏	女	100	455	555	1
宫云太	男	50	355	405	12
匡洪宣	男	40	447	487	9
许姗姗	女	90	440	530	3
邹怡松	男	100	444	544	2
刘美丽	女	80	434	514	4
张芳	女	80	430	510	5
郭之梁	男	50	445	495	7
杨卓	男	70	338	408	11
寇平	女	80	420	500	6
姚永瑞	男	50	427	477	10

图 10-33 得到的排名结果

环境工程1301班总评成绩

姓名	性别	平时成绩	期末考试成绩	总评成绩	名次	评定等级
唐庆	男	60	345	405	12	中
赵立华	男	60	434	494	8	良
董敏	女	100	455	555	1	优
宫云太	男	50	355	405	12	中
匡洪宣	男	40	447	487	9	良
许姗姗	女	90	440	530	3	良
邹怡松	男	100	444	544	2	优
刘美丽	女	80	434	514	4	良
张芳	女	80	430	510	5	良
郭之梁	男	50	445	495	7	良
杨卓	男	70	338	408	11	中
寇平	女	80	420	500	6	良
姚永瑞	男	50	427	477	10	良

图 10-34 得到的评定等级结果

按照相同的方法对其他班级的总评成绩工作表进行编辑。

环境工程1301班总评成绩

姓名	性别	平时成绩	期末考试成绩	总评成绩	名次	评定等级
唐庆	男	60	345	405	12	中
赵立华	男	60	434	494	8	良
董敏	女	100	455	555	1	优
宫云太	男	50	355	405	12	中
匡洪宣	男	40	447	487	9	良
许姗姗	女	90	440	530	3	良
邹怡松	男	100	444	544	2	优
刘美丽	女	80	434	514	4	良
张芳	女	80	430	510	5	良
郭之梁	男	50	445	495	7	良
杨卓	男	70	338	408	11	中
寇平	女	80	420	500	6	良
姚永瑞	男	50	427	477	10	良

图 10-35 总评成绩工作表最终效果

提示

VLOOKUP 是一个纵向查找函数，VLOOKUP 是按列查找，最终返回该列所需查询列序所对应的值。该函数的语法规则如下：

VLOOKUP(lookup_value,table_array,col_index_num,range_lookup)

Lookup_value 为需要在数据表第一列中进行查找的数值。Lookup_value 可以为数值、引用或文本字符串。

Table_array 为需要在其中查找数据的数据表，使用对区域或区域名称的引用。

Col_index_num 为 table_array 中待返回的匹配值的列序号。col_index_num 为 1 时，返回 table_array 第一列的数值，col_index_num 为 2 时，返回 table_array 第二列的数值，以此类推。如果 col_index_num 小于 1，函数 VLOOKUP 返回错误值#VALUE!；如果 col_index_num 大于 table_array 的列数，函数 VLOOKUP 返回错误值#REF!。

Range_lookup 为一逻辑值，指明函数 VLOOKUP 查找时是精确匹配，还是近似匹配。如果为 false 或 0 ，则返回精确匹配，如果找不到，则返回错误值 #N/A。如果 range_lookup 为 TRUE 或 1，函数 VLOOKUP 将查找近似匹配值，也就是说，如果找不到精确匹配值，则返回小于 lookup_value 的最大数值。

动手做 8 设置成绩分析工作表

设置成绩分析表的具体操作步骤如下：

Step 01 切换到成绩分析工作表，在工作表中输入如图 10-36 所示的数据。

Step 02 选中“B4”单元格，输入公式“=COUNTIFS(环境工程 1301 班期末考试成绩!H4:H16,

">=450")+COUNTIFS(环境工程 1302 班期末考试成绩!H4:H18, ">=450")+ COUNTIFS(环境工程 1303 班期末考试成绩!H4:H17, ">=450")+COUNTIFS(环境工程 1305 班期末考试成绩!H4:H17, ">=450")", 单击编辑栏中的输入按钮确认公式的输入。

	各班期末考试成绩分析			各班总评分析	
	A	B	C	D	E
1	各班期末考试成绩分析			各班总评分析	
2					
3	分数段	人数		评定等级	人数
4	>=450			优	
5	400-450			良	
6	300-400			中	
7	<300			差	
8					
9					

图 10-36 在成绩分析工作表中输入基本数据

Step03 选中"B5"单元格,输入公式"=COUNTIFS(环境工程 1301 班期末考试成绩!H4:H16, ">=400",环境工程 1301 班期末考试成绩!H4:H16, "<450")+COUNTIFS(环境工程 1302 班期末考试成绩!H4:H18, ">=400",环境工程 1302 班期末考试成绩!H4:H18, "<450")+COUNTIFS(环境工程 1303 班期末考试成绩!H4:H17, ">=400", 环境工程 1303 班期末考试成绩!H4:H17, "<450")+COUNTIFS(环境工程 1304 班期末考试成绩!H4:H16, ">=400",环境工程 1304 班期末考试成绩!H4:H16, "<450")+COUNTIFS(环境工程 1305 班期末考试成绩!H4:H17, ">=400",环境工程 1305 班期末考试成绩!H4:H17, "<450")", 单击编辑栏中的输入按钮确认公式的输入。

Step04 选中"B6"单元格,输入公式"=COUNTIFS(环境工程 1301 班期末考试成绩!H4:H16, ">=300",环境工程 1301 班期末考试成绩!H4:H16, "<400")+COUNTIFS(环境工程 1302 班期末考试成绩!H4:H18, ">=300",环境工程 1302 班期末考试成绩!H4:H18, "<400")+COUNTIFS(环境工程 1303 班期末考试成绩!H4:H17, ">=300", 环境工程 1303 班期末考试成绩!H4:H17, "<400")+COUNTIFS(环境工程 1304 班期末考试成绩!H4:H16, ">=300",环境工程 1304 班期末考试成绩!H4:H16, "<400")+COUNTIFS(环境工程 1305 班期末考试成绩!H4:H17, ">=300",环境工程 1305 班期末考试成绩!H4:H17, "<400")", 单击编辑栏中的输入按钮确认公式的输入。

Step05 选中"B7"单元格,输入公式"=COUNTIFS(环境工程 1301 班期末考试成绩!H4:H16, "<300")+COUNTIFS(环境工程 1302 班期末考试成绩!H4:H18, "<300")+ COUNTIFS(环境工程 1303 班期末考试成绩!H4:H17, "<300")+COUNTIFS(环境工程 1304 班期末考试成绩!H4:H16, "<300")+COUNTIFS(环境工程 1305 班期末考试成绩!H4:H17, "<300")", 单击编辑栏中的输入按钮确认公式的输入。输入各班期末考试成绩分析公式后的效果如图 10-37 所示。

B7		fx	=COUNTIFS(环境工程1301班期末考试成绩!H4:H16,"<300")+COUNTIFS(环		
	A	B	C	D	E	F
1	各班期末考试成绩分析			各班总评分析		
2						
3	分数段	人数		评定等级	人数	
4	>=450	9		优		
5	400-450	35		良		
6	300-400	25		中		
7	<300	0		差		
8						
9						

图 10-37 各班期末考试成绩分析效果

Step06 选中"E4"单元格,输入公式"=COUNTIF(环境工程 1301 班总评成绩!G4:G16, "优")+COUNTIF(环境工程 1302 班总评成绩!G4:G18, "优")+COUNTIF(环境工程 1303 班总评成绩!G4:G17, "优")+COUNTIF(环境工程 1304 班总评成绩!G4:G16, "优")+COUNTIF(环境工程 1305 班总评成绩!G4:G17, "优")", 单击编辑栏中的输入按钮确认公式的输入。

Step **07** 选中"E5"单元格，输入公式"=COUNTIF(环境工程 1301 班总评成绩!G4:G16, "良")+COUNTIF(环境工程 1302 班总评成绩!G4:G18, "良")+COUNTIF(环境工程 1303 班总评成绩!G4:G17, "良")+COUNTIF(环境工程 1304 班总评成绩!G4:G16, "良")+COUNTIF(环境工程 1305 班总评成绩!G4:G17, "良")"，单击编辑栏中的输入按钮确认公式的输入。

Step **08** 选中"E6"单元格，输入公式"=COUNTIF(环境工程 1301 班总评成绩!G4:G16, "中")+COUNTIF(环境工程 1302 班总评成绩!G4:G18, "中")+COUNTIF(环境工程 1303 班总评成绩!G4:G17, "中")+COUNTIF(环境工程 1304 班总评成绩!G4:G16, "中")+COUNTIF(环境工程 1305 班总评成绩!G4:G17, "中")"，单击编辑栏中的输入按钮确认公式的输入。

Step **09** 选中"E7"单元格，输入公式"=COUNTIF(环境工程 1301 班总评成绩!G4:G16, "差")+COUNTIF(环境工程 1302 班总评成绩!G4:G18, "差")+COUNTIF(环境工程 1303 班总评成绩!G4:G17, "差")+COUNTIF(环境工程 1304 班总评成绩!G4:G16, "差")+COUNTIF(环境工程 1305 班总评成绩!G4:G17, "差")"，单击编辑栏中的输入按钮确认公式的输入。输入各班总评成绩分析公式后的效果如图 10-38 所示。

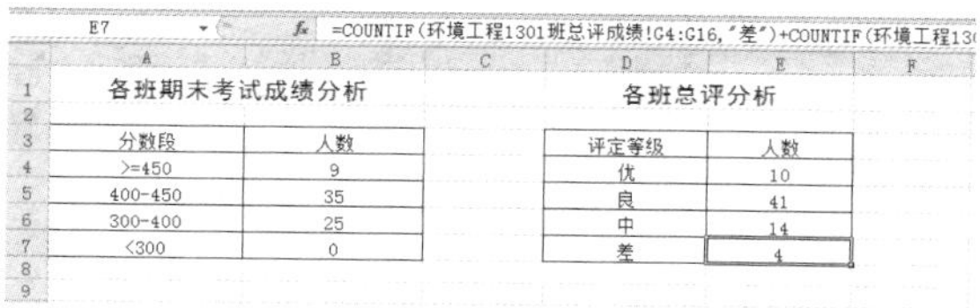

图 10-38 各班总评成绩分析效果

Step **10** 在工作表中选择"A3:B7"单元格区域，单击插入选项卡下图表组中的柱形图按钮，在下拉列表中选择簇状柱形图按钮即可插入图表，创建图表的效果如图 10-39 所示。

Step **11** 将鼠标指向图表的图表区，当出现图表区的屏幕提示时单击鼠标选定图表，切换到绘图工具中的格式选项卡，在形状样式组中单击形状或线条的外观样式右侧的下三角箭头，打开形状或线条的外观样式列表，如图 10-40 所示。

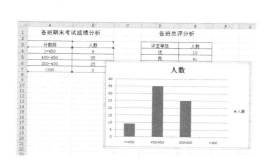

图 10-39 创建图表的效果

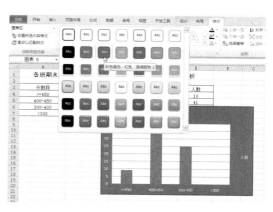

图 10-40 设置图表区效果

Step **12** 在列表中选择彩色填充—红色-强调颜色 2。

Step **13** 将鼠标指向图表的绘图区，当出现绘图区的屏幕提示时单击鼠标选定绘图区，切换到绘图工具中的格式选项卡，在形状样式组中单击形状填充右侧的下三角箭头，打开形状填充列表，如图 10-41 所示。

Step **14** 在列表中选择红色-强调颜色 2。

Step **15** 将鼠标移动到图表区的空白处，按下鼠标左键当鼠标变成 ✛ 形状时拖动鼠标，当到达合适位置后松开鼠标。

Step **16** 将鼠标移动到右下角的控制手柄上，当鼠标变成 ⤢ 形状时拖动鼠标适当调整图表的大小。设置成绩分析工作表的最终效果，如图 10-42 所示。

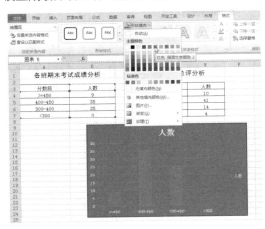

图 10-41　设置绘图区效果

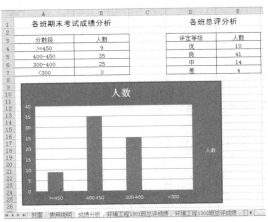

图 10-42　设置成绩分析工作表最终效果

提示

COUNTIFS 函数为 COUNTIF 函数的扩展。用法与 COUNTIF 类似，但 COUNTIF 针对单一条件，而 COUNTIFS 可以实现多个条件同时求结果。

该函数的语法规则如下：

COUNTIFS(criteria_range1,criteria1,criteria_range2,criteria2,…)

Criteria_range1 为第一个需要计算其中满足某个条件的单元格数目的单元格区域（简称条件区域），Criteria1 为第一个区域中将被计算在内的条件（简称条件），其形式可以为数字、表达式或文本。

项目任务 10-3 　为工作表创建超级链接

一个完整的成绩管理系统除具有较好的内容外，各个界面之间还应具备完整的链接关系，即通过某个操作界面可以访问其他任何一个操作界面，以实现各个界面之间的互访。

在工作表中创建超级链接的具体步骤如下：

Step **01** 切换到"封面"工作表，选中"使用说明图形"。

Step **02** 切换到插入选项卡，在链接组中单击插入超链接按钮，打开插入超链接对话框，如图 10-43 所示。

Step **03** 在链接到列表中选择本文档中的位置，然后在或在此文档中选择一个位置列表中选择使用说明。

Step **04** 单击确定按钮，完成创建超链接的操作。这样在移动鼠标到"使用说明"图形上时，指针将变为手的形状，单击鼠标后，可转到"使用说明"工作表中。

Step **05** 在"使用说明"工作表的 B1 单元格中输入"单击返回系统界面"文本。

图 10-43　插入超链接对话框

Step 06　选中 B1 单元格，在链接组中单击插入超链接按钮，打开插入超链接对话框，在链接到列表中选择本文档中的位置，然后在或在此文档中选择一个位置列表中选择封面。

Step 07　单击确定按钮，完成创建超链接的操作。这样在移动鼠标到"单击返回系统界面"文本上时，指针将变为手的形状，单击鼠标后，可转到"封面"工作表中。

Step 08　按相同的方法设置"成绩分析"图形链接到"成绩分析"工作表中，并在"成绩分析"工作表中的 F1 单元格中输入"单击返回系统界面"文本，然后将"单击返回系统界面"文本链接到封面工作表。

Step 09　按相同的方法在其他各个工作表的适当位置输入"单击返回系统界面"文本，然后将"单击返回系统界面"文本链接到封面工作表。

项目任务 10-4　为对象附加宏

在成绩管理系统中，有一些功能需要通过为对象附加宏来完成，例如，"平时成绩"、"期末成绩"和"总评成绩"三个按钮，在使用中当单击这三个按钮时结合班级的选择，系统会自动跳转到相应的工作表中。

⠿ 动手做 1　为平时成绩图形指定宏

为平时成绩图形指定宏的具体步骤如下：

Step 01　切换到开发工具选项卡，单击代码组中的宏按钮，打开宏对话框，在宏名文本框中输入"平时成绩"，如图 10-44 所示。

Step 02　单击创建按钮，打开 Microsoft Visual Basic for Applications 编辑器窗口，如图 10-45 所示。

图 10-44　宏对话框

图 10-45　Microsoft Visual Basic for Applications 编辑器窗口

Step**03** 在"成绩管理系统．xlsx-模块 1（代码）"窗口中输入"平时成绩"宏的代码：

```
Sub  平时成绩()
If Worksheets("封面").Range("L14") = 1 Then
    Worksheets("环境工程 1301 班平时成绩").Activate
    End If
    If Worksheets("封面").Range("L14") = 2 Then
    Worksheets("环境工程 1302 班平时成绩").Activate
    End If
    If Worksheets("封面").Range("L14") = 3 Then
    Worksheets("环境工程 1303 班平时成绩").Activate
    End If
    If Worksheets("封面").Range("L14") = 4 Then
    Worksheets("环境工程 1304 班平时成绩").Activate
    End If
    If Worksheets("封面").Range("L14") = 5 Then
    Worksheets("环境工程 1305 班平时成绩").Activate
    End If
End Sub
```

输入代码的界面如图 10-46 所示。

Step**04** 单击 Microsoft Visual Basic for Applications 编辑器窗口中工具栏上的保存按钮，打开如图 10-47 所示的提示对话框。

图 10-46　输入代码

图 10-47　提示对话框

Step**05** 该提示对话框提示当前工作簿没有启用宏，因此也就无法保存编辑的宏，单击否按钮，打开另存为对话框，如图 10-48 所示。

Step**06** 在保存类型下拉列表中选择 Excel 启用宏的工作簿选项，选择该文件保存位置为"案例与素材\模块 10\源文件"，单击保存按钮，此时打开一个提示对话框，单击确定按钮。

Step**07** 单击 Microsoft Visual Basic for Applications 编辑器窗口的关闭按钮，将 Microsoft Visual Basic for Applications 编辑器窗口关闭。

Step**08** 选中"平时成绩"图形，在图形上右击，从弹出的快捷菜单中选择指定宏命令，打开指定宏对话框，如图 10-49 所示。

Step**09** 在宏名列表中选择"平时成绩"，单击确定按钮，完成为"平时成绩"按钮附加宏的操作。

Step**10** 在开发工具选项卡的代码组中单击宏安全性按钮，打开信任中心对话框，在左侧的列表中选择宏设置，然后在右侧的宏设置区域选中启用所有宏选项，如图 10-50 所示。

图 10-48 另存为对话框

图 10-49 指定宏对话框

Step 11 在左侧的列表中选择受信任位置，然后在右侧单击添加新位置按钮，打开受信任位置对话框，在对话框中将当前工作簿在的文件夹设置为受信任位置，然后单击确定按钮返回信任中心对话框，此时添加的位置显示在用户位置列表中，如图 10-51 所示。

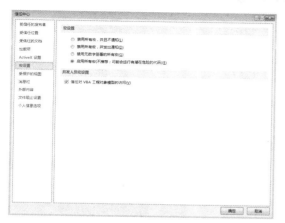

图 10-50 信任中心对话框

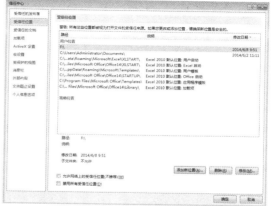

图 10-51 添加信任位置

Step 12 单击确定按钮，返回工作簿，单击快速访问栏上的保存按钮保存工作簿。

为"平时成绩"按钮指定了宏以后，再将鼠标指向"平时成绩"按钮，则鼠标变为小手状，在班级组合框中选择一个班级，如选择"环境工程 1304"，此时单击"平时成绩"按钮，则自动切换"环境工程 1304 班平时成绩"工作表为当前工作表。

按照相同的方法为"期末成绩"按钮和"总评成绩"按钮创建宏并指定宏。

∷ 动手做 2 为退出系统图形指定宏

为退出系统图形指定宏的具体步骤如下：

Step 01 在开发工具选项卡的代码组中单击宏按钮，打开宏对话框，在宏名文本框中输入"退出系统"。单击创建按钮，打开 Microsoft Visual Basic for Applications 编辑器窗口。

Step 02 在"成绩管理系统．xlsm-模块 2（代码）"窗口中输入"退出系统"宏的代码：

```
Sub 退出系统()
For Each Book In Workbooks()
Book.Close
Next Book
```

End Sub

Step **03** 单击 Microsoft Visual Basic for Applications 编辑器窗口中工具栏上的保存按钮。

Step **04** 单击 Microsoft Visual Basic for Applications 编辑器窗口的关闭按钮，将 Microsoft Visual Basic for Applications 编辑器窗口关闭。

Step **05** 选中"退出系统"图形，然后在图形上右击，从弹出的快捷菜单中选择指定宏命令，打开指定宏对话框。在宏名列表中选择"退出系统"，单击确定按钮，完成为"退出系统"按钮附加宏的操作。

Step **06** 单击快速访问栏中的保存按钮保存工作簿。

为"退出系统"按钮指定宏以后，再将鼠标指向"退出系统"按钮，则鼠标变为小手形状，此时单击"退出系统"按钮，退出"成绩管理系统"工作簿。

动手做 3　创建自动启动宏

当打开或关闭某一工作簿时，希望系统能自动执行该工作簿中的某个宏程序或过程，如打开"成绩管理系统"工作簿时，希望自动执行一个宏程序，显示"欢迎您使用环境工程专业（2013级）成绩管理系统"画面，这就需要建立名为"Auto_Open"的宏程序。具体操作步骤如下：

Step **01**　在开发工具选项卡的代码组中单击宏按钮，打开宏对话框，在宏名文本框中输入"Auto_Open"。单击创建按钮，打开 Microsoft Visual Basic for Applications 编辑器窗口。

Step **02**　在"成绩管理系统．xlsm-模块 3（代码）"窗口中输入"Auto_Open"宏的代码：

```
Sub Auto_Open()
MsgBox ("欢迎您使用环境工程专业（2013级）成绩管理系统")
End Sub
```

Step **03**　单击 Microsoft Visual Basic for Applications 编辑器窗口中工具栏上的保存按钮。

Step **04**　单击 Microsoft Visual Basic for Applications 编辑器窗口的关闭按钮，将 Microsoft Visual Basic for Applications 编辑器窗口关闭。

Step **05**　单击快速访问栏上的保存按钮保存工作簿。

这样，当打开"成绩管理系统"工作簿时，屏幕上将显示如图 10-52 所示的界面。单击确定按钮便进入成绩管理系统的主画面。

图 10-52　自动启动界面

知识拓展

通过前面的任务主要学习了 Excel 2010 综合应用的操作，另外还有一些 Excel 2010 的操作在前面的任务中没有运用到，下面就介绍一下。

动手做 1　创建宏

在 Excel 2010 中用户可以使用宏录制器录制宏，或者使用 Visual Basic 编辑器编辑宏。宏实质上是一个Visual Basic程序，无论使用哪种方法创建的宏最终都将转换为Visual Basic代码。前面介绍的创建宏的方法就是使用 Visual Basic 编辑器编辑宏，对于没有学习过 Visual Basic 的用户，可以利用宏录制器录制宏。

例如，在成绩管理系统的界面绘制多个相同的图形时，用户就可以创建一个绘制图形的宏，然后利用宏快速绘制图形。

这里以创建绘制图形宏的方法来介绍一下创建宏的方法，具体操作步骤如下：

Step 01 切换到开发工具选项卡，单击代码组中的录制新宏按钮，打开录制新宏对话框，如图 10-53 所示。

Step 02 在宏名文本框中输入所要创建的宏的名称"绘制图形"。

Step 03 在保存在下拉列表中选定宏所要存放的地址"当前工作簿"。

Step 04 如果需要包含宏的说明，在"说明"编辑框中输入相应的文字。

Step 05 最后单击确定按钮，代码组中的录制宏按钮变为停止录制。

Step 06 利用绘图工具栏在工作表中绘制一个"棱台"自选图形，并对自选图形设置格式。

Step 07 在代码组中单击停止录制，完成宏的创建。

在宏录制结束后，在工作表中同时也绘制出了一个自选图形，如图 10-54 所示。

图 10-53　录制新宏对话框　　　　　　　图 10-54　在录制宏时创建的自选图形

动手做 2　运行宏

用录制或其他方法创建了宏后，就可以在文档中运行宏了，某个宏被运行后，系统就会自动执行该宏中所保存的操作系列，这样就省去了一些重复性的操作，节省了大量的时间，提高了工作效率。

例如，要在工作表中运行录制的"绘制图形"宏来快速绘制图形，具体操作方法如下：

Step 01 切换到开发工具选项卡，单击代码组中的宏按钮，打开宏对话框。

Step 02 在宏名列表中选择所录制的宏的名称"绘制图形"。

Step 03 单击对话框中的执行按钮，则 Excel 将在原图形位置处快速地绘制出一个棱台图形，如图 10-55 所示。

动手做 3　VBA 代码概述

VBA 的全称是 Visual Basic for Applications，是从 Visual Basic 编程语言中派生出来的一种面向应用程序的语言。

例如，可以用 Excel 的宏语言来使 Excel 自动化，使用 Word Basic 使 Word 自动化等。微软决定让它开发出来的应用程序共享一种通用的自动化语言——Visual Basic For Application（VBA）。可以认为 VBA 是非常流行的应用程序开发语言 Visual Basic 的子集，实际上 VBA 是

"寄生于" VB 应用程序的版本。VBA 和 VB 的区别包括如下几个方面：

图 10-55　利用宏绘制图形

- VB 是设计用于创建标准的应用程序，而 VBA 是使已有的应用程序（Excel 等）自动化。
- VB 具有自己的开发环境，而 VBA 必须寄生于已有的应用程序。
- 要运行 VB 开发的应用程序，不必安装 VB，因为 VB 开发出的应用程序是可执行文件（*.EXE），而 VBA 开发的程序必须依赖于它的"父"应用程序，如 Excel。

　　尽管存在这些不同，VBA 和 VB 在结构上仍然十分相似。事实上，如果用户已经了解了 VB，会发现学习 VBA 非常快。相应的，学完 VBA 会给学习 VB 打下坚实的基础。而且，当学会在 Excel 中用 VBA 创建解决方案后，即已具备在 Word、Access、Outlook、Foxpro、Prowerpoint 中用 VBA 创建解决方案的大部分知识。

　　VBA 一个关键特征是用户所学的知识在微软的一些产品中可以相互转化，VBA 可以称作 Excel 的"遥控器"。更确切地讲，VBA 是一种自动化语言，它可以使常用的程序自动化，可以创建自定义的解决方案。

　　总的来说，使用 VBA 语言主要有以下优点：

- 使重复的任务自动化。
- 自定义 Excel 工具栏，菜单和界面。
- 以 VBA 编写的程序允许用户将其复制到 Visual Basic 中加以调试，用 Visual Basic 宏来控制 Excel。
- 当记录宏不能满足用户需要时，或用记录宏无法记录命令时，以用 VBA 语言创建宏来控制工作簿的各种操作。
- 连接几个宏，利用重复语句按制循环宏内操作，利用不同参数执行某个相关功能模块，使宏指令完成一系列复杂操作。
- VBA 提供了许多内部函数，还允许用户自定义函数来简化对工作簿、工作表、图表等的复杂操作。

⁂ 动手做 4　控件概述

　　在控件组的插入按钮列表中提供了两种控件，表单控件和 ActiveX 控件。

　　表单控件是与早期版本的 Excel（从 Excel 5.0 版开始）兼容的原始控件。表单控件还适于在 XLM 宏工作表中使用。如果希望在不使用 VBA 代码的情况下轻松引用单元格数据并与其进行交互，或者希望向图表工作表 （图表工作表:工作簿中只包含图表的工作表。当希望单独查看图表或数据透视图（独立于工作表数据或数据透视表）时，图表工作表非常有用。）中添加控件，则使用表单控件。例如，在向工作表中添加列表框控件并将其链接到某个单元格后，可以为控件中所选项目的当前位置返回一个数值。接下来，可以将该数值与 INDEX 函数结合使用以从列表中选择不同的项目。还可以使用表单控件来运行宏。可以将现有宏附加到控件，也可以编写或录制新宏。当表单用户单击控件时，该控件会运行宏。然而，不能将这些控件添加到用户表单中，不能使用它们控制事件，也不能修改它们以在网页中运行 Web 脚本。

　　ActiveX 控件向用户提供选项或运行使任务自动化的宏或脚本。可在 Microsoft Visual Basic for Applications 中编写控件的宏或在 Microsoft 脚本编辑器中编写脚本。可用于工作表表单（使用或不使用 VBA 代码）和 VBA 用户表单。通常，如果相对于表单控件所提供的灵活性，用户的设计需要更大的灵活性，则使用 ActiveX 控件。ActiveX 控件具有大量可用于自定义其外观、行为、字体及其他特性的属性。用户还可以控制与 ActiveX 控件进行交互时发生的不同事件。例如，用户可以执行不同的操作，具体取决于用户从列表框控件中所选择的选项；还可以查询数据库以在用户单击某个按钮时用项目重新填充组合框。用户还可以编写宏来响应与 ActiveX 控件关联的事件。表单用户与控件进行交互时，VBA 代码会随之运行以处理针对该控件发生的任何事件。用户的计算机还包含由 Excel 和其他程序安装的多个 ActiveX 控件，如 Calendar Control 12.0 和 Windows Media Player。

　　并非所有 ActiveX 控件都可以直接用于工作表，有些 ActiveX 控件只能用于 Visual Basic for Applications (VBA)用户表单。如果用户尝试向工作表中添加这些特殊 ActiveX 控件中的任何一个控件，Excel 都会显示消息"不能插入对象"。用户还无法从用户界面将 ActiveX 控件添加到图表工作表，也无法将其添加到 XLM 宏工作表。此外，用户不能像在表单控件中一样指定要直接从 ActiveX 控件运行的宏。

课后练习与指导

一、选择题

1. 在 Excel 2010 中创建超链接下列说法正确的是（　　　）。
   A. 创建的超链接可以是一个网址
   B. 创建的超链接可以是当前文档中的位置，也可以是其他文件夹中的文件
   C. 用户只能对工作表中的文本和图形创建超级链接
   D. 用户可以对创建的超级链接添加屏幕提示

2. 关于宏下列说法正确的是（　　　）。
   A. 使用 Visual Basic 编辑器编辑的宏实际上就是一组 Visual Basic 代码
   B. 使用宏录制器录制的宏最终以一组命令的方式保存在"宏"对话框中
   C. 录制的宏不能指定到图形上
   D. 在录制宏时用户可以为宏指定快捷键

3. 下列说法错误的是（　　　）。
   A. 在任意的工作簿中都可以创建宏
   B. 用户可以使用表单控件来控制事件
   C. 用户可以对创建的表单控件设置大小，但是不能设置控件的形状效果，形状轮廓等格式
   D. 在工作表中如果是为文本添加了超级链接，则文本会自动添加一条下画线

二、填空题

1. 单击"插入"选项卡_____组中_____按钮，可以打开"剪贴画"任务窗格。

2．在“开发工具”选项卡中的________组中，单击________按钮，在列表中用户可以插入表单控件。

3．VLOOKUP 是一个________函数，VLOOKUP 是________查找，最终返回该列所需查询列处所对应的值。

4．在“开发工具”选项卡的________组中单击________按钮，打开“宏”对话框。

5．COUNTIFS 函数为 COUNTIF 函数的扩展，用法与 COUNTIF 类似，但 COUNTIF 针对________，而 COUNTIFS 可以实现________________。

6．在“开发工具”选项卡的________组中单击________按钮，打开“信任中心”对话框。

三、简答题

1．VLOOKUP 函数的语法是什么？简要叙述一下 VLOOKUP 函数各参数的含义。

2．COUNTIFS 函数的语法是什么？

3．如何 Visual Basic 编辑器编辑宏？

4．使用宏录制器录制宏？

5．如何运行宏？

6．VBA 代码有哪些优点？

四、实践题

在环境监管报表工作簿中进行以下操作。

1．为工作簿创建自动启动宏，在打开工作簿时出现效果如图 10-56 所示的对话框。

2．为工作簿创建自动启动宏，在退出工作簿时出现效果如图 10-57 所示的对话框。

3．在表 1 工作表中为 A3:G10 单元格区域设置内外边框，水平居中的格式，将设置格式的过程录制位宏，将宏命名为“设置格式”，快捷键为 Ctrl+K。

4．利用设置格式宏为表 2 工作表中的 A3:G9 单元格区域和表 3 工作表中的 A3:M10 单元格区域设置格式，效果如图 10-58 所示。

素材位置：案例与素材\模块 10\素材\环境监管报表（初始）

效果位置：案例与素材\模块 10\源文件\环境监管报表

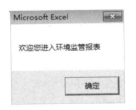

图 10-56　进入工作簿时出现的对话框

图 10-57　退出工作簿时出现的对话框

国控企业环境监管季报汇总表						
填报单位：	审核人：		填报人：		填报时间：	
单位	国家重点监控企业					
	企业总数	环境违法企业总数	查处违法企业数			
			限期整改数	挂牌督办或黑名单数	立案处罚数	处罚金额（万元）
市本级						
所辖县（区、市）						
合计						

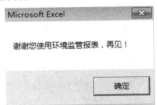

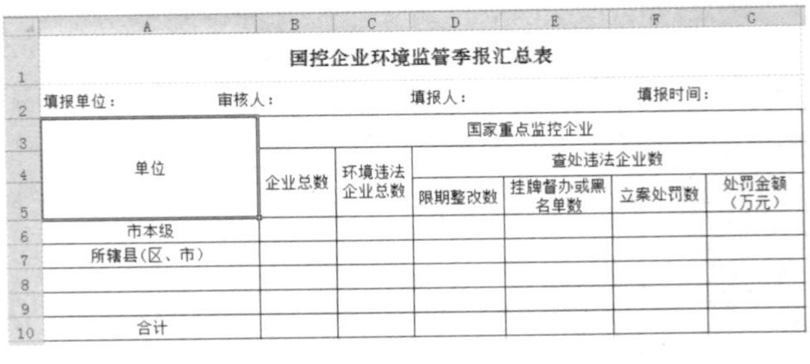

图 10-58　利用宏设置格式

反侵权盗版声明

  电子工业出版社依法对本作品享有专有出版权。任何未经权利人书面许可，复制、销售或通过信息网络传播本作品的行为；歪曲、篡改、剽窃本作品的行为，均违反《中华人民共和国著作权法》，其行为人应承担相应的民事责任和行政责任，构成犯罪的，将被依法追究刑事责任。

  为了维护市场秩序，保护权利人的合法权益，我社将依法查处和打击侵权盗版的单位和个人。欢迎社会各界人士积极举报侵权盗版行为，本社将奖励举报有功人员，并保证举报人的信息不被泄露。

举报电话：（010）88254396；（010）88258888

传 真：（010）88254397

E-mail： dbqq@phei.com.cn

通信地址：北京市万寿路 173 信箱

     电子工业出版社总编办公室

邮 编：100036